2판

가족과 문화

이기숙 · 김영주 · 박해숙 · 방현주
석영미 · 이미란 · 이선순 지음

서언

창지사로부터 『가족과 문화』 집필을 의뢰받고 이 책을 출간한 지도 어언 6년이 다 되어 갑니다. 나의 역서 『죽음: 인생의 마지막 춤』 출간에 너무나 애를 써 주셨기에 그 보답으로 써야지 하면서 마음은 먹었건만 화급하게 바쁜 일들 때문에 미루다가, 당시(2012년경)만 하여도 한국 가족문화를 젠더 관점에서 개괄한 기초도서가 부족하다는 걸 알고는 공동 집필자인 박해숙 센터장(당시 경상남도건강가정지원센터)과 의논하여 우선 책의 방향과 목차를 구성해 보았습니다. 그런 다음 각 주제 영역에서 연구활동이나 강의를 하고 계시는 젊은 연구자들을 섭외하여 집필진을 구성하였습니다. 그들도 흔쾌히 우리 사회의 가족 변동을 전제로 하면서 한국 가족문화의 원형을 찾아봄과 동시에 새로운 한국 가족문화를 창출해 보자는 데 뜻을 함께 하였습니다.

이 책을 통해 우리는 '가족(家族)과 문화(文化)'를 연결하는 다양한 주제들을 만날 것입니다. 먼저 1부에서 이기숙(1장)과 이선순(2장)이 가족과 문화, 그리고 가족문화에 대한 사회적 의미들을 살펴보고 들어갈 것입니다. 그리고 한국 가족을 역사적(歷史的) 관점에서 간략하게 살펴볼 것입니다. 삼국시대, 통일신라, 고려시대 그리고 조선시대를 거치면서 형성된 한국만의 독특한 가족제도와 그 속에 녹아 있던 가족문화는 아주 방대한 양입니다. 하지만 이 책에서는 가족이 역사적 실체임을 알 수 있을 정도로 간략하게 다루어 볼 것입니다.

그리고 2부에서는 이기숙(3, 4, 5장), 방현주(6장), 이미란(7장), 김영주(8, 9장)가 한국인의 통과의례(通過儀禮)인 출생, 혼인, 자녀 출산, 죽음, 제사를 먼저 살펴보고 그다음 절기와 세시풍속에 밴 한국인의 일상문화(日常文化)를 살펴볼 것입니다. 그리고 가족발달

(家族發達) 관점에서 가족을 시기적으로 두 단계로 구분하여 가족 형성 · 확대기의 가족문화와 가족 축소기의 가족문화를 고찰해 볼 것입니다. 그리고 최근에 와서 한국사회를 설명할 때 빠뜨릴 수 없는 다문화가족(多文化家族)의 가족문화도 아시아 국가를 중심으로 정리해 보았습니다.

마지막 3부에서는 석영미(10, 11장), 박해숙(12장)이 새로운 가족문화를 창출하고 나누는 과정에 대한 이야기를 할 것입니다. 앞의 내용들이 다분히 서지적(書誌的) · 이론적(理論的) 고찰이었다면 이 부분은 실천(實踐)과 문화행동(文化行動) 부분입니다. 다양한 가족들이 세대를 통하여 함께 즐기면서 가족의 유대를 만들어 나가고, 그런 행복하고 건강한 가족이 건강한 사회를 만들어 나갈 수 있는 역량(力量)을 어떻게 키울 것인가를 다룰 것입니다. 특히 주 5일제 근무를 시작으로 노동환경과 가족환경이 시간적으로 재구성되면서 가족은 공간적으로 더욱 확장된 문화를 가지게 되었습니다. 그래서 우리는 가족의 '여가(餘暇)' 부분에 특별히 주목하고자 합니다. 잘못된 가족 여가문화를 반성하고 보다 건강한 가족 여가생활을 전달하는 사회적 경로에 대해 살펴볼 것입니다. 그리고 마지막 장(章)에서 한국의 가족문화가 나아가야 할 방향에 대해 제언해 보고자 합니다. 한국사회의 전통적 특성인 강한 혈연주의를 넘어야 하는 것이 큰 과제이고, 그러면서 동시에 어른과 아이, 건강한 사람과 건강하지 못한 사람들이 함께 성장해 나갈 수 있는 그런 문화를 어떻게 만들 것인가를 고민해 볼 것입니다.

이 책은 우선 '건강가정사(健康家庭師)' 자격획득을 위한 이수과목의 필수영역에 들어 있는 「가족과 문화」 교과의 주 교재로 널리 사용될 것으로 기대됩니다. 그러나 무엇보다 이 책은 한국의 가족문화를 알고 싶어 하는 외국인과 결혼이주민(結婚移住民)들에게 많은 도움과 함께 한국 가족에 대한 정보를 줄 수 있을 것이라 생각됩니다. 또

결혼이주민들뿐 아니라 그들을 지원하고 있는 다문화가족상담사, 다문화가족지도사, 한국어지도교사, 그 외 다문화사업에 종사하시는 분들이 이주민들을 위해 한국문화에 대한 이해 증진 혹은 적응 향상 프로그램을 만들려고 할 때도 도움이 될 수 있는 책이라고 믿습니다.

끝으로 급격한 산업화로 가족의 문화적 유대가 상실되어 감에 따라 이와 관련된 새로운 지혜와 정보가 필요한 분들에게도 유용한 대중도서(大衆圖書)의 역할을 하리라 기대합니다. 가족은 행복해야 합니다. 그러기 위해서는 다양한 매개와 도구가 필요합니다. 우리가 이 책에서 제시한 다양한 문화 · 놀이 활동들은 가족관계를 유연하게 풀어 주고 가족생활을 흥겹고 즐겁게 만들어 줄 것으로 믿습니다. 이 책을 잘 활용해 주시기 바랍니다.

마지막으로 강의와 연구활동, 그 위에 각 영역에서 다양한 시민운동까지 하는 등 너무나 바쁜 집필자들이 시간을 내어 이 작업에 함께해 주신 것에 다시 한 번 감사드리며, 책을 잘 만들어 주시려고 애쓰신 창지사의 모든 분들에게도 감사드립니다.

2014년 1월, 그리고 2020년 8월

집필자들을 대표하여 이기숙 적음

차례 | CONTENTS

제 09 장 다문화사회의 가족문화 2: 주요 결혼이주여성 출신국의 가족문화

제 10 장 프로그램으로서의 가족문화 1: 가족 여가문화의 변화

제 11 장 프로그램으로서의 가족문화 2: 가족지원 전달체계

제 12 장 새로운 가족문화

가족과 문화

CHAPTER 1

가족문화의 이해

이 장에서는 가족과 문화를 공부하는 데 기본이 되는 '가족'과 '문화', 그리고 이 두 주제가 합쳐진 '가족문화', 또 '가족문화'가 하나의 문화적 현상으로 가족생활 속에서 어떻게 만들어지고 어떻게 변용되어 가는지 등을 살펴보고자 한다.

1. 가족의 이해

1) '가족'의 정의

사람들이 살아가는 모습은 참으로 다양하다. 가족(家族, family)이라는 이름으로 모여 살기도 하고 떨어져 살기도 한다. 비록 다양한 모습(맞벌이가족, 한부모가족, 재혼가족, 주말가족 등)으로 살고 있기는 하지만 그런 가족들 사이에 흐르고 있는 인정, 따뜻함, 대화 등은 '우리는 그래서 가족이야'라는 감정을 느끼게 해 준다.

현대사회는 가족의 '형태(유형)'보다는 가족의 '관계(family relation)'를 더 중요시하는 특성을 지니고 있다. 즉 획일화된 가족의 전형성(stereotyping)이 강조되지 않는다. 어떤 가족 형태를 취하더라도 그 속에는 함께 살아가는 일상(日常, day life),

함께하려는 의지와 신념이 담긴 어떤 것, 즉 문화(文化, culture)가 있다. 그러면서 현대 가족은 이 문화를 이어 나가면서 시대에 맞게 수정하기도 한다. "어제는 어머니의 생신이었습니다." "내일은 할아버지의 제사입니다." "이번 추석에는 꼭 고향에 내려갈 것입니다." 등은 우리가 자주 듣는 말들이다. 가족이라는 이름으로 서로 축하하고, 제사라는 의례(儀禮, rituals)에 참석하면서 항상 함께한다는 안정감을 나누고, 명절에는 오랜만에 다 함께 모여 가족의 추억을 되새기고 만든다. 우리는 이런 정서와 사랑이 있는 가족을 '건강한 가족'이라 한다.

그래서 이 책에서는 가족을 이렇게 정의 내리고자 한다. 즉 "가족이란 정서적 유대와 생활의 안정을 함께 만들어 간다는 목표를 가지고, 함께 살아가는 공동체를 말함이다. 그리고 이 공동체 내에서 가족 각자는 나름의 다양한 역할들을 수행하고, 그 역할 수행의 결과로 가족은 유지 · 계승된다."(이기숙 외, 2009: 13).

과거의 가족이 튼튼한 제도에 묶여 있었다면 현대의 가족은 그 제도들이 약화된 만큼 서로 즐기며 사랑과 협조로 가족이 유지되도록 노력하여야 한다. 그러기 위해서는 가족공동체 내에서 같이 밥 먹고 일상을 보내면서 함께 즐기는 '문화'가 무엇보다 필요하다. 이때의 문화란 단순히 전통을 지키려는 것이 아닌 전통적 문화의 원형을 이해하면서 성별, 세대별, 가족 발달 측면에서 새로이 만들어지는 가족문화를 말한다.

2) 가족의 문화 계승 기능

가족은 다양한 기능(family function)을 수행하는 집단이다(표 1-1 참조). 가족 내적으로는 자녀 출산, 자녀양육과 교육, 가사노동(의식주생활을 위한 노동)을 통한 노동의 재생산, 가족(특히 어린이, 장애우, 연약한 노인, 질환자) 돌봄, 가풍 같은 가족문화의 계승 · 유지 기능 등을 수행하고 있으며, 사회적(대외적)으로는 새로운 노동력을 공급하고, 시민사회의 구성원을 키우고, 복지의 일차적 기능을 담당하는 아주 중요하고 훌륭한 기능 등을 수행하고 있다.

〈표 1-1〉 가족의 대내적 · 대외적 기능

	대내적 기능	대외적 기능
가족의 고유 기능	• 애정 기능 • 성적 기능 • 생산과 양육 기능	• 성적 통제 기능 • 종족 보존 기능 • 사회구성원 보호 기능
가족의 기초 기능	• 의식주생활 기능 • 소비생활 기능	• 노동력 생산 기능 • 생활 보장 기능 • 경제 질서 기능
가족의 파생 기능	• 교육과 보호 기능 • 휴식과 오락 기능 • 기타 문화생활 기능	• 문화 전달 기능 • 사회 안정화 기능

만일 가족이 이런 제 기능을 충실히 수행하지 못한다면 우리 사회는 어떻게 될까? 자녀를 출산하여 함께 키우는 '부부문화(夫婦文化)'는 대단히 중요하며, 다음 세대를 키우는 윗세대의, 어린이에 대한 가치관이 담긴 소위 한 가정의 '아동문화(兒童文化)' 인식도 중요하다. 우리 사회가 고령화되면서 노인인구가 증가하게 되자 노인문화(老人文化)도 삶의 질을 고양시킨다는 측면에서 점점 중요해지고 있다. 가족은 조부모에서 부모 그리고 자녀와 손자녀로 세대를 거치면서 인생의 생로병사(生老病死, lifespan from birth to death) 과정을 함께한다. 탄생, 결혼, 성숙과정, 노화와 죽음의 모든 통과의례(通過儀禮, ritual passage)에 가족은 늘 함께한다. 혹시라도 함께 참여하지 못하게 되면 서로를 위로하고 섭섭해한다.

그래서 어떤 형태의 가족이든 가족이라는 이름으로 수행하는 기능들이 있고, 그 기능들 속에는 '함께 나누는 문화'가 있다. 생일이면 우리는 팥밥과 미역국을 먹어야 한다고 생각한다. 지극히 당연한 한국의 생일문화이다. 팥은 액운을 쫓고, 미역은 건강을 보장하는 상징적 음식이다. 문화는 형성될 때 이미 그 사회의 자연환경과 사회환경에 근거하여 그 집단 나름의 기준으로 만들어진다.

그러나 시간의 이동과 함께 그런 문화들이 차츰 달라져 가고 있음도 사실이다. 먼저 형식에서 변화가 나타나고, 때로는 그 문화가 함유하고 있는 상징성에 대한 해석이 달라지기도 한다. 50년 전만 해도 한국의 전통적 가족은 엄격한 사회적 규범의 지배를 많이 받았다. 그 규범들이 가족의 일상문화를 결정하였다. 아이가 태어나면 그 출생을 알리고 축하하는 의식이 있었다. 그러나 산업화로 인해 일터의 삶이 바뀌면서 사람들의 생활, 즉 의식주 일상문화도 발전이라는 이름으로 엄청나게 변화되었다.

오랜 세월 동안 산업화 · 도시화 과정을 거치면서도 가족문화에는 전통적 형식을 수정 · 보완하면서 계승되어 내려가는 특성이 여전히 남아 있다. 예를 들면 우리의 전통문화에서는 남아들이 15세 이후 성인으로 인정받는 관례(冠禮)가 있었는데, 민주주의 제도에 기반을 둔 '학교'가 생기고부터는 사라졌다. 즉 남아들만의 성인식이 필요하지는 않았다. 그러면서 사라진 젊은이들의 문화에 '연인들이 서로를 챙겨주는 새로운 외래문화 – 발렌타인 데이(Valentine's Day)나 화이트 데이(White Day) – 가 들어왔고, 최근에는 미성년자에서 성인으로 넘어가는 19세를 축하해 주는 성인식(成人式)이 관례 대신 유행하고 있다. 이처럼 문화는 수정 · 유지 · 발전되는 속성을 가지고 있는데, 그 중심에 가족문화(family culture)가 있다.

2. 문화의 이해

1) '문화'의 정의

가족을 설명하면서 이미 문화라는 용어가 여러 번 나왔다. '문화(文化, culture)'는 '경작하다(cultivate)'의 라틴어인 'cultus'에 어원을 두고 있다. 이 말은 처음에는 '밭을 갈아 경작하다'라는 의미를 가지고 있었지만 나중에는 '가치를 창조하다'라는 의미로 변화되었다. 그래서 우리는 '문화인(文化人)'을 "인문과 예술을 이해하는 교양 있는 사람"이라고 해석하기도 한다(유태용, 1999). 또 이런 해석도 있다. 문화는 '자연(nature)'과 대비되는 개념이라는 것이다. '자연'은 있는 그대로의 상태를 뜻하고, '문화'는 경작된 것, 즉 사람이 의식적으로 가공해 놓은 세계를 의미한다는 것이다(이중구, 1998).

'문화'를 정의해 보자. 문화를 설명하는 다양한 개념들이 있다. 영국의 인류학자 타일러(Tylor)는 문화를 "민족지적 의미에서 지식, 신념, 도덕, 관습, 인간의 모든 능력과 습관들을 일컫는 복합적 의미"라고 주장하면서 "문화란 사회구성원에 의해 획득된 것"이라고 간결하게 설명하였다. 이 설명을 다시 살펴보면 "문화란 생물학적 유전에 의한 것이 아니라 신념이나 사회적 가치에 의해 이루어진 것"이라는 의미를 찾을 수 있다. 타일러의 설명에서 문화에는 그 사회구성원이 지향하는 가치, 신념, 인식 등이 들어 있음을 알 수 있다. 그리고 미국의 인류학자 코탁(Kottak)은 "문화란 사회구성원에 의해 학습되고, 공유되고, 양식화되면서 다음 세대로 이어지는 어떤 것"이라고 설명하였다. 즉 문화는 사회적으로 공유되는 언어라는 매개를 통해 인지적 · 행위적 · 물질적 방법으로 전달되기 때문에 사회적 기능을 한다고 보았다(전경수, 1994).

인류학자들은 현지조사를 할 때, 사람들의 드러나는 삶인 의식주에서 나타나는 문화를 많이 관찰하였다. 그래서 한 사회의 문화를 알고자 할 때 그들이 모여서 어떤 음식을 먹으며, 어떤 주거문화를 가지고 있는지, 그리고 사람이 죽으면 어떤 의례(儀禮)로 그 죽음과 주검을 처리해 내는가를 보면서 그 사회구성원들이 지향하는 신념, 가치 등을 이해하였다. 따라서 문화는 "역사적으로 어떻게 변화되어 왔는가 하는 통시적 관점(diachronic approach)"과 "동일 시대에서 둘 이상의 문화가 어떻게 다른가 하는 공시적 관점(synchronic approach)"에서 이해되어야 한다(유태용, 1999). 그래서 이 책에서는 문화란 "역사가 진행되면서 각 집단이 자신의 일상을 더 풍성하고 아름답게 만들기 위하여 의미를 부여하면서 만든 적응방식"으로 정의한다.

오늘날과 같은 글로벌 사회에서 사람들은 다른 나라 사람들이나 다른 지방 사람들이 자신들과는 다른 문화를 가진 것에 대해 이해하는 폭이 크다. 즉 환경에 따라 문화가 다르다는 것을 안다. 또한 사람들은 다른 나라의 먹을거리 문화나 결혼식 문화의 차이에 대해 흥미를 느끼기도 한다. 같은 민족적 전통을 가진 남한과 북한도 경제체계나 정치체계가 다른 상황에서 60여 년을 분단 상태로 지내다 보니 의식주(衣食住) 생활문화나 관혼상제(冠婚喪祭: 성인식, 결혼식, 장례, 제사) 등에서 다른 문화를 많이 지니고 있다(참고자료 1-1 참조).

〈참고자료 1-1〉 문화의 전승과 변용

같은 민족이지만 현재 북한과 남한의 가족문화는 다른 점을 많이 가지고 있다.

북한의 가족문화는 우리와 비슷한 것도 있고 다른 것도 있습니다. 우리나라의 경우 가족을 개인적 동기에 의해 먼저 설명합니다. 즉 가족이란 사랑과 행복을 나누면서 함께 살아가는 정서적 집단으로 생각하지요. 그런데 북한은 이런 개인적 동기보다는 사회적 동기로 가족을 이해합니다. 즉 가족이란 자신들의 사회를 발전시키고 북한 정권에 대한 충성을 강화하는 기초 단계 집단이라고 보고 있어요. 그래서 모든 가정에는 김일성 부자의 사진이 걸려 있고, 가슴에는 항상 배지를 달고 다니지요.

북한 주민도 우리처럼 자유롭게 결혼할 수는 있지만 차이점이 있어요. 북한 주민은 간접적으로 결혼 나이를 제한받고 있어요. 이유는 국가를 위하여 더 많은 일을 한 다음에 결혼하라는 의미이지요. 이 때문에 일반적으로 남자는 20대 후반에서 30대 초반, 여자는 25세 이전에 결혼을 하는 경우가 많아요. 북한은 우리나라처럼 예식장이 따로 없으며, 신랑 집이나 신부 집 또는 회관에서 결혼식을 해요. 좀 더 큰 도시인 평양 주민은 대형 음식점에서 결혼식을 하기도 하죠. 신혼여행은 외국으로 나가지 못하고 대부분 인근 혁명 사적지나 공원 등을 찾아 기념사진을 찍고 비디오 촬영을 한답니다. 또 북한 주민은 돌아가신 분의 기일에 맞추어 제사를 지내기보다는 한식이나 추석명절에 차례를 주로 지내는 편이에요. 이렇게 하는 이유는 제사가 북한의 사회주의와 맞지 않기 때문이라고 해요. 제사는 집에서보다는 산소에서 지내며 음식 종류는 따로 정해져 있지 않답니다. 반면 남한에서는 보통 성묘 가기 전에 집에서 먼저 제사를 지내고 산소를 찾는 경우가 많으며 제사 음식은 대추, 사과, 배, 밤, 고기산적, 전, 밥, 술 등을 차리는 것으로 정해져 있고 집안 예법이나 전통에 따라 약간씩 차이가 나기도 해요.

출처: 통일부 운영 〈통일부어린이기자단 블로그〉(http://kidnews.unikorea.go.kr).

2) 문화의 특성

앞의 문화의 개념에서 살펴본 코탁(Kottak)의 정의에서 문화가 지니고 있는 몇 가지 특성을 파악해 보자. 첫째, 문화의 학습성(學習性, learning function)이다. 코탁은 문화란 "어떤 특정한 사회에서 그들이 살아온 삶의 직접적인 결과로서 개인에게 학습된다."고 보았다. 즉 학습된 행위가 바로 문화이며, 인간으로 살기 때문에 문화를 학습하였다고 본다. 새로 태어난 어린아이는 그가 태어난 사회의 실재적인 관습에 동화되면서 성장한다. 즉 문화화(文化化, enculturation)되는 것이다. 이때 어린아이의 문화화 근거가 바로 가족(家族, family)이다. 가족 외에 유아원, 학교, 친구, 종교 기관 등도 문화화된 인간을 만드는 데 기여하는 집단이고, 이 집단 내에서의 사소한 차이들은 다양한 생활양식과 하위문화를 만든다.

둘째, 문화의 공유성(共有性, co-owership)이다. 한 지역에서 관습(慣習, custom)은 공유되고, 그것이 오랜 기간 유지 · 계승되어 올 때 우리는 비슷한 문화를 지녔다고 말한다. 즉 동일한 관습을 가진 사람들은 동일한 문화를 가지고 있다고 볼 수 있다. 그래서 우리는 한 문화권 내에서는 다른 사람의 행동을 쉽게 예측할 수 있고, 때로는 쉽게 공감한다. 이런 문화의 공유성은 의식주생활문화에서 가장 잘 나타난다. 다양한 집단들이 서로 문화를 보여주고 관찰하는 접촉면을 넓히면 문화의 공유성은 확대되고 서로를 더 잘 이해하게 된다.

셋째, 문화는 형식(型式, pattern)을 지닌다. 즉 문화는 의례성(儀禮性, ritual)과 상징성(象徵性, symbol)을 가지고 있다. 인간의 문화는 언어라는 문화적 매개, 즉 상징에 의해 전달되고 학습된다. 생일잔치에서 나누는 축하인사, 장례식에 가서 건네는 문상인사, 역사학자들이 보존하기 위해 노력하는 고문서나 역사서들은 모두 문화의 상징이고, 그 상징성은 문화집단에 따라 다르다. 자기들만의 문화에 치중하면 다른 문화의 상징성을 보는 태도가 협소해진다. 우리는 한국문화(언어 포함)만 학습하고 공유한 사람들로, 때로는 한국문화의 상징성으로 외래문화를 해석하고자 하는데 이럴 경우 소통하기 어렵다. 나와 다른 문화(문화적 상징성을 지닌)를 가진 다른 집단에 대한 이해가 필요하며, 그럼으로써 우리는 점점 다문화되어 가는 사회에서 다양한 문화적 행위들을 이해하면서 더 재미나게 살아갈 수 있다. 한국 사람들은 출산한 산모에게는 미역국을 먹게 한다. 그런데 국제결혼으로 한국에 이주한 많은 베트남 출신 여성들은 고국에서 산후에 족발을 삶은 국물을 먹는 문화적 상징에 익숙해져 있어 처음에는 한국의 미역국 문화를 받아들이기가 어려웠다고 한다.

넷째, 문화는 일상 속에서 지속적으로 상호작용하면서 세대를 통해 연속되는 전달성(傳達性, communicative competence)을 지니고 있다. 우리는 선조로부터 내려오는 고유한 문화(의식주생활문화나 전통의례에서 그 고유성을 찾을 수 있다)를 지니고 있다. 그렇다고 그 문화가 절대 불변하다는 것은 아니다. 시대에 따라 물질 환경이 바뀌고 사람들의 가치와 신념체계가 변화하면서 우리는 전달되어 내려온 그 문화들을 바꾸기도 한다. 직계가족[直系家族, lineal family: 장자(長子)로 이어져 내려가는 부계(父系)가족 라인을 중시하는 3세대 이상의 가족]이 한국의 전통적 가족 형태였지만, 1960년 산업화 이후 핵가족(核家族, nuclear family: 결혼하여 부모가정에서 독립한 신혼부부와 그 미혼의 자녀로 구성된 2세대 가족)이 가장 보편적인 가족 형태가 되고 있는 것이 그 좋은 예이다.

결론적으로 문화는 시간의 흐름에 영향을 받고, 사람들은 새로운 시간 속에서 새로운 행동과 신념으로 새로운 문화를 창조해 나간다. 문화는 계승되면서 때로는 변용되어 가는 특성을 지니고 있다. 우리는 이 책에서 한국 가족의 생활문화와 의례문화, 그리고 가족의 여가문화들이 어떻게 변화하면서 지금은 어떤 모습으로 나타나고 있는지를 살펴볼 것이다.

3) 문화 이론

인간은 사회적 동물이기 때문에 사회라는 울타리를 만들어 생활할 수밖에 없다. 인간은 누구나 특정 사회에서 출생하여 그 특정 사회의 문화 속에서 성장해 나간다. 이렇게 특정 사회의 문화권에서 길러진 인간은 그 특정 사회가 규정하는 역할을 수행해 가면서 자신의 위치를 확인하게 되고 그 사회가 추구하는 사회구성원이 되어 간다. 넓게 보면 우리는 우리 사회가 지향하는 문화(의식주, 가치, 행동양식, 세계관 등)의 영향에서 벗어날 수 없다.

그러나 우리는 이미 만들어져 나에게 영향을 미치고 있는 그 문화가 지닌 중심 주제에 때로는 감정적으로 저항하고 이성적으로 비판한다. 그 이유는 시대적 흐름에서 삶을 분석하는 우리의 인식이 바뀌고, 성별(gender), 계급(class), 직업(job) 등에 따라 더 정교하고 새로운 해석을 요구하기 때문에 우리를 규정하는 문화의 주변 틀이 계속 바뀌기 때문이다. 예를 들면 중세 유럽은 문학, 음악, 미술을 비롯한 예술에서 높은 인격의 완성을 문화로 보았다. 그런데 이 문화는 주로 지배계층인

백인 중심, 남성 중심 문화였다. 그러나 현대 산업사회에서 수많은 서민대중의 문화가 등장하면서 기존의 지배층 중심의 문화는 비판 · 수정 · 분열되면서 노동자 문화, 흑인문화, 여성문화 등과 같은 새로운 문화가 등장하였으며, 이 다양한 하위 문화들을 해석하기 위한 이론이 등장하였다.

여기에서는 가족문화를 이해하기 위한 2개의 문화 이론(culture theory)만 살펴보기로 한다(Kaplan, 1972). 첫째, 사회적 연대 이론(social solidarity theory)이다. 사회학자 뒤르켐(Durkheim)에 의해 주장된 이론으로, 연대(連帶, solidarity)란 개인 간 혹은 집단 간의 관계가 도덕적 감정과 신념의 공유에 근거하여 공통의 정서적 감정으로 강화되는 상태를 말한다. 한 사회를 구성하는 여러 요소 간에는 일정하게 유형화된 관계가 있는데, 그것을 그는 '문화'라고 보았다. 그래서 이 문화는 사회의 의미 있는 체계로 보편적 특성을 지니고, 그 보편성이 '의례'로 상징화되어 우리를 구속한다. 동시에 우리가 문화를 배우는 이유는 우리의 사회적 연대성을 보다 공고히 하기 위함이라고 하였다. 좋든 나쁘든 그 사회가 오랜 기간 유지 · 계승해 온 그 나름의 문화에는 확장된 보편성이 들어 있기 때문에 우리는 그 집단의 문화를 일차적으로 존중한다. 통과의례(通過儀禮)란 그 사회의 가장 상징적인 제도로, 대단히 구조화되어 있으며 공고하다. 그러나 시대정신이 바뀌어 그 형식이 다소 변화되면서 우리는 그 의례들이 소멸되어 간다고 해석할 수도 있지만, 실제로 그 정신(내용, 가치)은 사회체계 전체의 균형을 유지하는 중심적 역할을 담당하면서 주요 문화로 인식되고 있음을 무시하여서는 안 된다.

둘째, 문화진화론(theory of cultural evolution)이 있다. 초기 인류학자들은 인류의 역사가 단일한 공통의 전통을 따라 계승되어 왔다고 보았다. 거기에서 발달한 자민족 중심주의(ethnocentrism: 자기들 민족문화만이 도덕적이고 합리적이며, 다른 인종의 문화는 열등하다고 믿는 신념)는 서구열강들이 제3세계에 대한 식민지배 및 인종차별주의 합리성을 주장하도록 해 주었다. 이후 자본주의 체제의 발달과 함께 문화는 자연적 진보나 진화로 설명되었으며, 이 진화는 인간의 물질적 이해관계와 상호작용하고 있다는 주장들이 제기되면서 문화의 특수성과 다원주의가 수용되었다. 즉 문화란 환경조건과 심리적 요인 그리고 역사적 맥락의 결과물이며, 이웃과의 상호작용에서 상호 수정되는 과정에서 만들어진다는 것이다.

우리가 우려하는 것은 이러한 문화적 진화과정을 거치면서 만들어진 문화 속에는 한 민족, 한 집단 내에 있는 특정 구성체들의 전형성 및 억압성이 어떤 영향을 미쳤는가 하는 것이다. 예를 들면 한국의 남성문화 속에는 군대문화가 그 중심을 차지하고 있다. 군대란 목숨을 내어 놓고 명령에 절대 복종하여야 하는 전형적인 계급 중심 구조를 지닌 체제이다. 20대에 이 같은 문화를 거칠 수밖에 없는 징집제도 하의 한국의 군대문화는 남성 집단의 전체 의식에 영향을 미치기 때문에 한국 가족관계에서 자주 지목되는 불평등한 가족문화는 군대문화에 대한 이해와 함께 해석되어야 하는 부분이 있다.

이상으로 문화현상을 이해하기 위해 사회적 연대론과 문화적 진화론을 살펴보았다. 그러나 "문화란 사회의 기능이라기보다는 개인적 욕구에 기초한 복합체"라고 말하는 학자도 있고, "현대사회에서 문화란 욕망, 사랑, 대중적 소비 등에 대한 이해 없이는 해석하기 어렵다."고 말하는 학자도 있을 만큼 현대사회의 문화에 대한 해석은 다양하고 복합적이다(이중구, 1998).

그러나 이 책에서는 한국의 가족의식과 함께 변화 · 수용되어 오고 있는 가족문화의 실제를 '의식주생활문화'와 다양한 '가족 통과의례와 절기'에 국한시켜 살펴보기 때문에 복잡한 문화 이론에 대한 설명은 삼가고자 한다. 단지 우리는 궁극적으로 다양한 가족문화가 이 사회의 통합가치－즉 평화, 정의, 평등－를 보다 발전시키는 매개체로서 그 기능을 다하기 위해 가족문화를 고찰한다.

3. 한국의 가족문화

1) 한국의 가족문화

한국의 전통적 가족문화는 본 교재 제3장과 제4장에서 다루어지는 관혼상제(冠婚喪祭)와 절기문화(節氣文化)인 정월의 설, 5월 단오, 8월 추석 등이 대표적이다. 우리 조상은 이런 특별한 날에는 그 의례[儀禮: 의식(儀式)과 같은 의미로 사용]에 맞는 의복을 입고, 그 의례에 맞는 음식을 준비하고, 그날 가족친지들이 함께 즐기는 놀이 등을 통해 일상의 즐거움과 인생의 희로애락(喜怒哀樂)을 표현하였다.

이런 전통들은 평범한 가정생활 속에서 세대(世代)를 통해 전수되면서 보존되어 왔다. 혼례(결혼)의 경우 서민들이 상류층을 따라가려는 과한 혼수들을 준비하던 문화가 있어 정부가 「건전가정의례준칙」[1)]을 공포하여 의례의 표준화(標準化, standardization)에 노력한 흔적들도 보인다.

한국의 전통적 가족문화인 관혼상제도 다른 문화와 다르지 않게 남성인 가부장(家父長, family head) 중심의 문화였다(조은, 2002). 여러 의례의 절차와 과정에서 여성은 보이지 않고(예를 들면 제례에서 여성은 제주로 거의 등장하지 않는다), 여성은 존재하되 아버지와 남편에 예속되는(예를 들면 혼례에서 신부가 아버지 손에 인도되어 등장하거나 전통혼례에서 반드시 두 사람의 시중을 받으면서 등장하는 점들) 문화가 있었다. 그러나 이런 가부장제(patriarchy)도 한국의 근대화 과정에서 산업화 · 도시화 · 상품화로 인해 상당 부분 변화되어 가고 있다. 이 교재 제2장에서 한국 가족의 가부장적 제도에 대해 좀 더 살펴볼 수 있을 것이다.

2) 한국 가족문화의 변화

통과의례라고 일컬어지는 관혼상제 문화와 의식주생활문화 전반에 걸쳐 나타

1) 1973년 정부는 「건전가정의례준칙」을 제정하여 가정에서 행하는 혼례, 상례, 제례와 기타 의례 절차에 있어서 허례의식을 일소하고 그 의식 절차를 간소화 · 합리화하여 낭비를 억제하고 건전한 사회기풍을 만들고자 하였다.

나고 있는 가족의례가 어떤 방향으로 변화되어 가고 있는가를 크게 두 가지로 정리해 보면 가족문화의 개인화와 탈가정화 현상이 보인다.

첫째, 전통적으로 한국의 가족문화라 일컬어지는 관혼상제와 절기문화들은 가족 중심이었고 때로는 마을사람이 함께하는 지역문화성을 가지고 있었다. 이런 가족 단위 의례(family ritual)가 점점 개인 의례(personal ritual)로 바뀌는 현상이 나타나고 있다. 출생, 첫돌, 여러 번의 입학과 졸업, 군 입대, 취직 등의 생활사건에서 만들어지는 '축하의식'이 개인 중심으로 이루어지고 있다. 때로 결혼기념일, 어버이날 같은 가족 단위의 행사가 있기는 하지만 그 빈도에 있어서는 가족 중심이기보다는 개인 중심이라는 의미와 형식이 더 많다. 또 그 의식에 참석하는 사람들도 친척보다는 그 수에 있어 친구나 직장동료 등과 같은 사회관계망에 놓여 있는 사람들이 더 많은 점도 새로운 변화이다. 이런 변화는 우리의 가치관이 개인주의화되어 가는 것과 함께 자녀 중심의 행사들이 중요하게 간주되면서 나타나는 문화적 경향이다.

둘째, 성인식, 결혼식, 장례식 등이 탈가정화(脫家庭化, defamilistic)하면서 전문업체로 옮겨지는 점이다. 다소 의례의 범위나 절차가 간소화되는 경향이 있기는 하나, 의례의 진행과 관련 상징 물품 등의 상품화(商品化, comodification)는 더욱 심해지고 있다. 이런 상업화 경향과 함께 나타나는 것이 의례의 세속화(世俗化, secularization)와 계층 간의 위화감(違和感, a sense of incompatibility)이다.

제반 가족의례를 가족 간의 단합과 감사를 표현하는 행사로 받아들이기보다는 그야말로 통과해야 할 과정으로 생각하게 되면서 왜 이런 의례가 필요하며, 이런 행사를 통해 가족이 어떤 가치를 함께 공유해 나가고, 더 행복해질 것인가 등에 대한 생각이 결여(缺如)되어 가고 있다. 더욱이 상품화됨에 따라 모든 의례 형식에 많은 비용이 들면서 가족의례가 가족에게 또 다른 상처를 주는 일들도 나타나고 있는 점들은 가족문화 측면에서 성찰이 필요하다.

4. 새로운 가족문화 만들기

문화는 오랜 역사적 과정 속에서 만들어진 역사적 산물이며 사회 경험의 축적물이다. 문화는 한 세대에서 끝나는 것이 아니고 여러 세대를 거쳐 전승된다. 문화가 유지 · 전승되는 데에는 어느 정도의 규칙성은 있으나 환경의 영향과 외래문화의 영향을 무시할 수는 없다. 이런 이어짐의 과정에서 지역, 인종, 종교, 사회계층, 연령 등에 따라 하위문화가 생겨나고 사라지기도 한다.

가족문화란 가족이 만들어 내는 문화로, 일상생활(의식주생활문화와 가족관계의 유지)의 욕구충족을 위한 과업 수행에 내재된 가치, 규범, 상징을 포함하고 있다(계선자 외, 2012: 207). 가치(value)란 그 사회나 집단이 바르다고 믿는 것으로, 행동을 지배하는 감정체계이며 반드시 공유된 가치여야 한다. 규범(norm)은 행동의 구체적 방향성을 제공해 주는 것으로, 가치의 사회적 공유성에 근거하여 만들어진다. 특히 가정생활에 필요한 의식주생활문화는 이 규범의 적용을 많이 받는다. 상징(symbol)은 의미를 나타내는 디자인, 몸짓, 소리, 심지어 물건을 말한다. 설날의 떡국, 추석의 송편은 우리에게 깊이 각인된 그 절기의 상징물이다. 가족 내의 수많은 문화 활동 등을 자세히 살펴보면 그 가족, 그 관계 특유의 설명을 해 주는 나름의 상징성이 있다. 열 살 생일선물로 받은 은수저 한 벌은 영원히 그 사람에게는 생일과 가족의 따뜻함을 떠올리게 해 주는 가족 사랑의 상징물이다.

〈참고자료 1-2〉는 아기가 태어난 지 100일 되는 백일상차림에 대한 글로, 이 상차림에서 우리는 가족문화의 가치, 규범, 상징성, 이데올로기를 모두 찾아볼 수 있다. 새로운 아기, 특히 남아(男兒)는 가문 계승의 중재자로 가부장문화에서는 대단히 중요한 존재였다. 백일상을 차리고, 삼신할멈에게 비는 윗세대 어른들의 행위는 대단히 규범적이고 가족 중심적이었다. 그리고 백일상 위에 놓이는 물건들은 모두 각각의 고유한 상징성을 내포하고 있다. 실타래는 무병장수를 상징하며, 돈은 부귀영화를 비는 부모의 마음이다.

〈참고자료 1-2〉 백일상의 과거와 현재

아기가 태어난 지 100일이 되면 백일잔치를 한다. 신생아는 병균에 대한 면역성이 약하기 때문에 아기의 탄생을 축하하기 위해 찾아오는 외부인의 출입을 금줄을 쳐 통제하다가 태어난 지 100일이 되면 비로소 축하잔치를 하였다. 아기가 탄생하기 위해서는 남녀의 결혼, 난자의 배란, 정자의 사출, 정자와 난자의 만남, 수정란의 착상(임신), 분만 등 여러 가지 과정을 거쳐야 한다. 백일잔치는 이러한 여러 가지 단계를 모두 순조롭게 거쳐 태어난 아기를 축하하는 것이다.

전통적으로 백일상은 '삼신상(三神床)' 이라고 한다. 이 상에 올라갈 음식으로는 기본적으로 삼색나물, 미역국, 밥, 정화수이다. 그리고 음식 외에 실타래와 돈도 올려놓는데, 실타래는 무병장수를, 돈은 부자 되라는 의미라고 한다. 상을 차리는 시간은 보통 동이 트기 전이며, 동쪽을 향해 상을 둔다. 상 아래 아이를 눕혀 두고, 삼신할미께 절 한 번 하면서 아기의 성장에 감사와 아이의 장래 염원을 기원 드린다. 이 외 백일에는 백설기, 수수팥떡, 인절미 등을 이웃과 나눈다. 백설기는 정결과 신성함을 의미하며 장수를 빌고, 수수팥떡은 부정을 막는다는 것으로 붉은색은 귀신이 싫어하며 잡귀를 쫓아낸다는 의미가 있다. 인절미는 '단단하라' 는 뜻이 있다.

그러나 이 백일상이 최근에는 집에서보다는 전문 사진관이나 음식점에서 가족과 친지들을 초대해 치러지면서 아기를 위한 상차림에는 위에 열거된 백일을 상징되는 물건들이 올려짐과 동시에 풍선, 현수막, 가족사진들을 이용하여 분위기를 꾸미는 풍습이 유행하고 있다.

출처: 한국전통예절문화원(http://cafe.daum.net/ktgmc).

그러나 이런 전통적 상차림이 현대에 와서 그 가치는 수용하면서 형식에서는 달라지고 있는 특성을 보인다. 요즘의 백일 기념은 사진관에 가서 백일 사진을 찍는 것으로 변하였다. 이런 변화가 나쁘다기보다는 시대적 특성과 자본주의 문화가 결합되면서 새로운 유사문화가 만들어지고 있다고 보아야 할 것이다. 형식은 변화했지만, 그 속에 깃든 가치와 의미, 상징성은 잃어버려서는 안 될 것이다. 백일 사진을 찍는 행사에서도 아기에 대한 부모로서의 책임감, 이를 축하하는 상징성(백일 사진), 주위 가족들의 축하로 가족가치를 공유하는 것 등은 담겨 있어야 한다.

전통적 한국문화가 지닌 의미성 중 현대 가족에 유용한 것은 계속 지켜 나가려는 노력이 필요하고, 가족 내에서 새로운 문화를 담을 수 있는 새로운 형식도 받아들일 필요가 있다. 가치의 측면에서 볼 때, 우리나라의 전통적 효사상이나 경로사상, 그리고 가부장제(家父長制) 문화 등과 같은 가치체계는 한국사회와 한국 가족이 유지되어 온 원동력이었음을 부인하지 못한다. 그러나 시대가 바뀌면서 현대 가족은 공정함(fairness), 이타성(altruistic behavior), 평등(equality) 등을 새로운 가족의 정신으로 받아들이지 않으면 안 되는 삶에 직면하게 되었다. 아들과 딸을 구별하지 않고 교육을 받게 한 한국의 교육제도와 부모의 교육열은 가족구성원의 관계선이 수직적이기보다는 수평적 관계가 더 중요함을 알게 해 주었고, 보다 인간적인 교류에 기반을 둔 가족관계 유지에 노력하게 되었다. 그리고 가족 돌봄과 연약한 가족의 보호는 단순히 혈연에 근거한 책임감보다는 사회적 보상과 이타적 가치가 긍정적으로 수용되는 상태에서 해결하려고 노력하고 있는 등 가족가치체계에서 나타난 변화들은 가족문화 규범을 바꾸고 있다.

새로운 가족문화를 만들 때 우리는 다음과 같은 면을 고려하여야 한다.

첫째, 그 가치가 다음 세대로 전달(傳達, transmission)될 수 있는 것인가 하는 점이다. 많은 한국 가정에서는 조상에게 제사를 지낸다. 제사의 상차림은 지역과 가문에 따라 다양하며, 최근에 와서는 가족적 합의에 의해 형식이 규정되는 예들이 많다. 특히 제사란 후손이 조상을 위해 예를 갖추어 지내는 의식인 만큼 세대 간의 협의가 중요하다.

둘째, 이 문화를 수행하면서 가족의 결속력(結束力, unity)이 더 튼튼해질 것인가 하는 것이다. 가족문화는 단순히 각자의 욕구를 채우는 것이 아니다. 가족 여가를 통해 가족의 상호 소통이 진보되며, 공동체 의식이 더욱 함양되어야 한다. 그 문화 속에 불평등하고 성별 차이나 연령 차이를 나타내는 부분이 있다면 함께 의논하여 수정함이 필요하다.

셋째, 가족문화 활동이 가족의 발달적 측면을 예측하고 가족체계의 질서(family system)를 세워 주는가를 고려하여야 한다. 우리의 전통적 관례(冠禮)에서는 남아에게 갓을 씌우고 여아에게 비녀를 꽂아 주었는데, 이는 성인으로서의 마음가짐과 가족 역할을 기대하는 의미였다고 한다. 현대적으로는 19세 성인식은 고교를 졸업한 그 다음 해 정도이다. 이 시기 부모와 자녀는 성인식이라는 행사를 통해 자녀의 정서적 독립과 민주시민으로서의 책임감을 강조하는 발달과업(developmental task)을 수행하면 좋다. 군 입대, 결혼, 은혼식(결혼 25주년), 회갑연 등은 개인과 가족의 발달단계에서 아주 중요한 사건들이다. 이러한 생활사건에서 의미(meaning)를 찾고, 그 의미를 함께 나누고, 그날을 추억하는 상징물을 서로 나눔으로써 가족의 역량은 더욱 강화될 수 있다.

이 장에서는 가족과 문화의 의미를 살펴보고, 이 두 개념을 합친 개념인 '가족문화'에 대해 살펴보았다. 한국의 고유한 가족문화는 다음 장 역사적 관점에서 고찰해 볼 것이지만, 다원주의(多元主義, pluralism) 현대사회에서는 문화의 상대성(相對性, relativity)이 워낙 강조되기 때문에 우리는 어떤 문화는 좋고, 어떤 문화는 나쁘다고 감히 말할 수 없다. 가족 내에서 상호 협의와 가치비교 단계를 거쳐 항상 그 가족의 공동체성을 훼손하지 않는 선에서 가족이 규칙으로 가족문화를 만들고 실천해 나가면 되리라 본다. 특히 다른 나라에서 성장한 사람들이 한국으로 이주해서 많이 살고 있는(제8, 9장 참조) 지금, 한국사회도 새로운 시대정신과 가족문화의 창조에 노력하여야 한다.

생각해 봅시다

1. '문화' 라는 단어를 생각하면 어떤 것이 떠오르는가?

2. '문화' 와 '가족' 을 연결해 보면 어떤 것들이 떠오르는가?

3. 가족의 생일을 축하하는 풍습이 조부모세대에서 손자녀세대까지 어떻게 변모되어 왔는가를 토의해 보자. 그 속에서 변하지 않고 내려오는 것이 있다면 무엇인지 찾아보자.

더 볼거리

◈ 도서. 『한국인의 문화의식 조사』. 한신대학교학술원 신학연구소. 한울아카데미. 2005.
이 책은 우리나라 현대 가족문화의 모습을 '전통지향적 성향' 과 '변화희구적 성향' 의 응답자들을 대상으로 조사 연구한 보고서로, 가족문화 · 문화의식 · 상장례의식을 중심으로 다루고 있다.

◈ 도서. 『흙 속에 저바람 속에』. 이어령. 문학사상사. 2008.
이어령의 62년 판 책을 다시 재편집한 책으로, 최초의 한국문화 분석서라는 평가를 줄곧 받아 온 책이다. 그는 울음, 밥상, 윷놀이, 한복에서 사랑, 한국 여성에 이르기까지 다양한 주제를 '문화' 라는 관점에서 풀어내고 있다. 한국의 원초적 문화를 이해할 수 있는 책이다.

◈ 도서. 『혼종문화론』. 김용규. 소명출판. 2013.
지구화시대에 새롭게 부상하는 다양한 문화들에 대한 이론과 현실을 연결시키면서 우리로 하여금 독립적이고 본질주의적 문화 개념보다는 개방적이고 유동적이며 구성적인 문화 개념을 가질 것을 권하고 있다.

CHAPTER 2

가족문화의 역사

동서고금을 막론하고 생산 수단의 변화 및 기술 수준의 발달은 가족구조 및 가족관계에 많은 변화를 초래해 왔다. 문화가 오랜 기간에 걸쳐 인류가 창조해 낸 역사적 산물이듯, 가족문화 역시 한 세대에 또 다른 삶들이나 가치관이 가미되면서 새롭게 재구성되고 역사적으로 변화해 왔다.

이번 장에서는 역사적으로 변화해 온 이러한 가족문화를 고대(삼국과 통일신라), 고려, 조선이라는 세 시대로 크게 나누어 각 시기에 나타났던 특유의 가족문화를 살펴보고자 한다. 대략 세 시기로 구분하여 기술하지만 현실 속 가족문화는 시대별로 분절되어 나타나는 것은 아니다. 이전 시대의 가족문화와 당대의 새로운 가족문화가 서로 대립 · 경쟁하면서 혼재하는 과도기를 겪게 되고 차츰 새로운 문화가 보편적인 제도로 자리잡는 과정을 거치게 된다. 이 장에서 서술하는 시대별 가족문화 특징 또한 이러한 과정을 거치게 되지만 서술의 편의상 각 시대별 제도화된 내용 위주로 살펴볼 것이다.

고대의 경우, 삼국이 모두 포함되지만 사료가 부정확하고 제한되어 있으므로 통일의 주역인 신라를 중심으로 논의하면서 동 시대인 고구려와 백제의 가족문화를 함께 살펴보고자 한다. 고려 역시 조선시대와 비교할 때 자료가 매우 적고 그마저 고려 후기에 집중되어 있어 고려의 전반적인 가족생활을 구체적으로 확인하는 것은 어렵지만, 전반적인 사회구조와 제도적 자료를 통해 특유의 가족적 특징을 포착하고자 한다. 고려의 전반적인 가족문화는 이전보다는 약해졌지만, 조선에 그대로 계승되어 조선 중기까지도 비부계적인 특성이 다소 혼재했다. 하지만 17세기를 전후하여 성리학의 본격적 영향으로 신분이나 토지제도 등 사회구조적 변동과 함께 가족제도에도 일대 큰 변화가 오게 되었다. 이러한 변화는 조선 후기에 이르러 가부장적 이념이 보편화되면서 일반 민중의 가족생활, 특히 여성의 삶에 지대한 영향을 미쳤다고 할 수 있다.

가족문화를 시대적으로 구분하여 그 역사적 특징을 살펴보기로 했지만, 가족문화라는 범주 또한 매우 광범위하고 다양하다. 따라서 본 장은 각 시대에 독특했던 가족제도를 중심으로 사료들을 곁들이며 이야기해 보고자 한다. 혼인과 상제례(喪祭禮)는 시대를 막론하고 가족이 중요하게 생각하고 행한 의식들이었지만, 시대적 통치이념이나 사회적 상황에 따라 가족의 구체적 삶 속에서 그 형태를 달리하였다. 시대적으로 달랐던 가족 의식과 개인의 삶들을 함께 살펴보면서 현재의 가족문화 역시 이 과정의 연장선에 있음을 확인해 보고자 한다.

1. 고대(삼국과 통일신라)의 가족: 비부계적 문화

1) 일부다처혼(一夫多妻婚)

삼국의 집권체제가 확립되고 지배층의 특권을 보장하는 신분제도가 확립되면서 혼인은 기본적으로 동일 신분 내에서 이루어지게 되었다. 특히 신라의 경우 '골품제'라는 엄격한 신분제가 존재했고, 이러한 규율은 혼인을 결정하는 데 중요한 역할을 담당하였다. 따라서 모계 또는 처계의 신분 역시 왕족의 지위를 유지하기 위해 부계만큼 중요했다.

왕실의 혼인은 대부분 일부다처혼이었는데 이에 관한 내용은 최재석의 연구(2009: 14-27)에서 호칭에 관한 기록을 통해 확인할 수 있다. 고구려의 경우, 『삼국

사기(三國史記)』에 본처(왕비)와 후궁에 대해 '원비(元妃)'와 '차비(次妃)'라는 호칭을 사용하고 있고 원비의 아들이 당연히 태자 책봉을 받는다고 생각하지 않는다는 점에서 이 두 처 사이의 서열이 확실히 정해져 있지는 않았던 것으로 보인다. 하지만 또 다른 기록에서 2처, 3처 가운데 하나로 여겨지는 '후궁'이라는 호칭이 등장하는 점으로 보아 왕비인 1처와 신분적 차이가 어느 정도 존재했던 것으로 짐작된다. 즉, 고구려 왕실의 혼인에서는 2처 이상 둔 사례를 다수 찾을 수 있지만 이들 간의 신분적 차이가 일관되게 드러나지 않으며 이들이 낳은 자녀 간에도 서열이 확고하게 정해져 있지는 않은 것으로 보인다.

백제의 경우에도 다처를 취한 경우가 많았고 2처의 자녀에게 '서제'나 '서자'라는 용어가 사용되기는 하였지만, 이들의 관직이 백제의 최고위 관직인 내신좌평에 이르는 것을 보면 고구려와 마찬가지로 처들 간이나 그 자녀들 간에 지위적 차이가 형성되어 있지는 않은 것 같다.

신라의 경우에는 고구려나 백제와 달리 혼인에 관한 사료가 상대적으로 풍부해 일반 국민의 혼인까지도 확인해 볼 수 있었다. 왕실의 경우에는 다처를 지칭하는 호칭이 '차비' 뿐만 아니라 '소비(小妃)', '후궁(後宮)'으로 부르는 경우 및 '첩(妾)' 혹은 '천첩(賤妾)'으로 부르는 등 그 용어가 다양해졌는데, 이는 신분이나 지위에 큰 차이가 있음을 확인시켜 주는 부분이다. 왕실과 마찬가지로 일반인들 역시 '전처(前妻)', '후처(後妻)'라고 지칭하며 일부다처의 풍습이 있었던 것으로 추측되나, 전반적으로 이들 간에 위계나 서열이 확고하게 세워지지는 않은 것으로 보인다.

2) 왕위 계승(王位繼承)

국왕 중심적 국가에서 왕위 계승은 왕실가족의 신분을 유지하고 존속시키기 위해 무엇보다 중요한 문제였다. 고구려나 백제 모두 부(父)에서 자(子)로 왕위를 계승케 함이 원칙이었지만, 반드시 장자에게 우선되었던 것은 아니며, 능력이나 자질이 더 뛰어나다고 판단되는 아들에게 계승되는 경우도 있었다. 또한 아들이 아닌 형제, 즉 아우에게 계승되는 사례들도 보였다(최재석, 2009: 41-43). 특히 백제의 경우에는 역사적으로 외침(外侵)이나 왕의 암살 등 국가적 위기가 빈번했는데, 이런 경우에는 계승 원칙이 적용되지 않았던 것으로 보인다. 그러나 전반적으로 부에서 자로 이어졌고, 왕의 아들이 너무 어려서 계승이 부적합할 때는 왕의 아우에게 이어지는 방향으로 원칙이 점점 정립된 것으로 보인다.

신라의 경우에는 고구려나 백제보다 왕위 계승의 폭이 좀 더 넓었을 것으로 보인다. 즉, 왕위 계승이 부자관계 중심으로 한정되기보다는 선왕을 중심으로 그의 아들, 딸, 사위, 친손, 외손관계에 있는 자도 모두 고려의 대상이었다. 물론 하대(下代)로 올수록 아들을 우선하는 경향이 생겨났지만, 아들이 없는 경우에 한해 딸이나 사위로 계승이 이루어진 것도 아니어서 신라의 왕위 계승은 비단계적(非單系的) 성격을 취했다고 할 수 있다(참고자료 2-1 참조).

〈참고자료 2-1〉 태후의 섭정과 여왕의 즉위

삼국 시기에는 섭정을 했던 두 명의 태후가 있었다. 고구려 6대 태조왕이 7세에 즉위하자 모후가 섭정(53~?)을 하였고, 신라 진흥왕 역시 7세에 즉위하자 그 아버지인 입종갈문왕의 비가 태후로서 섭정(540~551)하였다고 전한다. 신라의 경우 모후가 섭정한 기간이 11년으로 상당히 길었던 점으로 미루어 왕위 계승과 그 이후의 정치에 모후의 영향력이 컸을 것으로 생각된다. 이러한 분위기는 신라시대에 선덕여왕과 진덕여왕이라는 두 여왕의 즉위가 가능했던 정치적 기반이 되었을 것으로 짐작된다.

출처: 한국여성연구소 여성사연구실(1999). 우리 여성의 역사. 청년사. 80-81.

3) 제사와 재산의 상속

『삼국사기』의 '시조묘와 신궁에 관한 기록'을 보면 역대 왕들, 즉 석씨 왕이나 김씨 왕들 모두 박씨 성을 가진 혁거세의 제사를 거행했다(최재석, 2009: 45-46에서 재인용). 이는 신라의 왕위 계승에서도 말해 주듯이 시조 혁거세를 중심으로 아들, 딸, 친손, 사위, 외손이라는 관점에서 제사를 지냈음을 의미하며, 궁극적으로 아버지 쪽 조상과 어머니 쪽 조상을 차별하지 않았음을 나타낸다.

이러한 원리는 재산상속에도 적용되었다. 즉 상속에서 아들, 딸 모두 상속받을 자격이 있음을 말하는데, 이는 당시의 여성들이 토지를 소유했고 경제활동이 가능했음을 전제하는 것이다. 이들이 어떤 방법으로 재물이나 토지, 노비를 소유하게 되었는지 밝혀 주는 구체적인 자료는 없지만 여성이 경제권을 행사하였다는 사실은 불교 사원에 재물이나 토지를 시주하였다는 기록을 통해 확인할 수 있다. 예컨대 옹주가 자신이 소유한 토지와 노비를 시주했다는 기록이나 사비(私費)로 사찰을 창건하거나 불상을 조성한 사례들(김남윤, 1999: 98-99)을 통해 여성이 부모로부터 상속을 받았거나 남편 사후에 재산을 물려받은 경우로 추론해 볼 수 있을 것이다.

토지를 소유하거나 절에 시주하는 것은 일반 백성, 특히 여성들도 가능했다. 따라서 여성 자신이 크든 작든 상속에 의해 재산을 가질 수 있었고 그 재산을 마음대로 처분하는 데 별다른 규제는 없었던 것으로 보인다. 하지만 상속재산, 다시 말하면 토지와 노비의 배분이 자녀 모두에게 균분이었는지는 확실하지 않으며 일반 백성의 상속 원리는 왕실의 사례로 미루어 짐작할 수 있을 뿐이다. 다만, 당시 혼인풍속이었던 서류부가(壻留婦家)의 영향으로 처족(妻族), 외족(外族)의 중요성이 여전하였기 때문에 상속 역시 아들, 딸 차별 없이 균분상속의 형태를 취했을 것으로 판단된다.

2. 고려시대의 가족: 불교 이념에 바탕을 둔 생활

1) 혼인

(1) 서류부가혼(壻留婦家婚)

고려의 혼인풍속은 일반적으로 서류부가혼이었다. 즉, 여성들이 혼인을 하고도 친정에서 계속 살다가 나중에 시집으로 가는 제도를 말하는데, 이는 고대 이래 우리 민족의 고유한 혼인 풍속이었다. 이 풍속은 양가의 경제력이나 관직에 따라 다양한 모습을 띠지만 일반 서민계층에서도 행해졌다. 어느 경우이든 처가에서 혼인식을 올리고 잠시라도 머문 뒤 살 곳을 정했으며, 시집살이가 의무가 아니었다는 점이 특이하다.

이러한 고려의 풍습은 혼인식을 남자 집에서 올리고 혼인 첫날부터 시집살이를 하는 중국과 큰 차이가 있는데, 그 원인은 무엇보다 두 나라의 친족 및 상속 구조의 차이에서 기인한 것으로 보인다. 혼인 후 거주지를 정하는 문제는 경제적 조건이 우선적으로 고려되어야 하는데, 경제적 조건은 부모로부터의 상속과 밀접한 관련이 있다. 즉, 갓 혼인한 부부가 토지나 노비 등 상속 지분을 따라 거주하게 되는 것은 당연했고 당시 상속제도가 남녀 균분이라면 혼인 뒤의 거주도 부계만을 고집할 이유가 없었던 것이다. 이에 가족 구성도 모계 · 처계 등 다양한 계보의 친척들을 포함하는 비부계적 성격을 취했다고 볼 수 있다(참고자료 2-2 참조).

〈참고자료 2-2〉 고려 친족의 특징

정도전의 아버지 운경은 일찍이 어머니를 여의고 이모 집에서 자랐으며, 이공수는 매부의 집에서 자랐다. 윤택은 세 살 때 고아가 되어 조부에게서 자라고 좀 더 커서는 고모부에게서 글을 배웠다. 허공은 처제의 딸을 양육했으며, 절부(節婦) 조 씨는 열세 살에 출가했다가 과부가 되어 언니에게 의탁하였다. 딸을 하나 낳았는데 그 딸이 혼인하자 딸에게 의지하고, 다시 딸이 아들 하나와 딸 하나를 낳고 일찍 죽자 손녀와 함께 살았다.

출처: 한국여성연구소 여성사연구실(1999). 우리 여성의 역사. 청년사. 122.

(2) 동성금혼과 조혼의 출현

고려는 12세기 이후 이자겸의 난과 묘청의 난 등 정치적 변란들이 발생하면서 기존 지배체제에 동요가 일기 시작했다. 이후 무신정권의 통치, 몽고와의 30년 전쟁 및 뒤이은 원의 간섭기 등 급변하는 고려의 정치적 상황은 기존의 지배적 가족문화와 제도에도 영향을 끼쳤다. 정치적 변화는 가문과 가문의 결합으로 여겨지는 혼인, 특히 왕실혼인에 영향을 미쳤고 서서히 일반 서민계층으로 전파되었다.

고려사회는 이전부터 모계나 처계도 중시되어 이들을 통한 음서나 공음전 등

정치 · 경제적 특권을 얻을 수 있었기 때문에 세력 있는 집안과의 혼인은 매우 중요한 문제였다. 초기 왕권강화를 이유로 근친혼이나 족내혼이 이루어진 것도 혼인으로 인한 특권의 유지와 강화로 이해된다. 고려 중기 · 후기를 거치면서 지배집단이 다양해지고, 굳이 족내혼을 할 이유가 희석되면서 근친금혼은 동성금혼으로 확대되었다. 물론 이러한 변화가 단기간에 분절적으로 나타난 것은 아니며 혼재의 시기를 거치면서 서서히 동성금혼의 대상이 확대되었다. 중앙관료층을 제외한 고려 말 왕실이나 지방 향리층에서는 여전히 동성혼이 이루어지고 있었지만, 이후 동성동본 금혼규정은 조선시대에 들어서면서 더욱 강화되었고 모든 계층으로 보편화되었다.

또한 고려시대에는 조혼(早婚)이 성행하였다. 전기에는 여성도 20대에 혼인하는 사례가 보일 정도이나 후기로 가면서 13~14세 등으로 혼인 연령이 낮아진다. 이러한 조혼현상은 지배집단이 확대되고 정략혼이 점점 치열해지면서 생긴 결과이기도 하지만, 무엇보다 원으로의 공녀 징발로 인한 것이었다. 공녀 징발은 여성에게 큰 수난이었는데, 왕실의 여성부터 일반 서민여성에 이르기까지 공녀에 해당되지 않는 대상은 거의 없었다. 일단 공녀가 되면 다시는 고향에 돌아오지 못하고 그곳에서 원 관리의 처첩이나 궁녀, 노비로 일생을 마치는 경우가 대부분이었다. 때문에 원에서 공녀를 구한다고 하면 앞 다투어 딸을 혼인시키거나 딸의 머리를 깎아 공녀를 피하려 한 사례로 미루어볼 때 공녀 문제가 이 시기 혼인 연령을 낮추는 데 중요한 역할을 한 것으로 보인다. 조혼은 당시의 서류부가 풍속과 결합하여 나이 어린 남자를 받아들여 처가에서 양육하다가 성년이 되면 혼인시키는 예서제(預壻制)를 가져왔고 일부다처제가 성행하게 되는 등 혼인제도가 파격적으로 변화하는 계기가 되었다.

(3) 기처(棄妻)로 인한 이혼과 재혼

고려시대 이혼은 처가 칠거지악에 해당되는 잘못을 저질렀을 때도 행해졌지만, 더 많은 경우는 남편이 일방적으로 처를 버리는 기처(棄妻)였다. 사위도 장인의 공에 따라 음서나 공음전의 특혜를 받는 당시 상황에서 부잣집이나 세력가의 딸을 아내로 맞는 것이 여러모로 유리했던 남편의 의도가 표출되어 나타난 현상이 기처였으며 사회에서 빈번하게 발생하였다.

하지만 법적 제한이 심하지 않았고, 부모와 의논하지 않고 처를 버리면 처벌한다는 조항이 『고려사』에 기록되어 있지만 이 조항을 뒤집어보면 부모가 인정하면 어떤 경우든 처를 버릴 수도 있다고 해석될 소지도 있기에 기처에 대한 법적 규제가 큰 영향력을 가졌다고는 볼 수 없다. 더구나 고려는 재혼이 금지된 사회가 아니었기 때문에 처를 버리는 것에 대한 부담감이 훨씬 약했을 것으로 짐작된다. 재혼은 여성에게도 가능했으므로 이혼녀들 역시 별다른 제재 없이 재혼을 하기도 하였다. 하지만 혼인 자체가 부모의 주관 하에 행해졌기 때문에 재혼의 자유는 오히려 여성을 정략혼의 도구로 만드는 측면이 다분하였다.

요컨대 고려의 혼인제도는 조선시대와 달리 서류부가나 재혼처럼 여성에게 유리한 면도 있는 등 전반적으로 부계제이면서도 양변적(兩邊的)인 성격을 지니고 있었다. 처로서의 지위가 여전히 불안했고 재혼에 대한 규제와 수절 장려 등 또 다른 측면을 보여주기도 했다. 따라서 이 당시 가능했던 일부 제도만을 근거로 조선시대와 비교하여 여성의 지위가 높았다고 판단하는 것은 무리한 해석으로 여겨진다.

2) 상속과 제사: 여손계사(女孫繼祀)와 윤회봉사(輪回奉祀)

가계의 존속을 중요시하는 사회에서 가산은 조상제사와 자손의 번영을 위해 가장 기본적이면서 필수적인 것이었다. 따라서 가산을 상속받을 후계자를 두는 것은 무엇보다 중요하였다. 하지만 후계자가 없는 경우 재산상속에는 신라시대부터 내려온 관습인 '여손계사'라는 원칙이 적용되었다. 예컨대 『고려사절요(高麗史節要)』에는 "무릇 백성은 적자(嫡子)로 후계(後繼)를 세우되 적자가 없으면 적손(嫡孫)이, 적손이 없으면 동모제(同母弟, 어머니가 같은 아우)가, 동모제가 없으면 서손(庶孫)이, 남손(男孫)이 없으면 여손(女孫)이 후사를 세우도록 허락한다."는 구절이 있다(최재석, 2009: 64에서 재인용). 즉, 여손계사란 후계자가 없는 경우에 유산이 자손 이외의 타인에게 흘러가는 것을 막기 위하여 마지막 남손이 없으면 여손에게 가계계승이 인정된다는 것으로 고려조 특유의 습속이라 할 수 있다.

이처럼 고려시대는 친족구조 자체가 비부계적이었기 때문에 상속도 남녀 균분인 경우가 많았다. 상속받은 재산에는 노비뿐만 아니라 토지도 포함되었는데, 딸의 상속분은 시집간 뒤에도 남편 재산으로 흡수되지 않고 자기 몫으로 남아 있었다. 혼인한 여자의 노비는 그녀가 자손이 없어 죽었을 경우 일단은 남편이 소유했다가 남편이 죽은 뒤에는 친정의 자손에게 돌려주어야 했다. 이처럼 상속에서 딸도 자식으로서 일정한 권리를 가졌는데, 이는 제사풍속이었던 윤회봉사와 밀접한 관련성을 가진다.

고려시대에는 아들이 없어도 딸이나 외손자가 제사를 지낼 수 있었다. 적장자에게 제사가 계승되지 않았으며 무엇보다 불교를 전적으로 숭배했기 때문에 주로 절에서 제사를 지냈으며 형제 · 자매들이 돌아가면서 돈을 내어 불사(佛事)를 주관하였다(참고자료 2-3 참조). 이러한 윤회봉사는 남녀 균분 상속이 행해졌던 고려사회의 특성과 잘 부합되는데, 가계존속에서 아들의 존재가 절대적이지는 않았기에 전반적으로 양자의 역할 또한 거의 미미했다. 이처럼 상속과 제사에서 고려시대 여성은 아들 못지않은 역할을 할 수 있었고 고려의 가족문화는 상대적으로 남녀 차별이 심하지 않았다고 볼 수 있다.

〈참고자료 2-3〉 고려 여성들의 신앙활동

고려 여성들의 삶에서 불교신앙은 절대적이었다. 집안에 무관심한 남편들을 대신해 살림을 꾸려나가는 경우가 많았고 남편이 먼저 죽는 경우도 많았다. 원의 간섭기에는 공녀로 인해 딸을 떠나보내는 아픔을 견뎌야 했다. 이런저런 삶의 굴곡들은 여성으로 하여금 더욱 신앙에 매진하게 했는데, 법회에 참석하거나 성지 순례를 이유로 금강산 및 유명사찰을 찾아가기도 했다.

① 현실구복(現實求福): 가족의 안녕을 기원하는 경우로 자식의 잉태, 특히 아들의 잉태 및 순산을 기원하는 행위가 많이 나타난다.

② 극락왕생과 성불(成佛)의 기원: 부모와 남편의 명복을 비는 행위

출처: 김영미(2009). 고려 시대의 일상문화. 202-212.

3. 조선 전기의 가족: 가부장적 문화의 형성

고려에서 조선으로의 전환은 정치 · 사회 · 경제 · 문화 전반에 걸친 개혁의 계기가 되었다. 고려 후기의 오랜 부패와 혼란 속에서 새로운 국가 건설을 열망한 신진사대부층은 불교를 배척하고 통치이념으로 성리학을 표방하였다. 그리고 이를 실천하기 위한 가족제도로서 종법적인 부계 가족질서를 이상적 모델로 정하고 기존의 모든 사회제도를 여기에 맞게 변화시키고자 하였다. 특히 『경국대전』 반포 이후 가족과 관련된 법적 규범들이 부계 체제로 완비되고 이를 실천하고자 하는 건국 초기의 강력한 의지가 보태지면서 고대는 물론 고려시대까지 지속되어 온 비부계적 가족문화들은 개혁의 핵심 대상이었다. 하지만 법적 가족규범과는 별개로 오랜 기간 가족구성원의 일상 속에 녹아 있는 문화 및 관행에는 여전히 비부계적인 요소가 남아 있었고, 부계 중심의 법적 규범과 공존하며 현실 속에서 행해졌다.

1) 주자가례(朱子家禮)의 실천과 성리학적 가족질서 강조

(1) 상제례(喪祭禮)

조선왕조는 건국 초 유교적 가례의 시행이 풍속을 바로잡는 중요한 정책임을 내세우며 관혼상제(冠婚喪祭) 의례가 풍속의 질서를 바로세우는 가장 중요한 '예(禮)'로 보아 주자가례의 실천을 강조하였다(참고자료 2-4 참조).

주자가례 중 제일 먼저 시행하였던 것은 제례 중에서 가묘제였다. 이 당시 일반 백성의 삶에서 불교사원이나 승려와 밀접한 관계를 갖는 계기는 가족들의 죽음과 관련된 상제례였다. 빈소를 절에 마련하고 상례를 불교식으로 거행하는 것이 관습화되어 있는 상황에서 유교식의 제례로 대체하는 것이 무엇보다 급선무였다. 이에 조선 초기 "모든 상제사(喪祭事)는 일체 가례에 의한다."라는 규범과 함께 가묘의 건립과 3년상의 실시는 조선조 초기부터 정책적으로 강조되었다. 가묘와 사당을 집에 건립하는 것 또한 절에서 주관하던 제례에서 벗어나고자 했던 의도로 보인다.

아울러 제례에서는 제사를 지내는 대상과 몇 대까지 제사를 지내야 할 것인가도 중요했다. 초기에는 사대부층의 품계에 따라 3대나 2대봉사가 대부분이었고, 일반 서민은 부모까지만 제사를 지내는 것이 원칙이었으나 세종 대에 와서는 4대봉사로 규정되어 『경국대전』에 기록되었다. 하지만 4대봉사는 사대부층에서도 시행하는 데 경제적 부담이 컸기 때문에 서민층에서는 더욱이 제대로 실시될 수 없었다.

〈참고자료 2-4〉 주자가례(朱子家禮)

예(禮)는 인간관계의 신분적 · 계층적 차이를 구분하여 질서를 확보하는 차례[序]로서 그 적용 범위에 따라 국가 차원의 의례인 왕조례(王朝禮), 지역사회 선비공동체의 의례인 향례(饗禮), 학교의례인 학교례(學校禮), 가정의례인 가례(家禮)로 분류된다. 가례는 이미 널리 알려진 바와 같이 성년식(成年式)인 관례(冠禮), 혼인의례인 혼례(婚禮), 죽음의례인 상례(喪禮), 조상에 대한 주기적 제사의례인 제례(祭禮)가 있다.

출처: 이이효재(2003). 조선조 사회와 가족. 40.

(2) 친영(親迎)의 혼례

고려시대의 혼인풍습인 서류부가와는 달리 친영은 남자가 여자를 직접 맞이하고 혼례를 한 뒤 곧바로 남자 집에서 생활하는 것으로, 사위의 처가살이가 아닌 며느리의 시집살이를 일컫는 말이다. 왕실에서 친영의 모범을 직접 보이며 사대부 집안에서도 이에 따르길 권장했지만 뿌리 깊은 오랜 관습을 쉽사리 바꾸어 놓지는 못했다. 혼례는 여자 집에서 치르고 사위가 1~3일 정도 처가에 머문 다음 처를 데리고 친가에 가서 시부모와 만나게 하는 반친영제가 과도기적으로 행해지다가 조선 후기에 가서야 혼인 후 거주지가 확실하게 남자 쪽으로 바뀌게 되었다. 이는 단순히 거주지의 변화만을 의미하는 것이 아니었으며 이후 부계 중심의 가족문화가 가족의 전반적 일상을 지배하면서 내면화되는 중요한 시발점이 되었다(참고자료 2-5 참조).

〈참고자료 2-5〉 친정과 시댁?

"시댁이 어디세요?" 딱 걸린다.

여성들이 본인 스스로 시집을 높이고 친정을 낮추는 행위이다. 조선시대 후기에 들어와서 만개했던 '종법(宗法)'이라는 가족의 규율 하에 강화됐던 부계혈통은 호주제도에 의해 정당화되었다. 부성(父姓) 강제, 부계(父系) 입적 등을 원칙으로 하는 호주제도는 폐지됐지만 여전히 친정을 낮추고 시집을 높이는 '친정'과 '시댁'이라는 불평등한 언어는 일상 속에 잔존하고 있다. '시댁'이라는 표현은 '친정댁'과 함께, '친정'은 '시집'과 나란히 공존해야 할 것이다.

"우리 집 바깥양반은 추석에 시댁에 먼저 가자고 하고요." 혹은 "우리 집사람의 의견을 존중해서 처가댁에 가야지요."

대략 난감, 답이 안 나오는 말. 그러나 익숙하게 듣게 되는 말이다.

남녀가 어렸을 때부터 철저하게 위계적으로 구분돼 양육된 내외법(內外法)의 현대적 진화, 남녀간 위계를 내포하고 있는 성별분업을 정당화하는 언어이다. '바깥사람(양반)' 혹은 '집사람'은 현실과는 전혀 맞지도 않는다. '바깥사람'은 밖에만 있지도 않고 '집사람'은 집에 있지도 않다.

출처: 〈경향신문〉. 2013.8.30.

2) 법을 통한 여성의 규제

(1) 내외법(內外法)

고려사회에서는 촌락공동체의 종교적 · 오락적 제의(祭儀)와 행사들이 많았고 일반화되어 있었다. 이러한 행사들은 대부분 엄숙한 종교적 행사가 아니라 놀이의 성격을 띠어 남녀노소가 참여하여 자유로운 접촉을 가지며 술과 음식을 함께하고 가무를 즐기는 풍습으로 이미 고대에서부터 행해져 온 뿌리 깊은 풍습이었다(이이효재, 2003: 42). 하지만 주자가례의 시행을 주장하는 신진 지배층 입장에서는 이러한 제의와 행사들이 경제적 낭비가 심하고 예속에 어긋난다고 보았으며 엄격히 금지시킬 것을 주장하였다.

태종 때부터는 이러한 행사에 여성들의 출입을 엄격히 규제하기 시작했다. 즉 여성들의 집 바깥출입과 근친 이외의 사람들과의 접촉을 억제하기 시작했다. 세종 대에는 내외법을 제정하여 위반 시 형벌이 따르는 강제적인 규제조치를 취하였는데, 여자들의 내외기준을 부모 · 친형제자매 그리고 3촌 범위 내로 한정하였다. 내외법은 부부유별(夫婦有別) 내지 남녀분별(男女分別)을 강조함으로써 '남자는 바깥[外], 여자는 안[內]'이라는 엄격한 역할관념이 주어졌다. 당시 가옥의 구조도 구별하여 남자는 외실(外室)에, 여자는 내실(內室)에 거하여 남자는 안에 들지 않고 여자는 밖에 나가지 않는 것을 원칙으로 하였다(참고자료 2-6 참조). 따라서 불가피한 경우에는 제3자를 통해 말을 전하는 형식을 취하였다. 이 법은 결과적으로 여성의 사회활동을 일절 금하는 것으로, 주된 대상은 양반계층이었지만 점차 대부분의 계층으로 확대되었다.

〈참고자료 2-6〉 주거공간에서의 내외법

주거공간은 일단 안채와 사랑채로 분리된다. 집안의 종부는 안채의 안방 차지, 그리고 큰며느리, 작은며느리 등의 방이 따로 마련된다. 남녀칠세부동석의 관습으로 어린 아들 · 딸들은 때가 되면 사랑채 · 안채로 거처를 옮겼다. 미혼의 딸은 '초당'이라는 별채에 거하게 하거나 할머니와 함께 거하는 것이 일반적이었다. 안채와 사랑채는 담과 문으로 격리되었다.

출처: 이이효재(2003). 조선조 사회와 가족. 112.

(2) 과부재가(寡婦再嫁) 금지법

조선 성종 대에 이르면 여성의 재가 금지에 대해 본격적으로 논의하게 된다. 하지만 이는 지금까지 어느 정도 개방적이었던 재가에 대해 부정적으로 바라보기 시작했다는 것을 의미할 뿐 바로 금지규정이 정해진 것은 아니었다. 당시 논의에 참여한 관료들의 의견은 대체로 재가를 반드시 금지할 필요는 없다는 입장이었으며, 특히 일찍 과부가 되고 의탁할 곳이 없는 경우에는 더욱 재가를 금지할 수 없다는 것이었다. 이에 비하여 "배고파 죽는 일은 극히 작은 일이요, 실절(失節)하는 일은 큰일이니 국가에서 입법하는 것이 당연하다."는 재가 금지 견해는 오히려 소수였다.

하지만 재가에 대한 대다수의 반대 의견에도 불구하고 성종 16년에 반포된 『경국대전』에는 "재가하거나 실행한 부녀의 자손(子孫) 및 서얼자손(庶孽子孫)은 문무과(文武科), 생원(生員), 진사과(進仕科) 시험에 응시하지 못한다."고 하여 재가녀 자신이 아닌 후대의 자손에게 영향을 미치는 재가금지법을 입법화하였다. 이는 가부장적 가족질서를 공고히 하고자 하는 명분에 실질적인 힘을 실어 주는 법이었고 이후 취하는 자, 재가를 주선한 자에게까지 확대 적용되었다(한희숙, 1994: 95-96). 이후 이 법은 점차 일반 평민에게도 보급되어 이제 여성의 수절은 당연한 것으로 받아들여지게 되었다. 1894년 갑오개혁에서 "부녀의 재가는 귀천을 막론하고 그 자유에 맡긴다."는 결정이 내려졌지만 이후로도 오랜 기간 여성의 혼인을 제한하는 강력한 도덕적 규범으로 작동하였고 여성의 삶을 철저하게 가부장적 가족문화에 속박시켰다.

〈참고자료 2-7〉 우리말 톺아보기: 미망인(未亡人)

장례식에 갈 때마다 마주하기에 민망한 말이 있다. 바로 미망인(未亡人)이다. 돌아가신 분의 배우자를 뜻하는 것은 맞으나, 안내판에 당당히 적힐 말은 아니다.

한자로 풀어 보면 '아직 죽지 못한 사람' 이라는 뜻이 명확하므로, 당사자를 배려하는 것이 아닐뿐더러 심지어 슬픔을 위로할 수 없는 말이다. 남편이 죽으면 산 채로 따라 묻히던 순장제도에 어원을 둔다 하니, 스스로 자신을 가리켜 쓴다고 해도 말릴 일이다. 그러므로 타인이 당사자를 미망인이라고 부른다면 큰 실례가 된다. 그런데도 오히려 공식적 쓰임에서 미망인이 채택되는 것은 한자어가 격이 더 높은 줄 알고 무작정 따라가는 사회적 차원의 부작용이다.

출처: 〈한국일보〉. 2020.5.13.

4. 조선 후기의 가족: 부계적 가족문화의 심화

1) 가족 형태와 가족관계

조선조 후기의 가족 범위에는 가구주 배우자의 혈족, 즉 처가의 혈족이나 가구주의 외가친척이 동거하는 경우는 거의 나타나지 않는다. 여성들이 시집살이를 하는 친영제가 보편화되면서 부계계승의 직계가족 형태가 일반적인 현상으로 나타났다.

부부관계의 지배 · 복종이라는 가부장제 관계는 가장권(家長權)의 제도화로 뒷받침되었다. 가장이란 존재는 이 시기 양반지주로서 혈연의 가족원뿐 아니라 첩, 노비 등 비혈연 동거인들을 함께 거느리는 주인으로서 가속(家屬)을 통솔하는 지위를 지닌다. 또한 가장에게는 법적 지위 및 책임이 제도화되어 공법상으로 호구신고의 의무, 가족혼인에 관한 의무, 그리고 국가가 법령으로 금하는 행위를 가족이 범하는 경우 책임을 지는 '금제(禁制) 위반 감독의 의무' 등이 주어졌다. 이러한 법률상의 지위는 후기에 더욱 강화되었고 사법(私法) 상의 지위에서 재산관리권이 더욱 뚜렷하게 강화되었다.

부모와 자녀관계에서도 이제 아들과 딸을 차별하는 것이 당연시되었다. 이전에 외조부 및 친척들과 가졌던 친밀한 관계에서 부계조상에 대한 효와 가문계승이 우선시되면서 딸은 출가외인으로서 시집의 행사에 모든 정성을 기울여야 했다. 혼인 후 여성에게는 아내로서 며느리로서 아들을 낳아 대를 이어야 한다는 무거운 책임이 지워졌다. 또한 시어머니 말에 무조건 복종하여 그 지시를 따르며 자신을 억누르고 참고 사는 것이 당연한 숙명으로 강요되었다(참고자료 2-8 참조).

〈참고자료 2-8〉 속담과 노래에서 나타나는 고부(姑婦)관계

① 옛 부녀자들의 속담에는 시어머니와 며느리 간의 오랜 불화와 갈등이 직접적이지 않지만 절절한 삶의 경험과 한(恨)이 함축적으로 표현되어 있다.
- 며느리가 미우면 발뒤축이 달걀 같다고 나무란다.
- 가을볕에는 딸을 쬐이고 봄볕에는 며느리를 쬐인다.
- 딸의 시앗은 바늘방석에 앉히고 며느리 시앗은 꽃방석에 앉힌다.
- 시어머니가 죽으면 안방은 내 차지
- 저녁 굶은 시어미 상(相)이다.

출처 : 김용욱 · 이기숙(1977). 韓國의 姑婦關係. 43.

② 이 노래는 시집살이에서 당하는 천대와 설움에서 오는 한탄과 비애를 나타내고 있다.
형님형님 사촌형님/시집살이 어떻던고/아이구야야 말도 말아/시집살이 말도 말아
시어머니 말도 말아/나는 우리 친정 클 때/금옥같이 컸건마는/남우 집에 오고 보니
천대 많고 설움 많다/원수로구나 원수로구나/산이 고와 내 여기 왔나/님을 버리고 내 여기 왔나
숱한 고생 하다보니/백발이야 흩날린다.

출처 : 이이효재(2003). 조선조 사회와 가족. 123.

2) 남녀에 따른 차등 상속

조선시대에 들어와서도 한동안 균분상속제가 지속되었다. 하지만 1600년대 중엽쯤부터 장남우대와 남녀 간에 차등상속 형태를 띤 상속 사례가 출현해 두 제도가 혼재한 시기를 거쳐 1700년대 중엽 이후에는 부계 중심적 상속제가 지배적인 상속 형태로 자리 잡게 되었다. 이러한 차등상속에는 혼인제도의 변화가 큰 원인이었을 것으로 추측된다. 장기간 이어졌던 서류부가혼 관습이 친영제로 바뀜에 따라 서류부가 기간이 자연스럽게 단축되었고 그 결과 딸과 사위가 부모의 노후를 봉양하는 것이 불가능해졌다. 부모가 자신의 노후를 봉양하는 아들에게 더 많은 재산을 상속하게 되면서 본격적으로 차등상속이 확대된 것으로 보인다. 즉, 선

대의 제사를 딸, 아들 구별 없이 돌아가며 담당했던 윤회봉사를 딸들이 못하게 되면서 재산상속 역시 차등으로 바뀌게 된 것이다.

현대사회에서도 마찬가지겠지만, 제사를 지낼 때는 현실적으로 무엇보다 경제적인 부분이 뒷받침되어야 한다. 더구나 격식을 중시하는 조선사회에서는 제사에 드는 비용이 생활에서 차지하는 비중이 컸을 것이고 이는 전적으로 제사 담당자가 책임져야 할 부분이었다. 따라서 제사상속과 재산상속은 불가분의 관계에 있었으며 제사상속에서 제외되면 그만큼 재산상속에서도 그 권한은 약화될 수밖에 없었다.

이러한 현상들은 모두 근본적으로 종법에 바탕을 둔 부계적 가족제도의 확립과 관련된 문제라고 볼 수 있다. 즉, 모든 가족의례에 아들이 중심이 되어야 한다는 계승의식이 자리함으로써 처족이나 외친의 의미는 상대적으로 줄어들 수밖에 없었다. 후기에는 딸이나 외손에 대한 차별에서 더 나아가 장자를 제외한 아들에 대해서도 제사나 재산에 있어 차등을 두게 된다.

3) 여성의 삶과 가족의 신분상승

(1) 정표정책(旌表政策)을 통한 유인

조선 후기에는 주자가례를 강제하기 위해 행해졌던 가묘제 · 혼례 등의 제도가 점차 확립되어 가는 한편, 사대부 및 서민층 가족이 일상생활에서 삼강오륜을 행하도록 할 교육 또한 필요했다. 이를 위해 『삼강행실도』와 『소학』 등의 교화서가 간행 · 보급되었는데 세종 말년에 가면 『삼강행실도』가 벽촌과 어린이, 부녀자들까지도 보고 느끼지 않은 사람이 없었다고 할 정도로 보편화되었다.

하지만 충과 효를 국가의 고귀한 덕행으로 정하고 실천을 강요함에 있어 교화서의 보급이나 교육만으로는 그 효력에 한계가 있었다. 이에 충신 · 효자 · 열녀의 동네에 정문(旌門, 홍살문)을 세워 표창하고 신분에 따라 부역이나 잡세를 경감해 주는 유인정책, 즉 정표정책을 함께 시행했다. 왕권 중심의 가부장제 국가에서는 왕에 대한 충(忠)이 최고의 표창할 만한 덕목이었다. 충은 유교적 종법제도에 따라 사회조직의 기본을 가족과 동종의 혈족으로 삼음으로써 효자와 열녀라는 가족윤리를 기반으로 하여 왕, 즉 국가에 대한 충성으로 확대하였다. 따라서 왕권 중심의 가부장제 국가에서 최고 덕목은 자식의 부모에 대한 효행과 여성에게 강요된 일부종사와 효부열녀의 이념과 실천이었다(이이효재, 2003: 280-282).

정표정책은 후대로 갈수록 효와 열의 가족윤리에 집중되었다. 더욱이 여성들의 미덕으로서의 열녀의 표창이 더욱 증가하여 양반에 국한되지 않고 상민 · 천민층으로 확대되어 신분상승 수단으로서의 의미를 지녔다. 정표의 대상이 되는 구체적인 행위들은 대체로 주자가례에 의한 상제례를 더욱 철저하게 실천한 경우들로서, 예컨대 남편 사후에 따라죽거나 남편 사후 무덤을 지키며 3년상을 치르고 제사를 받들며 수절한 경우, 외적의 폭력에서 부모나 남편을 구출한 행위 등으로 대부분 여성에게 요구되는 내용들이었다.

이들에게 내려진 포상의 내용은 양반층의 경우 홍살문을 세워 주고 관직을 제수하는 경우가 많았고, 상민의 경우 각종 조세나 부역을 감해 주는 특혜가 주어졌으며, 가난한 가정에는 곡식이나 포목 등이 제공되었다(한희숙, 1994: 87). 면천 등의 정표정책은 신분 상승의 기회를 제공함으로써 후기로 올수록 양반층 여성보다 상민 · 천민층에서 열녀의 수가 급속도로 많아졌다. 이 시기 여성에게는 자신의 미덕이 가족의 흥망을 좌우하는 것이었고 가족 내 · 외적 기대와 분위기는 여성으로 하여금 최고의 미덕인 정절을 내면화하도록 강요했다(참고자료 2-9 참조).

〈참고자료 2-9〉 중국 명 · 청시대의 공개적 자살의식

복건성에는 아이가 없는 과부가 여러 사람 앞에서 공개적으로 자살하는 풍습이 있다. 특정한 넓이의 공간이 정해지면 거기에 단이 세워진다. 머리 위의 나무 들보에는 붉은 색깔의 끈이 걸려 있는데 과부가 그 단에 올라가면 지인과 친척들이 무릎을 꿇고 그녀에게 존경을 표하는 의미로 절을 한다. 그러면 그녀는 단 주위에 곡식을 뿌리고, 다른 사람의 격려를 받으며 스스로 목을 매단다. 모든 것이 끝나면 구경꾼들은 그녀의 도덕적 행동에 대해 떠들썩하게 칭찬하는데 시체를 옮길 때는 풍악까지 울리며 거리를 행진한다.

출처: 田汝康 지음(1988). 이재정 옮김(1999). 공자의 이름으로 죽은 여인들. 75.

(2) 열녀 이데올로기를 통한 가부장제의 심화

정표정책과 함께 재가를 금하는 정절은 성리학적 이상사회를 실현하는 데 있어 국가 이데올로기로 자리 잡았으며 여성에게 강요된 절대미덕으로 강화되었다. 조선조 여성에게 삶이란 부모에 의해 혼인이 정해지고, 출가외인으로서 시집의 혈통계승을 위한 아들을 낳아야 하고, 시부모에게 효도하고, 일부종사의 수절을 위한 순종의 연속이었다.

수절이란 사실상 여성의 몸이 성적으로 완전히 한 남성의 소유물임을 전제로 한다. 적자 중심의 부계혈통을 절대시하는 가부장제 윤리에서 여성의 성은 오로지 적통 아들 출산이라는 목적을 위한 수단에 불과한 것이었다. 처첩을 분간하는 일부일처제(一夫一妻制)는 축첩(蓄妾)제도를 공식적으로 합법화함으로써 남성에게는 일부다처(一夫多妻)를 정당화하는 명분을 주었지만(이이효재, 2003: 45), 여성에게만 일부종사(一夫從事)로 인한 수절을 강요함으로써 여성의 성생활을 가족 차원에서 철저하게 통제하였다. 더구나 열녀문이 양반집안의 신분을 강화하는 수단이 됨에 따라 여성의 성은 집안 동족의 통제 대상이었다.

국가 차원에서도 정절을 절대미덕으로 여겼기 때문에 여기에서 벗어난 여성의 성생활은 형법으로 엄하게 다스렸다. 즉 여성의 성관계를 일부일처제 내에서의 성행위만을 합법화시킴으로써 혼전 · 혼외의 성관계는 여성에게 있어 당연한 처벌의 대상이었고, 직접적인 성행위나 성관계 의사와 상관없이 이성과의 어떠한 형태의 교섭이나 대화도 성범죄의 피의자가 되는 것이었다. 따라서 여성은 어떠한 형태의 성범죄이건 간에 연루된 것만으로도 자신의 결백을 나타내는 방법은 죽음밖에 없었다. 즉 여성은 수절의 명예를 위해서든 성범죄의 결백을 나타내기 위해서든 어느 쪽이든 모두 죽음으로 대응해야 하는 가족적 · 사회적 압박 속에서 살아야 했다. 요컨대 한국 가족문화가 신분과 계급, 젠더 차별을 정교화하는 기제가 되어 왔음을(김혜경, 2014: 112) 시대별 법과 정책, 관습을 통해 역사적으로 확인할 수 있었다.

2장에서는 고대, 고려, 조선시대로 나누어 특히 관혼상제의 변화 양상을 중심으로 시대별 고유의 가족문화를 살펴보았다. 고대와 고려의 가족문화가 전반적으로 비부계적 특징이 강했다면 조선 초에 시도된 부계 중심의 가족제도와 문화는 후기에 이르면 완전히 정착되어 보편적으로 받아들여졌다. 특히 가족과 불가분의 관계에 있던 여성들에 관한 규범과 제도에는 시대적 가족문화의 특징이 응축되어 담겨 있음을 확인할 수 있었다.

조선 후기 강화된 부계적 가족문화는 이후 식민지 조선과 해방, 압축적 근대화를 거치면서 사회적 상황에 따라 전통으로 해석되거나 악습으로 비판받아 왔다. 2000년대 들어 가부장적 가족문화의 상징이라 할 수 있는 호주제는 결국 폐지되었지만 이혼율 증가와 출산율 저하라는 사회 현상으로 한때 가족강화 담론이 부상하기도 하였다.

가족문화의 역사적 고찰을 통해 확인되는 분명한 사실은 가족문화가 당시의 정치 · 경제 · 사회적 상황을 반영하며 변화하는 실체물이라는 것이다. 1인가구의 급증, 다문화가족의 지속적인 확대 현상 등으로 현재의 가족문화 또한 이전의 가족문화와 조금씩 그 양상을 달리하며 변화하는 중이다. 즉, 가족문화는 고정되어 있지 않으며 현실의 가족들과 끊임없이 상호작용하는 특징을 가진다. 따라서 이 장을 통해 역사적으로 살펴본 가족문화의 변화 양상은 오늘날 점점 다양해지는 가족의 출현과 그 요구들에 고민해야 하는 가족문화의 방향성에 시사하는 바가 크다고 하겠다.

생각해 봅시다

1. 고려시대의 상속과 제사제도를 현대사회에서의 제사풍습과 관련시켜 생각해 보자.

2. 성리학이 한국 가족문화에 미친 긍정적 영향과 부정적 영향을 함께 생각해 보자.

3. 조선에서 실시한 '내외법'의 흔적이 현대사회에 남아 있는 사례를 들어 보자.

4. 여성의 정절 이데올로기와 현대 형법의 강간죄를 연관시켜 생각해 보자.

더 볼거리

◈ 도서. 『**열녀의 탄생**』. 강명관. 돌베개. 2009.
조선시대의 『소학』, 『삼강행실도』 열녀 편, 『내훈』 등 광범위한 열녀 관련 자료를 조사하여 조선시대의 열녀가 남성에 의해 만들어진 존재임을 여실히 보여줌.

◈ 도서. 『**가족이야기는 어떻게 만들어지는가**』. 권명아. 책세상. 2000.
"한국 사람은 왜 유달리 가족과 그 이야기에 집착할까?"라는 문제의식을 근대 문학작품들 속에 등장하는 가족 분석을 통해 논리적으로 전개함.

◈ 도서. 『**가족기담**』. 유광수. 웅진지식하우스. 2012.
가족을 둘러싼 은밀하고 오싹한 진실들을 옛이야기를 통해 흥미롭게 풀어내면서 실은 가족 내부에도 차이가 인정되어야 함을 쉬운 글쓰기로 보여줌.

◈ 도서. 『**82년생 김지영**』. 조남주. 민음사. 2016.
82년생 김지영으로 대변되지만 우리 어머니, 그 어머니의 어머니, 그리고 현재의 나까지 한국 여성들이 보편적으로 경험하는 일상이면서 당연한 것으로 인식되는, 그러나 분명 성차별적인 가족문화를 김지영의 성장과정, 결혼 등 개인적 삶을 통해 담담하게, 그러나 무겁게 공감되는 소설.

CHAPTER 3

가족의례 1: 관혼상제

가정생활과 직장생활 등으로 남녀노소 다 바쁘게 지내는 것이 현대인이고, 이런 바쁜 생활로 인해 점점 가족유대가 약화되어 가고 있는 것이 현대 가족의 특성이다. 과거에는 가족이 사회적 규범에 충실하였기 때문에 사회적 관습(慣習, routines)에서 벗어날 수 없었다. 그에 비해 현대 가족은 사회적 규범에 크게 매이지 않고 자신들이 좋아하고 즐기는 방식으로 살아가는 경향이 높다. 그러나 이런 변화의 와중에도 우리는 한국 가족이 지녀왔던 가족문화의 한 측면인 관혼상제가 시대에 맞추어 변화되면서도 여전히 한국인의 일상(日常, everyday)을 지배하고 있음을 간과할 수 없다. 그 이유는 관혼상제를 포함한 다양한 가족 내의 의례(儀禮, rituals)들이 가족구성원들의 유대감, 결속감과 관련이 있기 때문이다. 이 장은 다음 4장과 함께 한국 가족문화의 주요 부분인 가족의례와 세시풍습에 대해 살펴볼 것이다. 3장은 사람이 태어나고, 성인이 되고, 결혼하고, 죽는 과정에서 만들어지는 가족문화인 관혼상제를 살펴보고, 4장에서는 한국 가족의 일상을 지배해 온 한국의 절기문화인 세시풍습에 대해 살펴볼 것이다.

1. 가족의례의 의미

1) 가족의례의 의미

가족의례(家族儀禮, family rituals)란 가족에게 특별한 의미를 부여하는 활동으로, 그 속에는 관행적 축하의식과 그 가족만의 전통적 의식이 있다(Doherty, 1997). 관행적 축하의식에는 그 사회가 많은 문화적 의미를 부여하는 출생, 성인식, 결혼식, 회갑연 그리고 절기문하인 추석과 설(舊正, 구정) 등이 있고, 가족 전통의식은 개별 가정 혹은 가족구성원들에게는 특별한 의미가 있는 생일, 기념일, 정기적 가족여행 등이 있다. 가족의례와 유사한 개념으로 '생활관습(routines)'이라는 용어가 있다. 이 두 용어는 가족구성원들이 공유하는 활동이라는 점에서 공통점이 있으나, 가족의례가 생활관습보다 상징적 의미와 감정적 측면을 더 많이 내포하고 있으며, 일상적이지 않다는 것이 다른 점이다.

2) 가족의례의 형식과 구성요소

도허티(Doherty, 1997)는 가족의례를 결속의례(結束儀禮, connection rituals)와 애정의례(愛情儀禮, love rituals), 그리고 지역사회의례(地域社會儀禮, community rituals)로 나누어 설명하고 있다. 결속의례란 일상생활에서 가족구성원들을 결속시키는 기능을 하는 의례로, 정기적 가족모임이나 어떤 활동(잠들기 전에 부모가 자녀에게 책을 읽어 주는 것 등)이 이에 속한다. 애정의례는 생일, 어버이날, 결혼기념일과 같이 가족구성원 간의 친밀감을 증진시키고 서로를 특별한 존재로 인식시키는 기능을 한다. 지역사회의례는 결속의례나 애정의례와 달리 보다 공적인 차원에서 가족이 가족 외부(지역사회기관, 종교기관 등)와 연계하여 상호지지를 주고받는 의례이다. 관혼상제(冠婚喪祭)에서 성인식, 학교 졸업식 등이 이에 속한다. 간혹 어떤 행사나 활동을 어느 한 가지 유형의 의례라고 구분 짓기가 어려운 경우도 있다. 즉 대다수의 가족들이 함께 보내는 추석, 설과 같은 명절이나 석가탄신일과 크리스마스 같은 날의 가족의례는 위의 세 가지 결속 기능을 함께 지니는 가족의례로 볼 수 있다.

가족의례는 객관적 수준과 주관적 수준 측면에서 이루어진다(이기숙 외, 2009). 객관적 수준은 누구나 그 의례가 무엇을 말하고자 하는가를 알 수 있게 해 주는 것으로, 의례와 관련된 특정 행동이나 대상(예: 첫돌상, 결혼예복, 상복 등)이 드러나도록 표현된다. 이에 반해 주관적 수준이란 외형 안에 내포된 의미를 말한다. 즉 어떤 의례 형식이든 그 속에는 그 가족구성원들만이 공유하는 상징적 의미가 있다. 그 상징성은 실체나 형식에 내재된 느낌, 감정, 생각, 기억 등이다. 예를 들면 자녀의 19세 생일이나 부모의 60세 생일 등은 개인의 성장에서 중요한 의미를 부여할 수 있다. 10주년 결혼기념일도 그 부부에게는 특별할 수 있다. 이런 날 그 가족은 그들만의 독특한 문화(행사)를 만들며, 그 속에서 행복, 희망 등을 느낀다. 그래서 그 나름의 상징적 의미를 부여하는 주관적 수준이야말로 가족의례를 행하는 데 있어서 가장 핵심적인 부분이라고 할 수 있다.

그리고 의례는 형식(型式, settings)과 구성요소(要素, dimensions)를 가진다(Fiese & Kline, 1993). 형식에는 시간, 그 사회의 전통(傳統), 그 가족만의 특별한 의식(儀式) 등이 포함된다(표 3-1 참조). 예를 들면 제사는 한밤중에 지내며, 결혼식은 낮에 한다는 관습이 우리 사회에 있어 왔다. 그러나 현대인은 너무나 바쁘고 만나기가 어려워 요즘은 제사나 결혼식의 시간마저 낮과 밤을 가리지 않는 경우도 나타나곤 한다. 구성요소에는 참여 범위, 역할(의례를 수행하는 각자의 역할), 의례의 목적 혹은 의미, 준비 계획, 감정 등이 포함된다. 즉 부모님 회갑의 경우, 참여하는 가족들은 누구여야 하며, 그 회갑연에서 각자는 어떤 역할을 맡으며, 회갑연에 대해 가족이 부여하는 의미, 그리고 회갑연을 어떤 내용으로 치러낼 것인가 등이다. 이 형식과 구성요소는 어디까지나 의례의 시작 전에 수립되어야 되며, 상황에 따라 융통성 있게 수정도 가능하여야 한다.

〈표 3-1〉 가족의례의 형식과 구성요소, 정의

가족의례의 형식과 구성요소		정의
형식	- 시간 - 전통적 관행 - 가족의식	- 가족구성원들이 함께하는 시간 - 특별한 의미를 지닌 날과 관련된 의식 추석 등의 문화적 · 민족적 의식 - 가족들이 계획하고 준비한 의식
구성요소	- 참여 범위 - 역할 - 목적과 의미 - 준비계획 - 감정	- 가족의례에 참여를 기대하는 범위 - 가족의례를 수행하기 위해 구성원들에게 할당된 역할과 의무 - 가족의례에 대한 상징적 의미 부여 - 가족의례와 관련된 준비와 계획 - 가족의례에 대한 성원들의 감정적 투자

출처: Fiese, B. H. & Kline C. A(1993). Development of family ritual questionaire. Journal of Family Psychology Vol.6(3). 재인용 이기숙 외(2009). 현대가족관계론. 파란마음.

2. 가족의례의 효과

가족이 함께 가족의례를 수행하면서 나타나는 효과를 정리해 보면 다음과 같다(최연실 외, 1995; 이기숙 외, 2009).

첫째, 가족의례를 통해 그 사회와 가족의 문화와 가치가 다음 세대로 전달(generational transmission)된다. 산업화와 함께 전통적인 가족의 기능들이 대부분 가정을 떠나 사회로 이관되었지만, 아직도 가족의 기능으로 남아 있는 문화의 세대간 전수는 대부분 가족의례를 통하여 이루어진다. 예를 들면 민속 명절에 우리 고유의 전통음식을 해먹는 풍습(예: 설날 떡국, 추석 송편, 동지 팥죽, 대보름 오곡밥 등)이 각 가정에서 대대로 이어져 가는 것은 그 좋은 예이다.

둘째, 가족의례에 참여함으로써 가족 유대(家族紐帶, family relationship)를 강화하고, 가족공동체 의식이 함양된다. 각 구성원들은 가족의 전통을 공유하고 가족의례에 참여함으로써 한 가족이라는 결속감과 소속감을 느낄 뿐 아니라 그들의 과거와 역사, 즉 조상들과의 연대감도 느끼게 된다. 이런 가족 결속감은 가족구성원들에게 민족적 · 문화적 정체감을 심어 줄 뿐 아니라 구성원 각자의 정체감 형성에도 영향을 준다.

셋째, 가족의례는 치유(治癒, healing)의 기능과 함께 가족의 성장(成長, growth)을 촉진하기도 한다. 예를 들면 장례식은 가족구성원들에게 애도와 상실감을 표현할 기회를 줌과 동시에 앞으로의 생활변화에 대처하고 적응할 필요성을 느끼게 한다. 결혼식이란 자녀의 입장에서는 사랑의 결실이고 부모에게는 자녀를 독립시킴과 동시 새로운 가족구성원인 며느리나 사위를 받아들이는 의식이다. 이처럼 의례는 가족변화를 경험하면서 성장하는 능력을 준다.

넷째, 가족의례는 가족의 다음 단계로의 전이(轉移, transition)를 알게 해 준다. 결혼은 출산을 예측케 하고, 회갑연은 생의 마지막 과업인 죽음에 대한 준비를 인식케 해 준다. 지금의 성인식에 해당하는 전통사회의 관례(冠禮)에서는 어린아이가 성인이 되었음을 상징하기 위해 남자에게는 갓을 씌우고, 여자에게는 비녀를 꽂아 주었다. 이때 갓과 비녀는 성별에 따른 상징물이었고, 이런 상징을 통해 그들이 이제 어린아이가 아님을 알게 하여 부모와의 관계를 재정의하도록 도와주고, 향후 성인으로서 수행해야 할 역할들(예: 독립)을 예측하도록 함으로써 미래의 가족생활을 준비할 수 있는 기회를 준다.

모든 가족의례가 항상 긍정적 효과만 주는 것은 아니다. 때로는 많은 가족이 참가하는 이런 가족의례를 통해 상처를 받는 경우도 있고 예기치 않게 가족 갈등이 드러나는 경우도 있다. 가족들은 서로 예의를 지키고, 과음 등으로 평소 해결되지 않은 감정들이 표출되지 않도록 주의하여야 한다. 특히 3, 4세대들이 모이는 절기 행사에서는 자녀 교육적 측면에서 긍정적 감정교류와 상호작용이 이루어지도록 더욱 노력해야 한다.

3. 관혼상제

1) 관혼상제의 의미

인간은 출생, 성장, 독립, 결혼, 죽음 등이 포함된 일련의 생애과정을 거치는데, 이런 중요한 사건(事件, event)에는 사회가 부여한 규범적 형식이 있고 우리는 이를 '통과의례(通過儀禮)'라고 부르기도 한다.

관혼상제(冠婚喪祭)는 통과의례 중 관례, 혼례, 상례, 제례를 아울러 이르는 말로, 현대식으로 보면 성인식, 결혼식, 장례식, 제사에 관한 예법을 말한다. 관례는 갓 쓰는 예식, 즉 성인식을 가리키고, 혼례는 혼인(婚姻)의 예를 말하고, 상례의 '상'은 '죽을 상(喪)'으로 사람이 죽었을 때 장사(葬事)지내는 예를 말한다. 제례는 조상을 기리는, 즉 제사를 지내는 방법에 관한 의식(儀式)을 말한다.

그러나 이런 의례도 사회문화적 배경에 따라 의례의 형식이 다르게 나타난다. 한국사회의 통과의례가 사회역사적 맥락에 따라 변모해 온 배경에는 핵가족화, 상품화, 가정 내 활동의 가정 밖으로의 이전 및 전문화, 사회관계망의 변화 등을 들 수 있다. 즉 3, 4세대 대가족보다 2세대의 핵가족이 증가하면서 자연히 의례가 가(家) 중심보다는 개인 중심적으로 변모되었고 조상을 섬기는 제례와 상례보다는 자녀들의 입학, 졸업, 취직 그리고 성인들의 결혼식, 어버이날 등에 따르는 통과의례들에 더 관심이 커지게 되었다. 그러면서 통과의례 자체의 형식과 절차는 간소화되면서 모든 의례가 상품화되는 경향이 두드러졌다. 결혼식장, 산후조리원, 장례식장은 그 좋은 예이다. 그리고 통과의례의 참여 범위가 가족구성원들로부터 사회연계망으로 확장되고 있는 현상이 1970년대부터 나타났다가 최근에는 가족 중심으로 축소되는 현상도 보인다. 가족 중심의 결혼식 등이 그 예이다. 그러나 여전히 한국사회는 서로의 가족의례에 참여함으로써 결속과 함께 상부상조하는 호혜적 교환관계를 유지하는 공동체 의식이 현대사회에도 여전히 남아 있다.

2) 관례(성인식)

만 20세부터 성인(成人, adult)이 된다는 '성년의 날'이 제정된 것은 1973년이지만, 1999년부터는 만 19세가 되면 성인으로서의 권리와 의무를 지니고 선거권을 갖게 되었다. 전통사회에서는 만 15세부터 관례(冠禮: 남자가 상투를 틀고 관모를 쓰는 의식)와 계례(笄禮: 여자가 혼례 때 쪽을 지어 비녀를 꽂는 의례)를 행할 수 있었다. 과거의 관례는 각 가정에서 부모의 주관 하에 머리모양과 의복을 바꾸어 입는 일정한 절차에 의하여 행해졌지만 오늘날에는 가정에서 시행되지 않고 국가나 학교에서 '성년의 날'(매년 5월 셋째 주 월요일)을 정해 전체 성년자를 대상으로 축하 행사 등을 해 주고 있다.

그러나 가족단위로 자녀의 '성인 됨(adulthood)'을 축하해 주는 것은 많은 의미를 가질 수 있다. 한국사회에서 19세는 고등학교를 졸업하고 일을 하거나 공부를 하고 있는 연령이다. 이 나이의 청년들은 어린아이도 아니고 성인도 아닌 중간 발달단계로, 독립적으로 자기 미래를 결정할 수 있는 나이도 아닌 대단히 불안한 단계이다. 그래서 부모나 손위 형제자매들은 이 연령대의 자녀나 동생들에게 용기와 희망을 주는 특별한 의례를 마련해 줄 필요가 있다. '성년의 날' 즈음에 가족이 함께 모여 '특별한 19번째 생일'을 축하하면서 덕담을 나누고 특별한 기념품을 상징적으로 선물함으로써 항상 자신의 주위에는 가족과 형제, 친구라는 든든한 후원자가 있다는 것을 인식시키고, 언제나 함께한다는 공동체 의식을 가지게 하는 것이 중요하다.

〈참고자료 3-1〉 세계 각국의 성년식

아프리카와 남아메리카: 케냐에서는 성인식으로 '할례' 라는 여성의 의식이 이루어지고, 하마르족은 '소 등 뛰어넘기(발가벗은 몸으로 소 등을 네 번 뛰어올라야 성인으로 인정받음)' 성년식을 한다. 아마존 강 유역에 사는 티구나 족은 '머리카락 뜯기기(친척들이 먼저 머리카락을 뽑은 다음 마을 여자들이 머리카락이 없어질 때까지 돌아가면서 뽑음)' 놀이를 성년식의 주요 행사로 한다.
인도네시아와 남태평양: 인도네시아의 발리 섬에 사는 부족들은 아직도 '마따따하(망치와 줄로 송곳니를 뾰족하게 가는 것)' 라는 성년식을 행한다고 한다. 남태평양 펜타코스트 섬 원주민들은 '번지점프(포도넝쿨이나 칡뿌리 등을 감고 30m 정도 높이의 탑에서 뛰어내림)' 로 성년식을 즐긴다.
이스라엘: 이스라엘 남자는 13세가 되면 유대인의 성지인 '통곡의 벽' 에서 '바르미즈바(통곡의 벽 회당에서 3,500년 전에 일어난 민족의 구원과 태동을 암기하여 발표함)' 라는 성년식을 갖는다.
성년의 날: 미국은 18세가 되는 그해의 5월 셋째 주 일요일, 한국은 만 19세가 되는 그해의 5월 셋째 주 월요일, 일본은 18세가 되는 1월 8일을 각각 '성년의 날' 로 정해 축하해 주고 있다.

3) 혼례(결혼식)

여전히 가장 관심이 큰 부분은 결혼(혼례, 婚禮, marriage)이고, 전문화 · 상품화가 가장 잘되어 있는 부분도 이 영역이다. 1960년 이전만 하여도 결혼식은 신부의 '집'에서 치르면서 주로 가족 중심의 의례였다. 그러나 요즘은 전적으로 '전문 결혼식장'에서 거행되며, 하객도 친척을 넘어 친구, 직장동료, 부모의 친구까지 확대되고 있다. 그러나 간혹 가족과 함께 작은 결혼식을 거행하는 사람들도 있다.

혼례의 형식은 전통의례(폐백 등)와 현대 의례(신랑신부 동시 입장 등)가 공존하며, 당사자들의 선호나 가치에 따라 조금씩 다른 형식들(주례가 없는 결혼식, 산(山)의 정상에서 치르는 결혼이나 수중결혼식 등)의 결혼도 있다. 전통 혼례는 〈참고자료 3-2〉를 참조하기 바라고, 이어 현대 의례를 중심으로 살펴보고자 한다.

〈참고자료 3-2〉 한국의 전통혼례

전통적 관점에서 혼례의 절차를 설명하고자 한다. 이 절차 등이 일부 생략 혹은 수정되면서 현대의 결혼의례가 되고 있다.

우리나라의 혼인제도(traditional marriage system)는 입장제(入丈制), 친영제(親迎制), 반친영제(反親迎制) 순서로 변천해 왔다. 신부의 집에서 치러지는 입장제(서류부가혼과 같은 의미: 인용자)와 신랑 측 중심의 친영제가 합쳐져 조선 명 · 정조 이후부터 반친영제가 널리 사용되어 현대의 결혼풍속에까지 영향을 미쳤다. 반친영제만 살펴보면 의혼, 납채, 납폐, 친영, 폐백으로 구성되어 있었다.

• 의혼(議婚)

가문, 학식, 인품을 조사하고, 두 사람의 궁합(宮合)을 본 후에 신랑이 청혼서를 신부 집에 보내면 신부 집에서 혼인을 허락하는 허혼서를 신랑 집에 보낸다.

• 납채(納采)

신부 집에서 허혼서가 오면 신랑 집은 신랑의 사주(四柱)와 납채문을 써서 홍색 보자기에 싸 신부 집에 보낸다. 그러면 신부 집에서는 혼인 날짜를 택해 신랑 집에 전달한다.

• 납폐(納幣)

신랑 집에서 결혼식 전날 신부 집에 혼수함[신부용 혼수(婚需), 혼서, 물목 등이 든 상자로 일명 봉채(封采)라고도 함]을 보낸다. 생활형편에 상관없이 채단(采緞: 신부의 청색과 홍색 비단 치맛감)은 반드시 보냈다고 한다.

• 친영(親迎)

신랑이 신부 집에 가서 혼례를 치르고 신부를 맞아오는 예로, 현대의 결혼식이 이 부분에 해당한다. 보통 '전통혼례'로 결혼식을 한다고 할 때 행해지는 전안례(奠雁禮: 신랑이 기러기를 들고 입장하는 의례), 교배례(交拜禮: 신랑신부 맞절로, 이 의식은 백년해로를 서약한다는 뜻임), 합근례(合巹禮: 신랑신부가 한 표주박을 둘로 나눈 잔에 술을 따라 마시는 의례로, 부부의 인연을 맺었음을 의미함)가 이 부분에 해당한다.

• 폐백(幣帛)

전통의 의미에서는 신부 집에서 혼례를 치른 1~3일 뒤, 신부가 신랑 집에 가서 처음 시부모를 대면하는 의식을 '폐백'이라 하였다. 현대에 와서는 신랑신부 양가가 대면하여 인사하는 것을 의미한다.

출처: 고려대학교 민족연구소(1970). 한국문화사대계 Ⅳ(한국풍속과 예술사). 고려대출판부.

(1) 현대적 혼례 절차

① 택일

결혼 날짜(wedding day)를 정하는 것을 '택일(擇日)'이라 한다. 서로 사귀면서 결혼을 약속한 커플은 양가 부모와 합의하여 결혼 날짜를 정한다. 과거에는 신부 집에서 날짜를 택하여 신랑 집에 알려주는 절차를 밟았지만 요즘은 서로 의논하여 택일을 하기도 한다.

② 결혼 준비

택일이 되면 예비 신랑신부는 예식에 필요한 준비를 한다. 장소(예식장), 주례자와 사회자, 청첩장 발송, 혼수와 예물, 신혼살림에 필요한 가재도구 등을 준비해야 한다. 혼인에 드는 경비는 미리 예산을 세워 규모 있게 사용하여야 하고, 예비 신랑신부가 의논하여 결정한다. 청첩장은 양가 부모가 혼주가 되어 손님을 초대하는 형식을 취하기도 하고, 예비 신랑신부가 직접 손님들을 초대하는 형식을 취하기도 한다. 예식 장소(wedding hall)는 전문 예식장, 강당, 회관, 교회, 성당, 사찰 등이다. 주례는 혼인 당사자가 평소 존경하는 은사님이나 웃어른을 찾아뵙고 부탁드리고, 예식의 사회자는 친구 중 적임자에게 부탁한다.

③ 결혼식

혼인의 식순은 대개 「건전가정의례준칙」에 준하여 거행하게 되는데, 화촉점화(華燭點火), 신랑신부 입장, 맞절, 혼인 서약, 성혼선언문 낭독, 주례사, 축하행사(축가, 축주), 신랑신부 행진의 순서가 일반적이나 개인의 가치나 선호에 따라 수정될 수도 있다.

결혼식(wedding ceremony) 이후에는 보통 예식장 안에 마련된 폐백실에서 양가 가족들이 처음 만나는 의식을 가지는데, 전통적 관행인 '현구고례(見舅姑禮: 신부가 시부모에게 인사함)' 의식 때문에 시댁 가족들이 먼저 신랑신부의 인사를 받지만, 양가 가족이 함께 인사하는 날로서 의미가 크다.

그 외 결혼 형식에 영향을 미치는 중요한 요인으로 종교가 있다. 다양한 종교를 믿고 자유로운 종교활동을 하고 있는 많은 현대인들에게 종교는 생활의 중심을 이루고 있으며, 각종 의례도 종교 기관(교회, 성당, 절, 교당 등)이 정형화한 순서에 충실하다.

(2) 새로운 결혼문화

① 개성적인 결혼식이 증가한다

결혼식장에서 판에 박은 듯이 똑같은 형식으로 진행되는 결혼에 대해 반성하며, 우리만의 특별한 결혼식을 만들어 보자는 젊은이들이 많아지고 있다. 장소도 전문 결혼식장이 아닌 평소 그들이 즐겨 다니던 산이나 바다 혹은 함께하는 취미와 연계된 장소 등을 택한다. 등산을 좋아하는 이들은 산에서, 음악을 좋아하는 이들은 음악회 뒤에 그 장소에서 의식을 치른다. 시간도 더 많은 하객을 모시기 위해 주말에 행해져 오던 것이 최근에는 평일 저녁으로 옮겨지기도 하고, 주말의 경우에도 낮 시간이나 저녁 시간을 가리지 않는다.

그러나 이런 나만의 특별한 결혼식의 경우, 결혼의례 자체가 너무 복잡하여 장소를 옮겨 시행하는 경우 여러 가지 불편을 감수하여야 하고 결혼의 상징성들이 최소화된다. 즉 하객은 등산을 감행해야 하며, 수중결혼식은 의상이 다를 수밖에 없기 때문에 면사포 등 간단한 상징물로 의례를 설명하기도 한다. 그러나 각자의 가치에 맞는 다양한 결혼식과 문화가 만들어지는 것은 결혼에 대한 고정관념에서 벗어나려는 태도가 보이는 중요한 변화이다.

② 적정 비용을 사용한다

한 쌍의 부부가 새로운 삶을 시작하고자 할 때 많은 준비비용이 든다. 특히 200여 명 이상의 하객을 모시고 치르는 결혼식과 혼수비용 등은 작은 금액이 아니다. 따라서 결혼계획을 세울 때에는 '반드시 있어야 하는 의식'들에 주목할 필요가 있다. 결혼식은 새로운 부부의 첫 출발을 알리는 것이 가장 중요한 의미이다. 이 의미를 전달하면서 형식은 아름답게 간소화하는 지혜가 필요하다. 한정된 예산을 새로운 신혼생활과 미래의 가족생활을 위한 준비에 배분함이 현명하다. 자녀 혼사 뒤에 빚을 졌다거나, 혼수 범위로 양가가 갈등관계에 빠진다는 항간의이야기들은 어리석은 사람들의 이야기라고 본다. 새로이 부부가 될 사람들의 앞날을 축복해 주는 적절한 비용이란 얼마쯤일까에 대한 성찰이 필요하다.

③ 평등정신이 나타난다

우리나라의 많은 의례가 남성 중심적임은 부인하지 못한다. 그러나 현대에 들어와 결혼문화에서부터 시작하여 성차별적 의식들이 관혼상제에서 차츰 감소되는 경향을 보인다. 신부가 아버지의 손을 잡고 입장하여 신랑에게 넘겨지는 것은 전형적인 삼종지도(三從之道)의 상징이었다. 그러나 이런 가부장제(家父長制, patriarchy) 의식이 시대정신에 맞지 않다고 생각하는 남녀들은 이 형식을 폐기하려고 노력한다. 그리고 결혼의 주례(主禮, an officiator)를 반드시 어른 남성이 수행하던 것도 여성 주례, 친구 주례 등으로 바뀌고 있다. 그리고 엄숙한 결혼식 문화가 노래가 있는 즐거운 분위기로 바뀌고 있는 것도 새로운 풍습이다.

④ 결혼기념일 즐기기를 중요한 가족문화로 여긴다

결혼기념일은 부부가 결혼한 날을 기념하여 축하하는 날로서, 19세기 유럽의 그리스도교 국가에서 결혼한 날에 결혼예배를 드리는 것에서 유래된 풍습이다. 은혼식(銀婚式)은 결혼 25주년을 기념하는 용어로, 50주년의 금혼식(金婚式)과 함께 대표되는 결혼 기념의례이다. 또 결혼기념일이란 부부와 가족에게 특별한 의미를 지닌, 반복되는 가족활동으로 볼 수 있다. 이 반복적인 활동에는 그 가정 고유의 형식과 구조가 들어 있으며, 이 행사를 통해 부부 사랑의 낭만성을 회복하고 가족 사랑을 극대화하고 행복을 확인할 수도 있다. 평범한 일상을 함께하는 부부가 이런 기념일에 특별한 마음으로 그들의 미래 가족생활에 대해 대화를 나누며 함께 의기투합하는 마음을 다짐하는 것은 아주 좋은 가족문화 만들기이다.

4) 상례

상례(喪禮, funeral ritual)는 관혼상제 중 가장 복잡하고 까다로운 절차를 가지고 있다. 상례는 시신(屍身, 주검)을 다루어 처리하는 일뿐만 아니라 죽은 사람의 영혼은 물론 죽은 사람과 관계가 있었던 살아 있는 사람이 죽음 과정에서 가져야 할 태도에 대해 규정한 하나의 연속된 절차를 가지고 있다.

상례 절차는 흔히 세 단계로 구분하여 설명되는데, 첫째는 영혼(靈魂, soul, spirit)과 육체(肉體, body)가 갈리는 단계, 두 번째는 영혼이 떠난 육체를 모시는 단계, 세 번째는 육체를 떠난 영혼을 모시는 단계이다. 대체로 지방에 따라 조금의 차이는 있을지라도 이와 같은 세 단계의 절차로 진행된다(김광억, 2000). 그러나 의례 자체가 복잡하기 때문에 배우지 않으려는 사람들이 많다. 덧붙이자면 의례 자체가 중요하기보다는 이런 형식을 통해 '죽은 자를 보내는 마음'과 '산 자가 죽은 자를 보내면서 다시 느끼는 마음'이 무엇이며, 죽음과 삶은 분리된 것이 아니라 연결된 생의 한 과정임을 알 필요가 있다. 오늘 열심히 산다는 것은 곧 죽음도 잘 치러 낼 것임을 약속하는 것이기 때문이다.

〈참고자료 3-3〉 전통 상례 절차

전통 상례의 절차는 매우 복잡하고 어렵다. 이 자료는 돌아가시는 그 시각을 첫째 날로 보고 중요한 4일간의 장례 절차를 잘 설명하고 있음과 동시에 상주가 수행해야 할 의례들도 설명하고 있다.

가. 첫째 날

① 초종(初終): 운명이 가까워지면 정침으로 옮기고, 운명하면 곡을 하고 초혼한다. 휘장과 상을 설치하고 시신을 옮긴 다음 이를 고이고 발을 나란히 묶으며 상주를 세운다.

② 호상(護喪): 예를 잘 아는 사람을 호상으로 세워 상례를 주관하게 한다. 옷을 갈아입히고 전을 올리며 관을 준비하고 부고를 알린다.

③ 염습(殮襲): 수의를 준비하고 목욕을 시킨다. 염습을 한 후에 시신을 옮겨 전제를 지내고 곡을 하며 반함한다. 염습을 마친 후 이불로 덮고 혼백을 모시고 명정을 세우며, 곡을 하기 시작한다.

나. 둘째 날

④ 소렴(小殮): 운명한 다음날 시신을 수세한다. 염포와 이불을 준비하여 소렴을 한다. 주상과 주부는 시신에 기대어 곡을 하며 가슴을 친다. 전제를 올리고 곡을 한다.

다. 셋째 날

⑤ 대렴(大殮): 시신을 입관하는 의식으로, 운명한 지 사흘째 되는 소렴 다음날에 행한다. 관을 들어 서쪽에 두고 입관하며 전제를 올린다.

라. 넷째 날

⑥ 성복(成服): 대렴 다음날에 오복에 따라 상복을 입고 아침 곡을 하고 서로 조상한다. 성복하는 날 비로소 죽을 먹는다. 식사 때마다 상식한다. 새로운 음식이 있으면 드린다. 성복 한 이후 조문을 받는다.

⑦ 조문(弔問): 모든 조문은 소복으로 한다. 부의에 돈이나 예물을 쓴다.

마. 상중 제례

⑧ 우제(虞祭): 망자의 혼령을 편안하게 하기 위하여 우제를 지낸다. 초우, 재우, 삼우를 지내는데, 망자의 뼈와 살은 흙으로 돌아갔으나 혼령의 기운은 가지 못하는 곳이 없으므로 혼령을 편안하게 하기 위하여 세 번 제사를 지내는 것이다.

⑨ 졸곡(卒哭): 삼우가 끝난 후 3개월이 지나서 강일(剛日)에 지낸다. 이때부터 조석으로만 곡을 한다. 졸곡 이후부터 밥과 물을 먹는다.

⑩ 부제(祔祭): 부(祔)란 '합사하다'라는 뜻으로 신주를 조상의 사당에 함께 모시는 절차이다. 졸곡 다음날 부제를 지낸다.

⑪ 소상(小祥): 초상 후 만 1년 만에 지내는 제사이다. 윤달과 관계없이 13개월 만에 지내는 것이다.

⑫ 대상(大祥): 초상 후 만 2년 만에 지내는 제사로, 25개월 만에 지내게 된다. 대상 이후 상복을 벗고 젓갈 같은 음식을 먹는다.

⑬ 담제(禫祭): 대상을 지낸 뒤 두 달이 되는 달에 지낸다. 초상으로부터 27개월에 지낸다. 담제 이후 비로소 술을 마시고 고기를 먹을 수 있다. 일반적 탈상이란 바로 담제를 지낸 이후를 말한다.

출처: 허용호(2000). 전통상례를 통해 본 죽음. 한국고전연구학회. 한국고전연구 15집.

(1) 상례 절차

오늘날 행해지는 상례는 사실상 유교적인 상례라고 말하기는 어렵다. 여러 상례가 섞여 다소 혼란스럽기까지 하다. 그러나 이 중 비교적 넓게 지금까지 행해지고 있는 한국의 상례 절차를 설명하고자 한다.

전통적 상례 절차는 '임종 → 초혼(고복) → 수시 → 발상 → 전 → 치관 → 습 →

소렴 → 대렴 → 성복 → 치장 → 천구 → 발인 → 운구 → 하관 → 성분 → 반곡 → 우제 → 졸곡 → 부제 → 소상 → 대상 → 담제 → 길제'로 이루어지는 과정이었다(참고자료 3-3 참조). 그러나 이 중 어느 과정은 생략되거나 있더라도 내용이 축소되었다. 즉, 임종과 고복의 절차는 집에서 사망했을 때는 생략할 수 있는 절차이기에 오늘날 거의 행해지지 않고 있다. 또 소렴과 대렴은 오늘날은 거의 동시에 진행하고 있다.

그래서 현대 의례는 '임종 → 수시 → 발상 → 설전 → 상제 → 호상 → 장의사 결정 → 염습 → 입관 → 성복 → 발인 → 운구 → 하관 → 성분제 → 우제 → 탈상'의 순서대로 많이 치러진다. 성분 이후의 과정은 각 개인의 가정에서 행해지고 있지만, 사실상 삼우제 정도에 그치고 있는 실정이다. 탈상이라고 하는 개념도 대부분 사라지고 3일장이 끝나고 곧바로 탈상을 하는 사람부터 100일 탈상과 1년 탈상을 하는 사람도 있다. 장례 절차를 차례로 설명하면 다음과 같다(안혜숙 외, 2002; 이기숙, 2003).

① 임종

가족이나 가까운 친척이 지켜보는 가운데 임종(臨終, dying)을 맞이한다. 과거엔 집에서 죽음을 맞이했지만 요즘은 병원에서 죽음을 맞이하는 경우가 많다. 임종이 가까워지면 고인이 평소 입었던 옷 중에서 깨끗한 옷으로 갈아입힌다.

전통적 절차에서 이 임종 절차는 중요하였다. 임종 직전에는 주변을 깨끗하게 정돈하고, 임종이 확인되면 가족은 슬픔으로 고복하고, 초혼(招魂, '고복'이라고도 한다)의 절차를 밟는다. 이러한 절차는 인간이 죽으면 혼백(魂魄)이 분리되어 천지로 돌아가기 때문에 혼백이 다시 하나로 합쳐져 살아나기를 희망하는 생자(生者, 살아 있는 가족들을 의미)의 간곡한 마음을 표현한 것이다. 복(復)이란 '혼(魂, 기운)을 부르고 백[魄: 이목(耳目)의 총명]을 돌아오게 하는 것'으로, 죽은 사람의 혼신이 백에게서 떨어지는 것이니 이제 혼을 불러와서 다시 백에 돌아오게 하고자 하는 것이다. 인간의 육신은 죽음과 더불어 땅에 묻히어 점차 흙으로 돌아간다. 또한 인간의 성품은 하늘이 거두어 가는 것으로 인간의 마음은 생존 시에는 육신과 분리될 수 없지만 사후에는 육신과 분리되어 혼(魂: 영혼)이 되고, 육신은 사후에 '백(魄)'이라 하여 땅으로 돌아가 서서히 허공에 녹아 사라진다고 본다.

그러나 이러한 초혼의식은 오늘날 행해지지 않고 있다. 집에서 임종을 맞이하던 과거와는 달리 병원에서 임종하는 경우가 대부분이고, 설령 집에서 임종했다 하더라도 곧바로 병원 영안실이나 장례식장으로 옮겨 사후 처리를 하기 때문에 자연스럽게 사라지고 있다.

② 수시

수시(收屍)란 깨끗한 솜으로 입과 귀와 코를 막고 시신을 반듯하게 펴 주는 절차를 말한다. 망자가 눈을 뜨고 있으면 쓸어내리고 몸을 반듯하게 한 후 손과 발을 가지런히 한다. 머리는 약간 높게 하여 괴고, 깨끗한 솜으로 코와 귀를 막는다. 홑이불로 머리까지 덮은 뒤 병풍이나 장막으로 가린다.

그리고 습염(襲殮, 혹은 섭의)에 들어간다. 습염이란 시신에 옷을 입히는 것이고, 염의는 시신을 싸는 것이다. 염은 소렴과 대렴으로 구분되는데 소렴은 운명한 지 이틀째에, 대렴은 사흘째 되는 날 행하며, 입관하는 의식이다. 사흘 만에 염을 하는 것은 다시 살아나기를 기다리는 시간이다. 오늘날 행해지는 상례는 수시와 소렴, 대렴을 한 번에 진행하며, 이 과정에서 가족은 망자(亡者, 죽은 자)에 대한 이별을 슬퍼하며 시신을 깨끗하고 경건하게 돌본다.

③ 발상

초상을 알리고 상례를 시작하는 절차가 발상(發喪)이다. 수시가 끝나면 가족들은 검소한 옷으로 갈아입고, 근신하며 애도한다. '상중(喪中)' 혹은 '근조(謹弔)'라고 써서 대문에 붙이고 조등(弔燈, 장례를 치른다는 것을 알리는 등)도 단다.

④ 설전

돌아가신 분이 살아계실 때와 똑같이 모신다는 설전(說奠) 과정에서는 주과포(酒

果脯)를 올리고 아침저녁으로 곡을 한다. 평소 고인이 즐기던 음식을 올리거나 생전에 좋아하던 꽃을 올리기도 한다.

⑤ 상제

고인의 배우자와 직계 자손은 상제(喪制)가 된다. 맏아들이나 맏손자는 주상(主喪)이 된다.

⑥ 호상

상주를 대신하여 장례에 대한 모든 절차를 주관하는 사람인 호상(護喪)을 선정한다. 친족이나 친지 중에서 의례에 밝고 경험이 있는 사람으로 정한다. 호상이 부고를 내고 장례 전반에 관한 일을 맡아서 처리한다.

⑦ 장의사 선정

장의사(葬儀士, funeral director)는 염습, 입관, 매장신고 등 장례에 관한 일들을 대행해 준다. 장의사 선정과 함께 장일(葬日), 장지(葬地)의 선택, 부고(訃告)가 동시에 행해진다. 대부분 3일장으로 하나 5일장을 치르는 경우도 있다. 발인제나 영결식 시간을 미리 정해 둔다. 그리고 이때쯤 호상은 상주와 의논하여 고인이나 상제와 가까운 친척과 친지에게 부고(訃告)를 낸다. 부고에는 반드시 장일과 장지를 기록해야 한다. 인쇄물에 의한 개별고지는 하지 않는다.

⑧ 염습

운명한 지 하루가 지나면 시신을 깨끗이 닦고 수의를 입힌다. 남자는 남자가, 여자는 여자가 염습(殮襲)을 한다. 목욕물과 수건을 준비하고 여러 벌의 수의를 한 번에 입힐 수 있도록 준비한다. 요즘은 장례식장에서 전문 장례지도사들이 이 일을 수행한다.

⑨ 입관

염습이 끝나면 곧 입관(入棺: 시체를 관에 넣는 것)한다. 관 위에는 먹으로 직함, 본관,

성명을 쓰고, 장지(壯紙)로 싼 뒤 노끈으로 묶는다. 입관이 끝나면 관보로 덮어 안치한 후 병풍으로 가린다.

⑩ 성복

성복(成服)이란 '상주가 상례에 맞는 의복을 입는다'는 뜻이다. 입관이 끝나고 영좌를 마련한 뒤 상제(喪祭)와 복인(服人)은 성복을 한다. 요즈음 상복(喪服)으로 남자는 검은 양복에 무늬 없는 흰 와이셔츠를 입고 검은 넥타이를 매며, 여자는 흰 치마저고리 혹은 검은 치마저고리를 입는다. 복인은 검은색 헝겊이나 삼베로 만든 완장이나 상장을 착용한다. 성복 후에 조문객의 문상을 받는다.

성복에 대한 설명을 부가하고자 한다. 전통적 상례는 친소에 따라 그 절차와 기간이 다르다. 그렇기 때문에 상주들은 오복(五服)제도에 따라 상복을 입게 되고, 그에 합당한 기간 동안 복을 입는데 친한 사이일수록 상복이 거칠고 기간도 길다(참고자료 3-4 참조). 이와 같은 제도를 만든 것은 분명히 인간의 정(情)을 중시하는 의식과 은혜에 보답한다는 보본의식(報本意識)이 내재된 것으로 보인다(소황옥 외, 2004). 부모상의 경우 3년이라는 긴 시간 동안 복을 입으면서 부모로부터 받은 사랑에 대한 보답을 하는 것이며, 부모를 잃은 슬픔을 서서히 받아들이고 인정하는 과정으로 3년이라는 시간이 필요했던 것이다. 하지만 근래에는 이러한 오복제도가 예전과 달라 외형적인 모습만 보고 생자와 망자의 관계를 알기가 어려운 형편이다. 근래에는 삼우제를 지낸 후 곧바로 탈상을 하거나, 불교식 49제를 지내고 탈상하는 경우, 100일 탈상, 소상을 지낸 후 탈상을 하는 경우가 대부분이다. 이러한 변화는 급속도로 변화하는 문명에 적응하는 편리한 방식이기도 하다.

⑪ 발인

영구가 장지를 향해 떠나는 것을 발인(發靷)이라 한다. 요즘은 '발인제'라 하여 종교에 따라 다양한 형식으로 거행한다.

⑫ 운구

영구를 운반하여 장지까지 가는 것을 말한다. 상여로 운구(運柩)할 때 노제(路祭)를 지내기도 하는데, 이는 고인(故人)과 친한 조객이나 친척이 스스로 제물(음식 등)을 준비하였다가 지내는 것이다.

〈참고자료 3-4〉 오복제도(五服制度)

오복제도는 상주들이 입는 의복에 대해 규정한 제도를 말한다. 오복에는 참최(斬衰), 자최(齊衰), 대공(大功), 소공(小功), 시마(緦麻)가 있다.

- 참최: 참(斬)이라 함은 '몹시 애통하다'라는 뜻이고, 최(衰) 역시 '효자의 애통함'을 뜻하는 것이다. 참최는 거친 생포(生布)로 짓되 아랫단은 꿰매지 않고, 수질과 요질의 끈을 삼으로 하며, 상장(喪杖)은 대[竹]로 한다. 아들이 아버지를 위해 입는 복으로 3년복이다.
- 자최: '재최'라고도 하며 아들이 어머니를 위해 입는 복이다. 오복 가운데 참최 다음 가는 복으로, 약간 굵은 생포를 재료로 아랫단을 접어 꿰맨다. 재(齊)라 함은 '아랫단이나 가장자리를 꿰맨다'는 뜻으로 참최와 달리 아랫단을 꿰매기 때문에 '재최복'이라 하며 역시 3년복이다.
- 대공: 상기(喪期)가 9개월인 상복을 말한다. 익힌 마포(麻布)로 만들어서 자최복(齊衰服)보다는 가늘고 소공(小功)보다는 거칠기 때문에 '대공(大功)'이라 한다. 망자의 사촌형제가 입는다.
- 소공: 상기(喪期)가 다섯 달이다. 소공복은 가는 숙포(熟布)로 만들며, 머리와 허리에 두르는 띠[絰帶]는 수삼[枲麻]을 사용한다.
- 시마: 상기(喪期)는 3개월이며 종증조부, 종증조모, 증조부의 자매를 위하여 입는 것이다.

그 외 장기(杖朞: 상장을 짚고 입는 복. 아버지가 생존하고 어머니가 돌아가셨을 때, 조부가 생존하고 조모가 돌아가셨을 때 등에 입는 1년복), 부장기(不杖朞: 상장을 짚지 않는 복. 1년 동안 입는 복으로 아내가 죽었을 때, 조부모 상 때 등에 입는다), 자최복(3개월. 망자의 현손이 입는 복으로, 상장을 짚지 않는다) 등이 있다.

출처: 소황옥 · 정혜린(2004). 한국 전통 상복과 현대의 상복 변화에 관한 연구. 한복문화학회. 한복문화 제7권 3호.

⑬ 하관

하관(下官) 절차는 현대에 와서 간소화되었다. 장지에 도착하면 상여에서 관을 내려 광중(壙中: 송장을 묻기 위하여 판 웅덩이)에 넣는다. 하관 때는 상주들이 참가하되

곡(哭)은 하지 않는다. 관을 들어 수평이 되게 반듯하게 내려놓고 명정(銘旌: 고인의 이름을 적은 천)을 덮고 상주가 흙을 세 번 뿌린다.

⑭ 성분제

시신을 땅에 묻는 절차를 끝내고 집으로 돌아와 제사를 지내는데, 이것을 '성분제(成墳祭)' 혹은 '우제(虞祭)'라고 한다. 우제는 초우(初虞: 장례를 지낸 날 지내는 제사), 재우(再虞), 삼우(三虞)를 행하기 때문에 오늘날에는 '삼우제(三虞祭)'라는 명칭으로 더 많이 알려져 있다. 우제를 행하는 이유는 시신[魄]이 땅에 묻혀 자연으로 돌아갔지만 혼은 갈 곳이 없어 방황한다고 생각하여 혼을 불러 세 번 제사를 지내고 편안하게 모시고자 하는 절차이다. 장례 후 사흘째 되는 날에 첫 성묘를 하고 봉분이 잘되어 있는가를 살피고 간단한 예를 올린다. 삼우제는 현대에 와서 '위령제(慰靈祭)'라고 불리기도 한다. 화장을 한 경우에는 유골함 앞에서 우제를 지낸다.

⑮ 탈상

탈상(脫喪)은 상기가 끝나 복을 벗는 절차를 의미하는 것으로, 전통 상례 절차에서 보면 졸곡에서 길제까지가 현재의 탈상에 속한다. 부모, 조부모, 배우자의 경우 별세한 날로부터 100일까지를 탈상기간으로 한 적도 있지만, 현대에 와서는 삼우제를 마치면 바로 탈상하는 경우도 있다.

〈참고자료 3-5〉 왜 '삼년상(三年喪)'인가?

전통 상례에서 삼년상을 치르는 이유는 자식이 태어난 지 3년이 지나야 부모의 품을 벗어날 수 있기 때문이다. 따라서 자식으로서 최소한의 은덕에 보답하는 방법이 삼년상으로 표현된 것이다. 하지만 3년 동안 슬픔에 빠져 있으면 아무것도 할 수 없기 때문에 적절한 절차를 통해 슬픔을 극복하도록 정해 놓은 것이 상례이다. 이와 같은 절차가 없다면 슬픔을 제어할 수 없으며, 그로 인해 효의 원리를 벗어나 자식으로서의 도리를 다하지 못하게 된다. 효를 다하면서 극진한 예를 실천하는 과정은 생자(남은 가족) 중심의 의식임을 뜻한다. 곡을 할 때 절차와 법도를 규정한 것도 생자의 생명이 손상되어 효성을 다하지 못할 것을 우려한 것이다.

모든 제례도 효의 연속이다. 생자와 망자를 한 세계 안에서 공존하는 방식을 택하여 사당을 짓고 제사를 지내며 함께 생활하는 것이다. 하지만 오늘날에는 문화의 변화에 따라 이러한 모습은 사라지고 없다.

(2) 조문 예의

어떤 사람의 죽음에 대해 슬퍼하는 마음(애도, 哀悼, mourning)을 가지고 상주(喪主)를 위로하는 것을 '조문(弔問, condolence call)'이라 한다. 조문을 행하는 것을 '문상(問喪)'이라 하는데, 조문과 같은 말로 사용된다.

과거엔 성복 전에는 조문을 받지 않았으나(그 이유는 성복제 전까지 임종자는 죽은 것으로 여기지 않았기 때문에 영좌를 향해 절하는 것을 삼감) 오늘날에는 부음을 받으면 그 시기에 관계없이 즉시 조문객을 받는다. 우리 사회는 상가 조문은 시간의 제약을 받지 않는다고 알려져 있으나, 일부 장례식장에서는 조문 시간을 제한하기도 한다.

조문객의 복장은 주로 검정색을 유지하며, 조문객들은 공손하고 정중한 자세를 갖도록 하고, 상제(喪祭)들의 슬픈 마음을 해쳐서는 안 된다. 상가에 도착하면 조객방명록에 성명을 기록하고, 영좌(靈座: 고인의 사진이 걸린 곳)에 배례(拜禮: 두 번 절함. 그러나 종교에 따라 묵념, 기도, 헌화(獻花) 등으로 대체됨)하고 마지막으로 상제와 인사를 나누고 부조금(扶助金: 슬픔을 함께 나눈다는 뜻으로 주는 상부상조의 위로금)이나 물품(향, 초, 술, 과일 등)을 전달한다. 헌화는 꽃대 줄기가 고인 쪽으로 향하게 드린다. 종교에 따라 상례의 방식도 다르기 때문에 조문 시 그 차이에 유념한다.

(3) 장례식장과 장례 서비스

과거에는 모든 의례가 가정에서 이루어졌으나 오늘날에는 병자를 병원으로 옮겨 치료를 받는 과정에서 사망하는 경우가 많아지자 장례식장(funeral hall)의 이용이 일반화되었다. 그래서 현대적 상례 절차마저 대단히 간소화되고 합병되어 1단계(발상, 부고), 2단계(입관, 성복에서 성분까지), 3단계(탈상)로 축소되었다.

병원에서 진료 중 사망할 경우, 장례식장 직원이 직접 병실로 방문하여 장례식장으로 운구한다. 밖에서 사망한 경우에는 장례식장 사용 가능 여부를 확인한 후 운구하게 된다. 이때 사망진단서를 발급받아 오거나 병원 응급실을 경유하여 사망진단서나 사체(死體)검안서를 발급받아야 한다.

사망한 첫째 날에는 운구(運柩: 시체를 넣는 상자인 관) 안치 후 빈소(殯所: 운구가 안치된 곳)를 준비한다. 둘째 날에 입관(入棺: 시체를 관에 넣는 것) 시기를 결정하여 입관하는데, 대개 운구 안치부터 만 24시간이 지나면 입관한다. 장의용품은 입관 2시간 전에 미리 선정하여 마련하도록 한다. 입관 의식 후 상복(喪服: 상제들이 장례에 맞는 옷을 입는 것)을 갈아입고 표시한다. 상복은 주로 남자는 검정 양복, 완장, 두건, 행전을 하고 여자는 흰 치마저고리나 검정 치마저고리에 흰 핀을 꽂는다. 입관하기 전에는 상복을 입지 않는다. 부의금은 준비된 접수대에서 받는다. 3일 혹은 5일째 날에 발인(發靷)한다. 이때 장의차를 확인하고 발인제를 한 후 사체를 인수하여 장지로 향한다. 셋째, 탈상의 방법은 개별 가족에게 일임하거나 생략한다.

우리나라는 그간 매장(埋葬: 시체를 땅에 묻는 것) 문화가 성해서 국토의 많은 부분이 묘지로 사용되어 왔다. 그러나 국토 활용의 측면과 자손들이 돌보지 않는 묘지가 많아 관리가 안 되는 등의 이유로 이제 국가는 화장(火葬: 시체를 불에 태우는 것)을 장려하고 있고, 화장된 시체는 남은 뼈를 분쇄하여 납골당(納骨堂)에 모시는 경향이 증가하고 있다.

(4) 죽음에 대한 새로운 인식

상례 절차를 통해 오늘날 한국인의 죽음에 대한 인식을 정리하면 다음과 같다.

첫째, 오늘날에는 죽음에 대한 경건한 마음이 사라지고 편의주의적 관점에서 모든 의식을 진행하고 있는 경향이 많다(장현섭, 1996). 이는 물질만능주의와 이기주의로 인한 폐해가 죽음을 대하는 인간의 정서에도 변화를 가져온 것으로 보인다. 형식은 간소화되면서 망자에 대한 이별과 생자의 슬픔(grief)을 잘 표현하는 의례의 보완이 필요하다고 본다.

둘째, 지금까지 한국의 상례는 부모, 친척 등 가족을 대상으로 치르는 의례였다. 그러나 다양한 가족의 증가와 1인가구가 증가하면서 가족 중심적 의례에 새로운 관점의 도입이 필요하다고 본다. 이미 형식이란 측면에서 본다면 상례도 많이 변형되었다. 그간 한국인의 일상을 지배해 온 유교가 다양한 종교적 교류, 보다 간소한 생활양식의 선택이라는 사회적 배경으로 약화되었다. 그래서 다양한 가족의

생활양식에 부응하는 새로운 상제례문화의 창출이 필요하다.

셋째, 상례과정에 자녀들도 참여시켜 조상의 죽음과 장례의 과정을 통해 인간의 삶과 인간발달의 여정에 대해 생각할 수 있도록 경험의 기회를 제공하는 것이 필요하다. 자녀들이 그 성장시기마다 죽음을 인식하는 정도는 다를지라도 인생의 생로병사(生老病死) 과정을 실제 목격 혹은 체험하는 것이 자녀들에게는 현재의 생활에 충실해지고, 인간을 귀히 여기는 새로운 성찰을 할 학습(learning)의 장이 될 수도 있다.

넷째, 특히 상례에서 가족구성원들이 하나하나 사람을 떠나 보내는 절차를 수행해 가면서 많은 경험을 하게 된다. 그런 과정에서 그간 소원하였던 가족관계(family relationship)가 회복되기도 한다. 복잡한 절차마다 가족이 서로 의논 · 협조하고 참여하면서 새로운 가족유대 형성의 기회가 되며, 고인을 통해 가정의 안정이 찾아진다. 누구나 가까운 가족의 죽음과 상례를 치를 기회가 있다. 이 기회를 통해 남은 가족들이 서로 화해하여 더욱 성장하는 삶을 모색하는 태도가 준비되어야 한다.

5) 제례

오늘날 대부분의 가정에서 행하고 있는 제례 혹은 제사(祭祀, sacrificial ritual)는 기제사(忌祭祀)와 차례[茶禮: 명절날 조상께 드리는 제사. 원래 '다례'라 하여 다(茶)를 행할 때의 예의범절을 지킨다는 말]를 일컫는다. 기제사는 조상이 돌아가신 날의 전날 자정에 지내는 제사로 「건전가정의례준칙」에서는 그 대상을 2대조로 명시하고 있다. 그리고 대표적 차례는 신년차례와 추석차례이다. 신년차례는 본래 음력 1월 1일인 정월 초하룻날 아침에 사당(祠堂: 제사를 지내기 위해 마련된 집)에서 지냈으나 사당이 없는 오늘날은 주로 장남의 집에 모여 지내지만, 아들과 딸의 구분이 사라지는 요즈음은 의논된 자손 집에서 모시기도 한다. 추석차례는 원래 묘제(墓祭: 묘지에 가서 제사를 지내는 것)였으나 오늘날에는 각 가정에서 차례를 지내고 성묘(省墓: 무덤을 찾아가는 것)한다(안혜숙 외, 2002).

(1) 제례 절차

「건전가정의례준칙」에 제시된 제례 절차는 다음과 같다.

① 혼령 모시기: 제주는 분향하여 모사에 술을 붓고 참가자는 일제히 신위 앞에 재배(再拜)한다.

② 잔 올리기: 술잔은 한 번 올리기로 한다.

③ 축문 읽기: 축문을 읽은 후 묵념한다.

④ 물림 절: 참가자는 일제히 신위 앞에 재배한다.

그러나 요즘 대부분의 가정에서는 독축(讀祝)을 하지 않으며, 유식(侑食: 진지 드시기) 후에는 진다(進茶: 숭늉 올리기)와 음복(飮福: 조상이 주신 복된 음식이라 하여 제사음식을 먹는 것)을 하고 있는 것으로 나타났다.

(2) 제복

제사를 드릴 때는 어떤 옷을 입어야 하는가? 전통적으로 남성들은 망인과의 친소, 제사 대상, 제주의 관직 유무에 따라 제복(祭服)에 차이를 두었고, 여성은 부모 제사 때에만 흰 치마저고리에 배자를 입었다. 그러나 오늘날 대부분 가정에서는 기제사 때 입는 제복은 따로 마련하지 않고 깨끗하고 수수한 평상복을 입는 경향이고, 차례를 지내는 명절에는 화려한 한복이나 양복도 입는다.

(3) 제상 차리기

제수(祭需, sacrificial offering)는 단순히 음식을 준비하여 제사 상차림을 하는 것 이상의 의미를 갖는다. 제수는 정성을 표현하는 상징물이다. 조상은 자손들이 준비해 준 음식을 기쁘게 받고, 자손들은 조상님이 드셨던 음식을 먹으면서 조상과 일체감을 갖는다. 따라서 제수는 조상과 자손을 이어주는 매개체로서의 구실을 한다.

기제사 시 제수를 진설(陳設, 상차림, table setting)하는 법이나 제수의 종류는 각 지방, 각 가정에 따라 다소 다르다. 그러나 공통된 점은 상 위에 신위(神位: 귀신의 자리)

를 두는데, 신위 모신 곳을 북쪽이라 여기고(오른쪽은 동쪽, 왼쪽은 서쪽 방향이 됨), 상은 보통 5열로 차린다. 이때 신위와 가장 가까운 1열은 식사를, 2열은 주요리, 3열은 부요리, 4열은 반찬, 5열은 과일, 과자 등을 차린다.

- 1열: 좌반우갱(左飯右羹)의 원칙에 의해 메[반(飯), 밥]는 왼쪽, 갱(국)은 오른쪽에 놓고 시접(匙楪, 수저그릇)과 잔을 놓는다. 시접에는 수저를 놓는다.
- 2열: 중앙에 3적(소적, 어적, 육적)을 적그릇 한 접시에 담아 놓는데, 어적은 동두서미(東頭西尾)라 하여 머리 부분은 동쪽, 꼬리 부분은 서쪽을 향하게 놓는다(이때 생선의 복부가 북쪽으로 향하게 한다). 적(炙)을 중심으로 동쪽에는 어전, 서쪽에는 육전을 놓는다. 또한 병동면서(餠東麵西)의 위치에 따라 면은 서쪽(왼쪽)에 놓고 편(떡)과 편청(꿀)은 동쪽(오른쪽)에 놓는다.
- 3열: '어동육서(魚東肉西)'라 하여 생선탕은 동쪽(오른쪽), 소고기탕은 서쪽(왼쪽)에 놓는다.
- 4열: 좌포우혜(左脯右醯)로 포는 왼쪽, 혜(식혜)는 오른쪽에 놓으며, 가운데에는 김치를 놓고 그 양편에는 생동숙서(生東熟西)의 원칙에 따라 동쪽에는 생채, 서쪽에는 숙채(삶은 나물)를 놓는다.
- 5열: 과일은 홍동백서(紅東白西)의 원칙에 따라 놓는다. 밤과 배는 서쪽, 대추와 사과는 동쪽에 놓는다.

4. 그 외 중요한 가족의례-첫돌과 회갑연

1) 첫돌

- 출생(birth): 아기가 태어나면 전통적으로 그 출생을 알리는 표식을 하였다. 즉 숯과 고추, 청솔, 백지 등을 꽂아 출산 후 삼칠일 동안 대문에 금줄을 치는 것으로, 이는 잡인과 부정을 막기 위함이었다. 그러나 현대에는 이런 표식을 하지 않는다.
- 백일(百日, the one hundredth day after birth): 아기가 태어난 지 100일째 되는 날

을 축하하기 위하여 백일 떡(백설기와 수수경단)을 하고 백일 옷을 해 입힌다. 백(百)은 완전(完全)을 뜻하는 수로, 아기가 태어난 지 100일쯤 되면 비로소 사람의 모습을 갖출 수 있다 하여 축하하였다.

- 첫돌(the first birthday): 아기가 태어난 지 만 1년째 되는 날 첫 생일을 축하하는 행사를 '돌잔치'라 한다. 요즈음에는 자손이 귀해 온 일가친척을 모시고 성대하게 돌잔치를 한다. 단지 오늘날에는 가정에서 하는 예가 드물고 가정 밖의 장소를 이용하기도 한다. 아기 돌에는 반드시 돌상을 차리는데 그 상에는 떡(백설기, 수수경단, 송편), 과일(제철에 나는 과일로, 높이 괴지 않고 수북이 담아 놓는다. 대추는 자손이 번창하라는 의미로 반드시 담아 놓는다), 국수(수명장수의 의미), 무명실(수명장수의 의미), 쌀과 돈(부자로 살라는 의미로, 쌀은 상 위에 펼쳐 놓거나 목기에 담아 놓는다), 붓 · 먹 · 벼루(문장가가 되라는 의미로, 요즘은 공책과 연필로 대신한다), 책(장차 자라서 학문에 힘쓰기를 바라는 의미로, 과거에는 천자문과 훈민정음을 놓아 주었으나 요즈음은 위인전이나 그림책을 놓는다), 활 · 화살(무예에 능하여 용맹한 사람이 되라는 의미가 있다), 실패와 실(공예에 능하라는 의미)을 놓는다(참고자료 3-6 참조). 현대의 돌 행사는 일정한 절차가 없고 음식점에서 기념촬영도 하고, 준비한 음식을 나누어 먹는다. 행사가 끝나면 찾아온 하객에게 떡을 골고루 돌리기도 한다.

〈참고자료 3-6〉 돌상 차림의 예

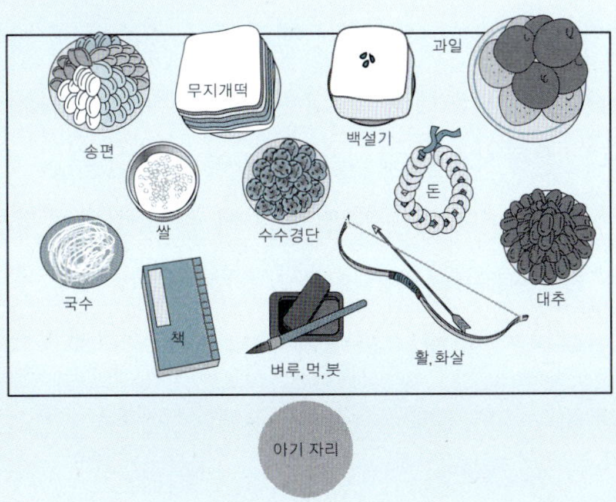

2) 회갑

회갑연(回甲宴, the 60th birthday)은 만 60세(우리 나이 61세)가 되는 해의 생일날에 한다. 이 생일은 60간지(10개 천간과 12개 지지의 조합으로 이루어짐)가 돌아서 자신이 태어난 해가 다시 돌아왔음을 의미하여 축하하는 날이다. 오늘날에는 과거보다 늦은 나이에 결혼하여 자녀를 보게 되므로 회갑 때 자손들이 잔치를 해 드릴 만큼 성장하지 않은 가정이 많다. 따라서 과거와 같이 성대하게 하기보다는 가족과 가까운 친지만 모시고 함께 식사를 하거나 한다.

그 외 70번째 생일인 고희(古稀), 77세 생일인 희수[喜壽: 기쁠 희(喜) 자가 초서체로 칠칠(七七)로 읽히기 때문에 희수라 함], 88세 생일인 미수[米壽, 미는 쌀 미(米)로, 팔(八)을 두 번 겹쳐 만든 것처럼 생겼기 때문임], 99세 생일인 백수[白水, 100(百)에서 한 일(一)을 뺀 글자로 99세를 가리킴]를 축하하는 연회(宴會: 축하하는 자리)를 자손들이 열어 드리기도 한다. 그리고 결혼 50주년인 금혼식(金婚式, a golden wedding)과 60주년인 회혼례(回婚禮, a diamond wedding)는 자손들과 함께 즐거운 시간을 갖는 날이다. 각 의례마다 그 나름의 의미들이 있으니 가족들이 의논하여 연회의 프로그램을 정하는 것도 의미있는 가족행사, 가족의례이다.

이 장에서는 가족의례의 의미와 효과, 우리나라의 주요 의례인 관혼상제, 그리고 특별히 첫돌과 회갑연에 대해 살펴보았다. 이런 가족의례들은 그 준비에 많은 정성과 경비가 들지만, 그래도 의례를 수행하면서 가족이 더 많은 연대의식과 상호 위로의 시간을 가지기 때문에 각 가정의 사정에 맞추어 합리적으로 치러 내려는 태도가 중요하다. 전통적으로 형식을 중히 여겨 왔던 우리 민족이었지만 근대에 들어와서는 형식보다는 그 의미와 정신을 더 중히 여기는 문화가 형성되고 있다. 비록 한 잔의 물과 술로 맞이하는 의례일망정 가족이 뜻을 모으고 가족애를 확인하는 시간이 되었다면 그 의례는 의미가 있는 것이다.

생각해 봅시다

1. 주변에서 가족이나 친구 혹은 선배들이 챙겨주는 다양한 '성년의 날' 행사들을 찾아보자. 그리고 이런 행사들이 개인의 성장과 가족관계, 미래 설계에 어떤 의미들을 주고 있는지 토의해 보자.

2. 친지의 결혼식, 장례식, 집안의 제사 등에 참여하여 그 의례의 형식과 의미, 상징들에 대해 관찰 보고서를 작성하고, 서로 나누어 보자.

3. 2번의 과제(결혼식, 장례식, 제사 등) 이후, 이 의례들이 전문상업기관에서 이루어지면서 변질되는 의례의 절차와 효과 등에 대해 생각해 본다. 그런 다음 관습적 형식에 관계없이 나름의 가치와 철학이 표현된 새로운 결혼식, 장례식, 제사를 고안해 보자.

더 볼거리

◈ 영화. 「축제」. 임권택 감독. 1994.
한국의 상례문화를 아주 잘 보여준다. 상례의 절차, 전통 상복, 상여, 그리고 죽어가는 과정과 가족의 애도도 공부할 수 있다.

◈ 관혼상제 시 입는 예복들 보기: 한국자수박물관(서울 강남구 논현동 소재)

◈ 종교별 상례 절차와 형식은 다르다. 각 종교기관 주관의 혼례와 상례의 절차에 참석해 보자.

CHAPTER 4

가족의례 2: 한국의 절기문화

한국은 봄 · 여름 · 가을 · 겨울의 사계절(四季節, the four seasons)이 뚜렷한 나라이다. 그런 만큼 계절별로 다양한 절기문화(節氣文化), 즉 세시풍속이 있어 왔다. 세시풍속(歲時風俗, seasonal customs)이란 계절에 맞추어 관습적으로 되풀이하는 풍속을 말한다. 이는 매년 반복되는 일상적 관습(慣習, customs)으로, 우리 민족의 삶 속에 그대로 녹아 있다. 세시풍속은 지역의 자연적인 조건(날씨나 지역 특성, 즉 산악지역인가 해변지역인가 등)에 따라 형식에는 약간의 차이가 있지만 한국인의 자연스러운 일상 속의 연중행사였기 때문에 그 정신과 문화적 가치는 비슷하다(최운식 외, 1998).

이 장에서는 24절기의 개념과 주요 절기마다 조상 대대로 지켜온 세시풍습 중 지금까지 그 전통이 이어오고 일상에서 즐겁게 그 풍속을 맞이하는 몇 가지만 골라 살펴보고자 한다. 그런 후 3, 4장을 함께 정리하면서 한국의 가족의례와 풍습들이 변화하고 있는 배경과 전망에 대해 다시 정리해 본다.

1. 절기문화

우리나라는 1년을 춘하추동의 4계절로 나누고 그것을 다시 24절기로 나누어 사용하였다. 한 절기와 다음 절기와의 사이는 평균 15일쯤 된다. 대개의 경우 한 달에 절기가 두 번쯤 들어 있다. 봄은 입춘부터 입하 직전까지이고, 여름은 입하부터 입추 직전까지이며, 가을은 입추부터 입동 직전까지이고, 겨울은 입동부터 입춘 직전까지이다(24절기는 〈참고자료 4-1〉 참조).

1) 봄 절기

봄(春, spring) 절기로는 입춘(立春), 우수(雨水), 경칩(驚蟄), 춘분(春分), 청명(淸明), 곡우(穀雨)가 있다.

입춘은 대한과 우수 사이에 있는 음력 정월 절기로, 양력으로는 2월 4일경이다. 입춘 날에는 '입춘대길(立春大吉)' 등의 입춘방을 문에 붙이고, '입춘절식(立春節食)'이라 해서 고유의 절기 때 먹는 음식인 햇나물 무침을 먹는다. 입춘 기간에는 동풍이 불어 언 땅이 녹고, 동면 벌레가 움직이기 시작하며, 어류가 얼음 밑을 다닌다고 한다. 춘분은 경칩과 청명 사이에 있는 음력 2월 중기로, 밤과 낮의 길이가 같아지며 양력으로는 3월 21일경이다. 춘분 기간에는 제비가 날아오고, 그해 처음으로 번개가 친다고 한다. 춘분을 전후하여 철 이른 화초는 파종을 하고 화단의 흙을 일구어 며칠 남지 않은 식목일을 위하여 씨 뿌릴 준비를 한다. 춘분을 즈음하여 농가에서는 농사 준비에 바빠진다. 또 음력 2월 중에는 바람이 많이 부는데, 이를 '꽃샘바람'이라고 한다. 한편, 이때에는 고기잡이를 나가지 않고 먼 길 가는 배도 타지 않는다.

2) 여름 절기

여름(夏, summer) 절기로는 입하(立夏), 소만(小滿), 망종(芒種), 하지(夏至), 소서(小暑), 대서(大暑)가 있다. 여름은 번창과 무성함을 의미하는 계절로, 힘의 원천을 느낄 수 있고 개방적이며 젊음이 넘치는 시기이다.

음력 5월 5일 단오절(端午節)은 수(數)에서 양기(陽氣: 홀수)가 겹치는 생기(生氣)가 있는 날로, 씨름이나 그네뛰기 등 왕성한 생기를 발산하는 계절이다. 입하는 곡우와 소만 사이에 있는 음력 4월 절기로, 양력으로는 5월 6일경이다. 여름에 들어섰다고 하여 '입하'라 한다. 하지는 망종과 소서 사이에 있는 음력 5월 중기로, 양력으로는 6월 22일경이다. 이날은 낮의 길이가 1년 중 가장 긴 날이 되는데, 이는 지구 표면이 받는 열량이 가장 많아지는 시기로, 이 열량이 계속 쌓여 삼복 시기에 가장 덥다.

3) 가을 절기

가을(秋, autumn) 절기로는 입추(立秋), 처서(處暑), 백로(白露), 추분(秋分), 한로(寒露), 상강(霜降)이 있다. 가을은 곡식을 추수하는 풍요와 결실의 계절인 동시에 쇠락과 시듦의 시작이라는 상징을 지니고 있다.

입추는 음력 7월 절기로, 양력으로는 8월 8일경이다. 입추 기간에는 서늘한 바람이 불어오고, 이슬이 진하게 내리며, 귀뚜라미가 운다. 그 뒤로 처서가 오는데 더위가 물러가고 벼가 익는다고 했다. 추분은 음력 8월 중기로, 춘분과 함께 밤낮의 길이가 같고 양력으로는 9월 23일경이다. 이 시기는 추수기가 시작되고 백곡이 풍성한 때이다.

4) 겨울 절기

겨울(冬, winter) 절기로는 입동(立冬), 소설(小雪), 대설(大雪), 동지(冬至), 소한(小寒), 대한(大寒)이 있다. 겨울의 추위로 다음해 농사의 풍흉(豊凶)을 점치기도 한다. 겨울은 '송구영신(送舊迎新)'의 계절로 묵은 것은 버리고 새로운 해를 맞이하는 통과의례를 행한다. 입동은 음력 10월 절기로 양력으로는 11월 8일경이다.

입동 기간에는 땅이 처음 얼며, 꿩은 드물고 조개가 잡힌다고 한다. 입동이 중요한 것은 겨울 동안 먹을 김치를 입동을 기준해서 준비하기 때문이다. 동지(冬至)는 대설과 소한 사이에 있는 음력 11월 중기로, 양력으로는 12월 22일경이다. 동지는 24절기 중 풍습이 가장 많이 들어 있는 기간이다. 대한은 소한과 입춘 사이에 있는 음력 12월 중기로, 양력으로는 1월 21일경이다. 겨울 추위가 매듭을 짓는 시기이다.

〈참고자료 4-1〉 한국의 24절기와 세시풍속

계절	절 기	일 자	내 용	주요 세시풍속
봄	입춘(立春)	2월 4일 또는 5일	봄의 시작	차례, 세배, 복조리, 윷놀이, 쥐불놀이, 연날리기, 널뛰기, 오곡밥 먹기, 달맞이, 부럼 깨물기, 귀밝이술, 더위팔기, 줄다리기
	우수(雨水)	2월 18일 또는 19일	봄비가 내리고 싹이 틈	
	경칩(驚蟄)	3월 5일 또는 6일	개구리가 겨울잠에서 깨어남	영등할머니, 머슴날, 콩 볶기
	춘분(春分)	3월 20일 또는 21일	낮이 길어짐	
	청명(淸明)	4월 4일 또는 5일	봄 농사 준비	한식 묘제, 삼짇날, 화전놀이, 장 담그기
	곡우(穀雨)	4월 20일 또는 21일	농사비가 내림	
여름	입하(立夏)	5월 5일 또는 6일	여름의 시작	초파일, 연등, 줄불놀이
	소만(小滿)	5월 21일 또는 22일	본격적인 농사 시작	
	망종(芒種)	6월 5일 또는 6일	씨 뿌리기 시작	산맥이, 단오, 단오부채, 천중부적, 창포, 그네뛰기, 씨름, 봉숭아 물들이기
	하지(夏至)	6월 21일 또는 22일	낮이 연중 가장 긴 시기	
	소서(小暑)	7월 7일 또는 8일	더위의 시작	유두천신, 삼복, 천렵
	대서(大暑)	7월 22일 또는 23일	더위가 가장 심함	
가을	입추(立秋)	8월 7일 또는 8일	가을의 시작	칠석고사, 백중날, 백중놀이, 호미씻이, 우란분재, 두레길쌈
	처서(處暑)	8월 23일 또는 24일	더위 식고 일교차 큼	
	백로(白露)	9월 7일 또는 8일	이슬이 내리기 시작	벌초, 추석차례, 거북놀이, 강강술래
	추분(秋分)	9월 23일 또는 24일	밤이 길어짐	
	한로(寒露)	10월 8일 또는 9일	찬이슬이 내리기 시작	중양절, 중양제사
	상강(霜降)	10월 23일 또는 24일	서리가 내리기 시작	
겨울	입동(立冬)	11월 7일 또는 8일	겨울 시작	말날, 시제, 성주고사, 김장
	소설(小雪)	11월 22일 또는 23일	얼음이 얼기 시작	
	대설(大雪)	12월 7일 또는 8일	큰 눈이 옴	동지, 동지고사, 동지차례
	동지(冬至)	12월 21일 또는 22일	밤이 가장 긴 시기	
	소한(小寒)	1월 5일 또는 6일	가장 추운 때	납일, 제석, 묵은세배, 나례
	대한(大寒)	1월 20일 또는 21일	큰 추위	

2. 세시풍속

〈참고자료 4-1〉에서 보듯 각 절기마다 주요 세시풍속(歲時風俗)이 있다. 여기서는 주요 풍속이면서 지금도 가족 및 마을 단위로 그 풍습이 행해지고 전수되고 있는 명절인 1월의 설날과 정월대보름, 5월 단오, 한식, 8월의 추석과 11월의 김장, 그리고 12월의 동지에 대해 살펴보자.

1) 설날

설날(元旦, 舊正, the Lunar New Year's Day)은 한 해의 첫날로 '음력 설'이라고도 하는데, 묵은 1년이 지나가고 새해가 시작되는 만큼 새 마음, 새 뜻으로 맞이한다.

설날 아침에는 식구들이 일찍 일어나 세수를 하고 설빔(歲粧: 설날에 입는 새 옷)을 차려입고 조상님께 차례(茶禮)를 지낸다. 차례를 지낸 다음 어른들께 새해인사를 올리는 세배(歲拜)를 하고, 집안 식구들끼리 서로 세배가 끝나면 차례를 지낸 음식으로 조반을 먹은 후 성묘를 한다. 그리고 친척이나 이웃 어른들을 찾아다니며 세배를 한다.

차례를 지낼 때에는 몸을 깨끗이 하고 설빔으로 갈아입은 다음, 종가(宗家)에 모두 모여 차례를 지낸다. 사당이 있는 집은 사당에서 차례를 지내고 그렇지 않은 집은 안방에 차례상을 준비하고 지방(紙榜)을 써서 붙여 차례를 지내는데, 장자(長子)가 제주가 되어 차례를 주도한다. 차례는 3조, 즉 부모(父母)와 조부모(祖父母), 증조부모(曾祖父母)까지 지내고, 그 이상의 선조는 10월에 지내는 시제(時祭)로 대신한다. 제사음식(제수, 祭需)으로는 떡국, 술, 과일, 적, 편 등을 올리며 술은 약주를 쓴다. 설날에 지내는 차례는 떡국(rice dumpling soup)을 주식으로 지내기 때문에 이때에 메(밥)는 짓지 않는다.

세배(歲拜, the New Year's greeting)는 일가친척 중에서 나이가 많고 항렬(行列)이 높은 어른에게 먼저 드린다. 세배한 사람이 어른일 때는 술과 음식을 내놓고 아이들에게는 과자와 세뱃돈을 주고 덕담을 건네는 풍습이 있다. 설날에 차례를 지내기 위해 또는 세배 오는 손님을 위해 준비하는 여러 가지 음식을 '세찬(歲饌)'이라고 한다. 세찬의 으뜸가는 음식은 떡국이다. 그리고 설날에 먹는 술은 '세주(歲酒)'라고 하는데 이날 세주를 마시면 1년 내내 몸이 건강하다는 이야기도 있다.

세배 후 성묘(省墓)를 한다. 산소에 가서 인사를 드리고 묘 주위에 이상이 없는지 확인하고 살피는 의식으로, 돌아가신 조상에게 인사를 드리는 것이다. 이때에는 차례 때 쓴 제수(祭需) 이외에 주과포(酒果脯)를 준비하여 성묘하는데, 가장 윗대 산소부터 차례로 성묘한다.

설날 아침에는 그 전날인 '섣달 그믐날' 자정이 지나면 다니기 시작하는 복조리 장수의 '복조리(福笊籬)'를 사라고 외치는 소리를 들을 수 있다. 조리는 죽목(竹木)을 가늘게 쪼개어 만든 것으로 쌀을 이는 도구이지만, 1년 동안 필요한 조리를 원일(元日) 새벽에 사 놓으면 1년 내내 복이 들어온다 해서 '복조리'라고 한다. 복조리는 1년 동안 쓸 수 있도록 여러 개를 사서 대청이나 방문 위에 달아 두기도 한다.

정초 놀이로는 '윷놀이'와 '연날리기'가 있다. 윷놀이는 남녀노소, 빈부귀천 없이 모두 즐길 수 있는 놀이다. 연날리기는 집밖인 마당이나 들에 나가 노는 놀이다. 연은 대나무 살에 여러 가지 모양의 창호지를 붙여 만들며, 모양에 따라 '방패연', '치마연', '가오리연', '꼭지연', '반달연'이라 불렀다. 방패에 감긴 실을 바람의 방향을 타고 감았다 풀었다 하며 노는 놀이인데, 연이 끊어져 날아가면 그해의 재앙이나 액(厄)을 연에 실어서 날려 보냈다고 한다.

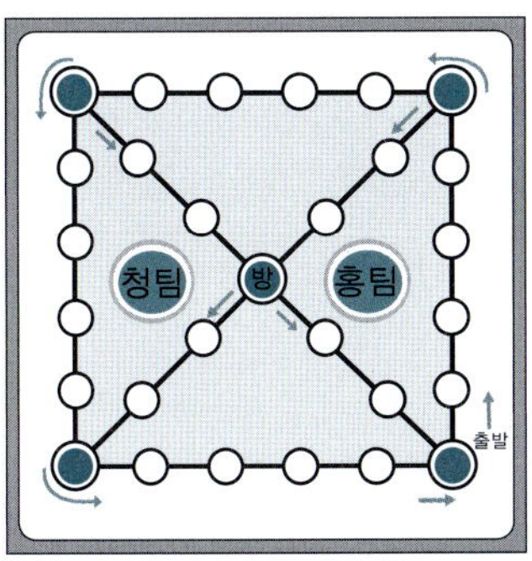

〈그림 4-1〉 윷판

2) 정월 대보름

정월 15일은 1년 중 가장 큰 보름달을 볼 수 있다고 한다. 이날 밤에 대보름달을 먼저 보는 사람에게는 행운이 있다 하여 사람들은 저녁을 일찍 먹고 산이나 언덕에 올라가서 달맞이를 하며 소원성취를 빌곤 한다.

대보름날 이른 아침에는 호두, 잣, 밤, 은행 등 딱딱한 과실을 깨무는 풍속이 있는데, 이를 '부럼[腫果]'이라고 한다. 이 부럼을 깨물어 처음 것은 문을 열고 밖으로 던지면서 "부럼이요~" 하고 소리를 지르면 1년 동안 부스럼이 나지 않고 아무 병 없이 건강하게 지낼 수 있다고 믿었다. 정월 대보름에는 다섯 가지 곡식으로 짓는 오곡밥(五穀飯)을 먹는다. 찹쌀에 쌀, 보리, 조, 콩, 기장 등을 섞어 밥을 지으며 밤이나 대추를 넣기도 한다. 이 오곡밥과 함께 김이나 묵은 나물에 밥을 싸서 먹으면 여름에 더위를 타지 않는다고도 하며, 한 해 동안 복을 받는다고도 한다. 그리고 '귀밝이술(이명주, 耳明酒)'이라 하여 청주 등을 조금씩 마시면 노인들은 귀가 밝아지고 젊은이들은 귓병에 걸리지 않고 귀가 밝아지며 한 해 동안 기쁜 소식만 듣는다고 한다.

대보름 전날과 대보름날에는 논두렁과 밭두렁에 불을 놓아 태우거나 양철통에 나무를 잘게 잘라서 넣고 불을 지피어 원을 그리며 돌리면서 노는 '쥐불놀이'를 한다. 이 놀이는 논밭의 해충을 없애기도 하고 다음 해 농사의 거름 역할도 한다.

3) 단오

음력 5월 5일은 단오(端午, the Dano)로 5월의 대표적인 풍속이다. 농경사회에서는 이날 풍작을 기원하는 제사를 지냈다. 각 가정에서 수리치떡이나 쑥떡을 해서 먹는다.

단오제(端午祭)는 강릉지역이 유명한데, 강릉 인근 마을 사람들은 이날 대관령의 서낭신[성황(城隍)신을 일컫는 말로, 마을을 지키는 신을 이렇게 부름]에게 성대하게 제사를 지내며 대관령을 지나다니는 사람들의 안전을 기원하고 그해의 풍작과 풍어를 기원했다. 지금도 '강릉단오제'는 중요무형문화재 제13호로 지정되어 해마다 주민의 향토제로 성대하게 치러진다. 그리고 단오에는 익모초(益母草)와 쑥[艾]을 뜯어 말려 두었다가 약으로 사용하는 풍속이 있다. 익모초는 산모의 몸에 이롭고, 여름에 익모초 즙을 마시면 식욕을 돋우어 준다고 하여 흔히 사용했다. 또한 단옷날 이른 아침에 쑥을 베어서 다발을 만들어 문 옆에 달아 두면 재앙을 물리친다고도 하며, 여름에는 모깃불로 사용하기도 한다.

단옷날의 놀이로는 '그네뛰기'와 '씨름'이 있다. 그네뛰기는 주로 여성들의 놀이로, 한복을 곱게 차려입은 부녀자들이 치마폭을 바람에 날리며 하늘로 치솟는 모습은 참으로 아름답다. 특히 처녀들의 외출이 금지되었던 옛날에 이날만은 젊은 여성들이 모여 들판에서 그네를 뛰는 것이 허용되었다. 지금도 단옷날이 되면 전국 곳곳에서 그네를 가설해 놓고 그네뛰기 대회를 열고 있다. 단옷날 남자들의 놀이로는 씨름이 있다. 넓은 마당이나 백사장 또는 잔디밭에 모래를 깔고 서로의 힘과 슬기를 겨루는 놀이이다. 씨름은 역사적으로 매우 오래전부터 행하여 온 놀이로서 서민적이며 씩씩한 운동 중의 하나로, 씨름대회에서 우승한 사람은 '천하장사'라고 부르며 황소를 상으로 주는 것이 관례이다. 오늘날도 단오 때면 전국 여러 도시에서 씨름대회가 열린다.

4) 추석

음력 8월은 봄, 여름에 씨 뿌려 가꾼 농작물이 풍성하게 무르익어 황금물결로 설레게 하는 계절이며, 춥지도 덥지도 아니하여 논밭의 곡식을 거둬들이기에 즐겁기도 하고 바쁜 달이다.

음력 8월 15일을 추석(秋夕, *Chuseok*, the Korean Thankgiving Day), 중추절(仲秋節), 한가위라 부른다. 오랜 옛날부터 정월 명절과 더불어 제일 큰 명절로, 이때는 가을 추수가 끝나 햇곡식과 햇과일이 풍성한 시기이다. 추석에는 수확한 햅쌀로 지은 밥을 토란국과 함께 준비하여 송편, 신도주(新稻酒: 햅쌀로 빚은 술), 햇과일과 함께 조상께 수확의 기쁨을 추석차례로 알린다. 차례를 지낸 후 온 일가친척이 둘러앉아 음복(飮福: 제사지낸 술과 음식을 나누어 먹는 것으로, 신에게 바쳤던 술이나 음식을 나누면 신이 내린

축복을 함께 받는다고 하였음)을 하고, 아침을 먹은 다음에는 따로 준비한 음식을 가지고 조상의 산소를 찾아 성묘(省墓, visit to one's ancestor's grave)를 한다. 지금도 추석이면 고향의 산소와 친지를 찾는 귀성객으로 교통이 마비될 정도로 성묘객의 행렬이 줄을 잇는 한국의 대표적인 가족문화의 한 모습이다.

추석 전에 조상의 산소를 찾아가 여름내 자란 우거진 잡초와 잔디를 낫으로 베는데, 이를 '벌초(伐草, weed a grave)'라고 한다. 벌초는 1년에 두 번, 즉 봄철 한식 전과 가을 추석 전에 한다.

〈참고자료 4-2〉 명절 상차림-너무 형식에 매이지 마라

23만 8,432원. 추석 상차림에 필요한 36개 품목을 기준으로 하여 뽑은 올해(2013년 8월 기준) 표준비용이다. 그러나 맛 칼럼니스트 황교익은 "음력 8월에는 그 상차림에 필요한 식(食)재료들이 제철음식이 아니기 때문에 그런 식품을 구태여 사용할 필요가 있을까요?"라고 문제를 제기하였다.

제사상에 밥, 국, 송편, 유과, 대추, 밤 등이 올라가야 한다는 법도는 언제 만들어진 것일까? 이런 의문에서 황 선생님은 유교식 법도의 모본(母本)인 『주자가례』를 보아도 대분류 과일, 포, 소채 등만 있을 뿐 구체적 품목은 없다고 하시면서 상차림 준비 시 '조율이시'니 '홍동백서'니 하는 형식에 구애받지 말라고 권고한다.

그럼, 지금 우리는 명절 상차림에 대해 어떤 입장을 취해야 할까? 상업화로 온 가족이 흩어져 살 수밖에 없는 이 대한민국에서는 명절이나 제사는 다 같이 모여 밥을 같이 먹는다는 것만으로도 의미가 있다. 그래서 황교익은 그 가족들이 좋아하는 맛난 것으로, 제철 식재료로 그 가족의 형편에 맞추어 제사상을 차려도 된다고 우리를 위로해 준다. 조선 후기 유학자 유장원이 정리한 유교식 예법을 정리한 『상변통고』에는 이런 글이 있다고 한다. "무릇 천신하는 새 음식이 제 절기에 맞지 않는 것이 많아……(중략) 제사를 받듦에는 모름지기 철에 맞추어 올려라."

출처: 〈조선일보〉, 2013.9.14.

추석의 놀이로는 '달맞이'와 '강강수월래'가 있다. 한가위는 정월 대보름과 함께 만월(滿月)의 명절이다. 저녁이 되면 가족들과 먼 곳에서 온 친척, 이웃끼리 모여 솟아오르는 둥근 달을 바라보며 소원을 빈다. 이날은 반원형의 송편을 만들어 먹는다. 강강수월래는 전라남도와 경상남도 남해안 해안 지방의 민속놀이로, 추석빔으로 곱게 단장한 여성 수십 명이 모여 서로 손을 잡고 둥글게 원을 만들어 뛰면서 노는 민속놀이다. 추석의 대표적 음식으로는 송편, 토란탕, 배숙이 있다.

〈참고자료 4-3〉 추석의 의미와 형식

추석은 설, 단오와 함께 우리나라 3대 명절 중의 하나이다. 추석은 음력 8월의 가장 가운데 날로, 오곡이 무르익고 온갖 과일이 풍성한 결실의 감사함을 표시하는 날이다. 예부터 우리 조상은 1년 내내 농사짓고 추수한 햇곡식과 과일로 조상에게 그 보살핌에 대한 감사함을 차례라는 형식으로 지내고, 그런 다음 친척이나 이웃들과 음식을 서로 나누어 먹으며 즐거운 시간을 보냈다고 한다.

- 추석의 의미: 감사함의 나눔이다.
- 추석의 상징: 추석이 지니고 있는 전통적 상징성으로는 음식이 있다. '추석' 하면 떠오르는 것은 '송편'이다. 그래서 추석 상에는 반드시 여러 색깔의 송편을 올린다. 그 외 추수한 햇곡식으로 만든 밥과 술을 올리기도 한다. 추석날만의 특별한 의상은 없지만, 현대에 와서 우리는 추석날이나 설날에 아름다운 한복을 입어 명절의 전통성을 기린다.
- 추석과 가족: 명절을 함께 보내기 위해 가족들이 모인다. 가족들이 모이게 되면 자연히 음식 준비 등 누군가가 해야 할 노동이 발생한다. 제사 준비도 물론이다. 그러나 이런 일들로 인해 가족이 서로 만나기를 회피한다는 것은 장기적으로 가족관계의 유대감이나 공동체 의식의 함양 등에 부정적 영향을 준다. 형제들이 서로 잘 의논하여 노동과 경비를 합리적으로 분담하여 최대한 가족애가 유지될 수 있도록 노력함이 필요하다. 추석이라는 명절을 통해 가족 결속을 다지고, 가족의 근원을 알고, 서로 감사함을 나누는 추석이 지닌 본래의 의미를 잊지 않으려고 노력한다면 세월이 지나면서 우리는 가족과 함께 성장해 갈 것이다.

특히 가족생활주기별로 볼 때, 신혼기는 서로의 가정풍습을 익히는 기회가 되고, 아동기와 청소년기는 명절을 재미와 가족잔치로 받아들이면서 화기애애한 명절을 통해 경쟁적 현대교육이 간과하고 있는 인간미를 습득한다. 청년기는 어린 조카들을 통해 인간발달에 새삼스레 관심을 가지고 성인으로 다양한 가정노동들의 관리 기술을 터득하게 되어 생활인으로 성장하게 된다. 중년기 가족은 윗세대인 노부모의 부양과 아랫세대인 자녀들을 보살핌으로써 때로는 힘들기도 하다. 노인들은 손자녀들과 만나 세대 간의 다른 경험들을 나눌 수 있어 지루한 일상에서 벗어나 어른의 감흥을 느끼는 기회이기도 하다.

출처: 저자의 수업에서 '가족의례로서의 추석'에 대한 어느 대학생의 과제에서 발췌하였음

5) 김장

음력 10월은 입동(立冬), 소설(小雪) 절기가 들어 있고 겨울에 접어드는 계절이다. 이 시기에는 수확에 대한 감사의 인사를 드리는 추수감사와 조상께 올리는 시제(時祭)가 있다. 특히 농사의 가을걷이와 타작이 끝나면 김장과 메주 쑤기(간장, 된장 만들기 준비)로 바쁘다.

겨울 동안 먹을 김치(*Kimchi*)를 한꺼번에 담그는 것을 '김장(*Kimjang*)'이라고 한다. 김장을 담그는 적당한 시기는 입동 전후였는데 요즈음엔 겨울철에도 비닐하우스 재배로 얼마든지 푸른 야채를 먹을 수 있게 되어 김장의 양도 많이 줄었고, 담그는 시기도 조금은 불분명해졌다. 시장에서 파는 김치 등도 있어 담그는 양은 줄었지만 그래도 겨울 동안 먹을 김장을 하는 풍속은 여전히 남아 있다.

김장의 종류는 재료와 담그는 방법에 따라 이름을 달리하여 김치, 장아찌, 절임, 깍두기, 동치미, 짠지, 식혜 등으로 무려 60여 종류가 넘는다. 김치 담그는 데 사용되는 주재료는 무, 배추, 오이 등이고 부재료는 소금, 마늘, 고춧가루, 생강, 과일, 파, 생선, 젓갈류 등이 이용된다.

6) 동지

동지(冬至, the winter solstice)는 24절기 중 22번째에 해당하는 절기로, 양력으로는 12월 21~22일경으로 1년 중 밤이 가장 길고 낮이 가장 짧은 날이다.

동짓날에는 많은 가정에서 찹쌀가루로 새알심(鳥卵心)을 넣어 동지팥죽을 쑤어 먹는다. 팥죽(rice and adzuki-bean porridge)을 끓여 안방, 마루, 부엌, 장독대, 변소, 광, 대문 등에 한 그릇씩 놓았다가 동지시(冬至時: 그날의 해가 떨어지는 일몰 시각)가 되면 대문이나 담벼락에 뿌린다. 이렇게 하는 것은 팥죽이 액을 막고 잡귀를 없애 준다는 데서 나온 것이라고 할 수 있다. 이날 팥죽 속의 새알심을 자기 나이만큼 먹는 풍습이 있다.

동지 팥죽은 이렇게 만든다. 쌀을 씻어서 2시간 동안 물에 충분히 불린 후 소쿠리에 건져 물기를 뺀다. 팥은 씻어서 냄비에 담고 잠길 정도로 물을 부어 끓인다.

끓어오르면 바로 물만 따라 버리고 다시 물을 적당히 부어 푹 무를 때까지 삶아야 쓴맛이 없다. 삶은 팥을 나무주걱으로 대강 으깨어 체에 물을 조금씩 부으면서 걸러 껍질을 버리고 앙금을 가라앉힌다. 미리 준비해 둔 찹쌀가루에 뜨거운 물을 붓고 소금을 약간 타서 익반죽하여 새알심 또는 옹심이를 동그랗게 만든다. 냄비에 팥을 거른 윗물만 따라서 붓고, 불린 쌀을 넣고 저으면서 쌀이 완전히 퍼질 때까지 끓인 다음 팥앙금을 함께 넣어 저으면서 잘 어우러지게 끓이다가 새알심을 넣어 떠오르면 소금으로 간을 맞춘다.

이 외 이 절기에 먹는 음식으로 엿강정(콩, 견과, 흑임자, 들깨, 참깨, 실백 등을 볶아서 엿으로 뭉친 것)과 냉면, 식혜, 수정과, 인절미, 비빔밥 등이 있고, 놀이로는 폭죽(爆竹)놀이, 제기차기가 있다.

〈참고자료 4-4〉 전통 놀이들

폭죽놀이: 그믐날 밤 자정 무렵 마당에 불을 피운 후 청죽(靑竹)을 꺾어서 불에 태운다. 그러면 청죽 마디가 딱딱 소리를 내며 요란스럽게 타는데, 이를 '폭죽' 또는 '대불놓기', '대총'이라고 한다. 이런 풍속이 정월 초하룻날까지 이어져 이날도 아이들은 딱총을 가지고 논다고 한다. 이렇게 하면 집안에 있던 악귀(惡鬼), 사귀(邪鬼)가 폭죽소리에 놀라 달아나게 되므로 집안이 두루 무사태평하게 된다고 믿었고, 한편 푸른 댓잎이나 익모초 줄기를 묶어 비를 만들어서 문지방을 두드리거나 "매귀(埋鬼)를 쫓아내라"고 하면서 문밖으로 쫓는 시늉을 하는데, 이는 악귀를 몰아내는 것이다. 그렇게 함으로써 신성하게 새해를 맞이할 수 있다고 믿었다.

제기차기: 우리나라의 고유한 놀이로서 남자아이들이 겨울철에 마당이나 공터에서 즐겨 놀던 놀이다. 가운데 구멍이 뚫린 엽전이나 구멍이 뚫린 쇠붙이에다 창호지나 미농지를 싸서 종이의 두 끝을 구멍의 같은 방향으로 꿰서 끝을 여러 가닥으로 찢어서 만드는데, 그 길이는 약 10cm 정도이다. 제기는 땅에 떨어뜨리지 않고 계속해서 많이 차올리는 편이 이긴다. 제기를 차는 방법은 한 발을 땅바닥에 고정시키고 다른 한 발을 안쪽 옆으로 차올린다.

지금까지 전통적으로 전해 내려오는 우리나라의 주요 절기문화와 세시풍속에 대해 살펴보았다. 이런 생활풍습들은 다소 약화는 되었지만 그래도 한국인의 일상생활 속에 여전히 남아 있다. 시즌에 맞추어 가족이 함께 음식을 준비하면서 나누고, 함께 즐기는 유쾌한 시간을 가지려고 노력하면 가족관계가 세대통합을 이루면서 더욱 건강해지리라 본다.

3. 가족의례의 방향

가족의례(family ritual)란 출생, 성장, 독립, 결혼, 죽음 등이 포함된 일련의 생애과정적 의례로 사회문화적 배경에 따라 그 의례의 형식은 변화된다. 아무리 의례가 간소화된다 하더라도 전통적 형식을 지키려는 윗세대들의 가치는 쉽게 사라지지 않아 세대갈등이 나타나기도 한다. 그리고 의례를 치르는 것이 번잡하고 직장 일에 찌든 현대인들에게는 힘들고 불편할 수도 있다. 실제로 '명절증후군'이라 하여 명절을 전후하여 가사노동에 힘들어하는 여성들이 스트레스를 받고 있음을 나타내 주는 현상도 있다.

그러나 기쁜 날은 축하하고, 슬픈 날은 서로 위로하며, 가족이 단란함과 나눔을 실천하는 한 가지 방안으로 가족의례와 세시풍습을 따라가는 것만큼 쉽고 일반적인 방안도 없다. 그래서 형식은 가볍게 하되, 그 형식에 들어 있는 삶의 의미들을 잘 깨쳐 지혜롭게 이 의례와 절기를 중심으로 즐거운 가정생활을 해 나갈 수 있다면 좋을 것이다.

1) 가족의례의 방향

가족의 화합과 친밀감을 증진하기 위하여 가족의례는 현명하게 활용되어야 하고, 그 가족환경에 맞게 새롭게 창출될 수도 있다. 그래서 다양한 가족의례 만들기를 위한 몇 가지 지침을 제시하고자 한다(Doherty, 1997; 정현숙 · 유계숙, 2001).

첫째, 가족의례의 필요성, 가치, 목적 등에 대해 가족구성원들의 의견이 일치하도록 논의하는 시간이 필요하다. 가족의례에 대한 구성원들의 의견이 다르면 제대로 기능할 수 없을 뿐 아니라 특정 구성원 혼자서 수행을 떠맡는 경우가 발생하고, 가족 내에 고질적인 갈등과 긴장을 불러올 수도 있다. 명절을 시가나 친가 어느 쪽 부모님과 지낼 것인지, 자녀의 졸업식을 가족이 함께 축하하기 위해 어떤 이벤트를 만들 것인지, 결혼 25주년이라는 은혼식을 특별히 보내기 위하여 어떻게 부모님을 축하해 드릴 것인지 등에는 분명히 가족의 대화와 협조가 필요하다. 그래서 가족의례에 대한 가족구성원들의 참여와 협조에 대한 기대를 분명히 한다. 가족구성원들은 모든 가족의례에 대하여 무엇을, 언제, 어떻게 하는지 알고 참여할 수 있어야 한다.

둘째, 많은 가족구성원이 가족의례의 계획과 수행에 참여할수록 가족의례는 그 의미를 더할 것이다. 대화를 통해 의례의 필요성, 가치(의미) 등에 생각을 같이하였다면 그다음은 구체적 실천 방안들을 모색하여야 한다. 가족의 형태, 가족의 인적 특성, 경제적 여건, 가족의 전통 등을 고려하여 가능한 한 많은 가족구성원이 참여토록 한다. 이혼과 재혼 등으로 가족구성에 변화가 있는 가족의 경우, 헤어진 사람들과 만나볼 수 있는 명분이 되기도 하고, 새로이 가족으로 편입된 사람이 있는 가정의 경우에는 유대감을 증진시킬 수 있는 기회로 활용할 수 있다.

셋째, 가족의례는 가족과 함께 성장하도록 한다. 예를 들면 자녀들이 성장함에 따라 보다 많은 개인 시간과 자유를 요구하면 가족의례의 비중을 줄이는 등 가족생활주기에 따른 변화를 수용해야 하며, 가족의례로 인하여 가족관계나 가족생활에 문제가 생겼다면 수정과 대체, 때로는 중단이 필요하다. 청소년 자녀들의 축하는 때로는 친구들을 포함하여 베풀어 주어야 하며, 결혼기념일엔 부부만의 새로운 밀월시간을 갖도록 하여 결혼생활에 활력을 주면 좋을 것이다.

넷째, 윗세대로부터 전해 내려오는 의미 있는 전통은 계승 · 발전시키며, 의례수행 중 다음 세대로 전달될 수 있는 문제(예: 알코올중독 등)가 발생하는 가족의례는 그 문제와 의례를 분리시킨다(예: 명절 때 술 마시지 않기). 그 집안의 손맛(음식 맛. 예를 들면 간장과 장맛, 김치 등)이 우수하다면 가족들이 그 손맛을 전수받는 형식을 창출하는 것도 좋다. 그러나 명절 때마다 모이기만 하면 언쟁하는 등의 묵은 가족불화가 드러나는 경우에는 명절을 보내는 방법(형식)에 변화가 필요하며, 해결되지 않는 가족

문제는 친족 간의 충성과 심리적 보상(위로 등) 등으로 해결하는 방법이 활용되면 좋을 것이다.

다섯째, 자신의 가족을 위한 새로운 의례를 개발하고 이를 활성화시킨다. 예를 들면 신혼부부는 양가의 의례를 그대로 수용하기보다는 자신들에게 맞는 새로운 의례를 창출할 필요가 있다. 그리고 의례가 특별히 없는 가정의 경우(생일잔치를 하지 않는 가정이라든가, 축하의례가 아주 드문 가정), 가족의례를 통해 가족유대감과 가족결속력을 더욱 높이고 싶다면 새로운 그 가족만의 의례 창출이 필요하다. 특별한 그릇이나 음식으로 상징화하면서 촛불, 풍선 등을 오브제로 곁들인다면 아름다운 의례를 새롭게 만들 수 있으며, 반드시 그 속에 가족의 가치, 의미 등을 새겨 넣어야 한다(Wolin, 1984).

2) 새로운 가족의례 만들기

새로운 가족의례는 일상적인 것에서 출발하여 특별한 활동으로 나아간다. 새로운 가족의례 만들기는 단계별로 이런 일들에서 가능하다.

(1) 발달단계에 따라 나타나는 성장에 의미 부여하기

백일, 첫돌, 초등학교 입학식, 고등학교 졸업식 등은 자녀가 있는 가정에서는 아주 즐거운 날이 될 수 있다. 더 확장해서 보면 성년식, 결혼식 등도 온 집안 전체가 축하해 주는 기쁜 날이다.

이런 성장과정에서 나타나는 사건마다 가족이 정서적 · 신체적 · 영적으로 어떻게 접촉하는가에 따라 가족의 성격이 정해진다(Fiese, 1993). 이런 순간들에 의도적으로 의미를 부여하며 가족이 함께 마음을 나눌 때 그 가족의 내면은 결속력이 증가하며, 이런 행동이 반복되면 점점 의례화하게 된다. 그러면 그 가족들만의 독특한 의례문화가 만들어진다. 예를 들면 어떤 가족은 자녀들 생일에 꼭 가는 음식점이 있다고 한다. 그리고 그날 주인공은 특별한 은(銀, silver)잔에 음료를 받으며, 가족 개개인의 축하메시지를 받은 후, 반드시 응답(자신의 감정, 자신의 소감 등)한다고 한다. 이런 가정에서 자란 자녀는 어릴 적에는 비록 미숙하겠지만 성장하면서 가족들과 스스로에게 자신이 어떻게 살겠다는 맹세를 이야기한 결과가 되어 자신을 믿고 노력하는 사람이 될 가능성이 높다(Gottman, 2006).

(2) 그 가족만의 특별한 의례 만들기

사회가 현대화됨에 따라 오랜 기간 유지되어 온 공동체 사회가 축소되고 있지만, 그래도 명절은 유일하게 공동체 풍습이 유지되는 미풍양속으로 남아 있다. 특히 추석과 설은 2대 명절로서 민족의 대이동이 이루어지는 국가적 의례이다. 뿔뿔이 흩어져 사는 가족들은 명절을 통하여 모처럼 만나 유대감을 확인하고, 조상과의 연계를 새롭게 깨닫는 기회로 삼는다. 명절의 이 같은 본뜻을 살리기 위해서는 가능한 한 많은 가족구성원이 명절에 함께 참여하고, 모두에게 즐거운 시간이 되어야 한다.

그러나 한국의 명절문화에는 개선되어야 할 점이 있다. 이 명절이 1년 중 가장 강도가 높고 많은 양의 가사노동을 만들고 있으므로 남녀 구별 없이 함께 시장을 보고, 음식을 준비하고, 뒤처리도 함께하는 즉 가사노동을 나누는 가족문화가 조속히 안착될 필요가 있다. 그리고 지나치게 형식에 매여 그 의례의 본디 의미와 가치를 잃어버리고 있지는 않은지 점검이 필요하다. 그 가족의 형태와 특성에 맞게 그 가족 나름의 의례를 창출하는 것도 훌륭한 가족문화이다. 함께 의논하여 그 가족만의 독특한 절기문화와 가족문화를 만들어 보는 것도 의미 있는 일이다. 마지막으로 남의 시선을 의식하여 자신의 분수에 맞지 않는 과비용의 의례를 펼치는 것은 개선되어야 할 점이라고 본다.

생각해 봅시다

1. 입춘대길(立春大吉), 송구영신(送舊迎新) 등의 글귀를 정성들여 적어서 대문이나 현관문에 붙여 보자. 이런 글귀를 통해 우리 가족이 소망하는 바는 무엇인지 조사해 보자.

2. 조별로 나누어 우리나라의 많은 세시풍습과 관련된 사진을 찾아보고, 그런 풍습이 생기게 된 유래, 각 지방의 특색 등에 대해 조사해 보자. 특히 지방별로 김치 만드는 방법이 어떻게 다른지 정리해 나누어 보자.

3. 각 가정에서 큰 명절인 설과 추석을 어떻게 지내고 있는지 나누어 보자. 그 가족만의 독특한 의례문화가 있는지 살펴보고, 그런 세시풍습을 통해 우리의 가족생활에는 어떤 반성·성찰을 이야기할 수 있는지를 토론해 보자.

더 볼거리

◈ '명절음식 만들어 보기' 추천도서

가례원 글 요리. **명절밥상과 차례상**. 국일미디어. 2007.
한복선. **명절음식**. 대원사. 1990.

◈ 박물관 견학과 교육에 참가하기

우리나라에는 약 150여 개의 생활박물관이 있다. 이 생활박물관에 2013년부터 교육사(educator)가 배정되어 다양한 박물관 교육을 실시하고 있다. 예를 들면 '짚풀생활사박물관' 같은 곳에서는 미술교육전공사가 있어 짚풀과 현대 공예 만들기를 접목시켜 어린이들에게 한국문화를 전달하는 교육을 실시하고 있다. 지역에 있는 수많은 특수전문박물관 중 의식주생활을 주요 주제로 삼고 있는 박물관을 견학해 보고, 그곳에서 실시되는 교육에 참가해 보자.

CHAPTER 5

의식주생활문화

옷과 먹거리, 그리고 집을 일컫는 '의식주(衣食住)'는 생명유지에 없어서는 안 되는 일상생활의 가장 기본이다. 예부터 의식주는 자연환경에 기초하여 만들어졌으며, 오랜 시간 그 민족과 국가의 자연스러운 문화로 정착되면서 형성되었다. 한국의 의식주문화도 3면이 바다로 둘러싸여 있는 한반도의 지리적 · 기후적 · 토양적 환경에서 시작되면서 여기에 역사적, 사회문화적, 그리고 정치경제적 제 조건이 가미되어 형성된 것이다(이규태, 1991).

우리는 예부터 현명한 조상 덕분에 21세기의 관점에서 볼 때 세계 제일의 먹거리라고 칭해지는 웰빙(well-being) 식단인 한식(韓食, Korean Foods)과 아름다운 한복(韓服, Korean Dress)을 가지고 있다. 한국 주거문화의 특성인 온돌(溫突, *Ondol*)은 좌식(坐食)생활에 적합한 형식으로 역시 세계적으로 주목받아 온 주거양식이다.

이 장에서는 먹거리, 입거리, 그리고 살림터 문화에 관한 우리의 전통적 특성을 간단히 살펴보고, 보다 건강하고 바람직한 의식주생활을 위한 제언들을 정리하고자 한다.

1. 의생활

1) 의생활문화

의복(衣服, 옷, clothes)은 우리의 신체를 보호하며 자신을 표현하는 중요한 도구로 옷과 장신구 등을 말한다(유송옥 외, 2008). 사람들은 자신이 속해 있는 집단문화에 맞게 의복을 착용한다. 현대인들은 다양한 방법과 형태로 옷을 통해 개성을 표현하려고 애쓰며 자신에게 어울리는 개성 있는 옷을 선택하려고 노력한다. 여기에서는 한국의 의생활문화를 먼저 살펴보고 한국의 전통의상에 대한 정보를 제공하고자 한다.

의생활(衣生活, clothing habits)이란 우리가 어떻게 의복을 착용하고 관리하는가에 관련된 가장 기본적인 생활 기능(生活機能)의 하나이다. 인체를 외부로부터 보호하고 체면과 예의를 갖추며 장식효과를 가지는 의복과 장신구 외에도 가발, 문신, 화장이나 향수 등을 모두 포함하는 복식양식과 이와 관련된 생활 전반을 일컫는 포괄적 개념이다(김선희 외, 1996).

그에 비해 의생활문화(衣生活文化, clothing culture)란 의복을 통해 나타나는 개인과 사회(집단)의 삶의 양식과 가치체계를 말하는 총합적 개념이다. 정치, 경제, 과학, 예술, 문학, 종교, 도덕 등 인류문화의 모든 측면과의 상호작용 속에서 변화와 발전을 거듭해 왔으며, 특히 20세기 이후 대량생산에 따른 기성복 산업의 활성화, 여성 의식 변화, 음악과 미술을 비롯한 각종 예술 사조와 대중매체, 인터넷 등의 발달에 따라 의생활문화가 복잡해지고 그 변화 속도는 더욱 빨라지고 있다(김양희 외, 2012).

(1) 의생활문화와 유행

특정 시기에 많은 사람들이 수용하는 '행동과 의복을 포함한 삶의 양식'의 지속적인 변화과정을 '유행(流行, fashion)'이라 한다(김선희 외, 1996). 특히 어떤 특정한 감각이나 스타일의 의복 또는 복식품은 집단적으로 일정한 기간에 유행하면서 받아들여지는 특성을 가지고 있다. 이런 유행, 즉 패션을 통해 알 수 있듯이 의복은 사회계층의 변화, 종교, 교육수준의 향상, 가치관과 관심 분야의 변화, 경제발전과 부의 확산, 정치적 이념의 변화나 피복 재료와 대량생산 기술의 발달, 교통과 대중매체의 발달 등에 의해 끊임없이 영향을 받는다.

새로운 스타일이 소개되고 전파되어 절정에 이른 다음 쇠퇴하고 소멸하여 다시 새로운 스타일이 나타나는 과정을 '유행주기(fashion cycle)'라 한다. 유행주기의 모양은 파도에 비유되어 처음에는 천천히 솟아올라 최고조에 이르렀다가 급속히 떨어지는 곡선을 그린다(그림 5-1 참조). 즉 유행주기는 새로운 스타일을 시도하는 유행 선도자들에 의해 시작되어(소개기), 패션 전문지나 미디어를 통해 소개되어 유행을 따르려는 집단이 늘어나고(상승기), 점점 대중적으로 받아들여지다가(가속기, 절정기) 새로운 유행이 부상하면서(하락기) 사라진다(폐용기). 20세기에 들어와 해외여행의 급증, 인터넷 등 글로벌 미디어의 발달로 인해 패션의 변화가 가속화됨에 따라 유행주기는 점점 짧아지고 있다(김선희 외, 1996).

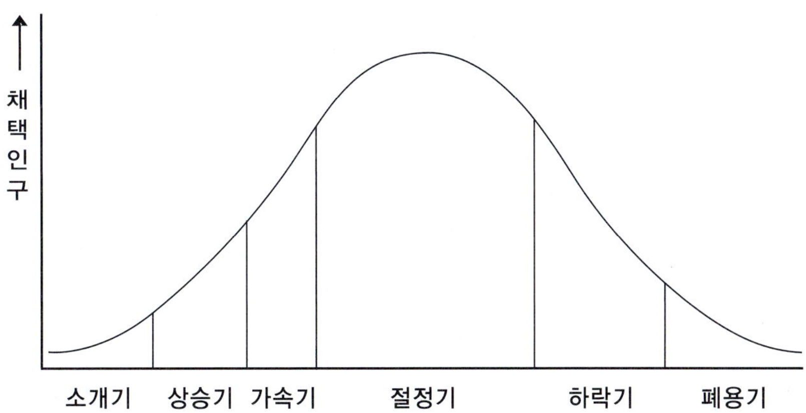

〈그림 5-1〉 유행 확산 주기

출처: 김선희 · 안현숙 · 이해영(1996). 의생활과 패션. 경춘사.

(2) 의생활 계획

계획성이 없고 비경제적인 의생활은 다른 가계 항목의 비용을 침해하고 가계 전체를 곤란하게 하므로 합리적으로 구매하는 의생활 계획이 필요하다. 의생활 계획은 자신의 체형, 지니고 있는 옷들의 종류, 장소와 주제에 맞는 의복 등을 고려하여 설정되어야 한다(김양희 외, 2012).

① 나의 체형은?

옷을 바르게 입기 위해서는 우선 자신의 체형(body figure) 파악이 중요하다. 어떠한 체형이더라도 그것이 크게 문제되지는 않는다. 자신의 체형에 어울리는 옷차림을 연출한다면 체형상의 결점을 감출 수 있고, 이를 통해 균형 있고 멋진 몸매로 보일 수 있다.

② 내가 가지고 있는 옷들은?

올바른 의생활을 영위하기 위해서는 의복의 종류, 재료, 디자인, 성능, 색상, 수량, 시기, 방법, 경비 등을 고려하여 계획한다. 먼저 의복의 현재 소지사항을 확인하여 착용 가능한 것과 착용할 수 없는 것을 구분하고, 착용 부위별, 계절별, 생활시간에 따른 착용복 등으로 나누어 체계적으로 분류한 후, 의복 매수와 활동 상태 등을 조사하여 이를 기초로 의복을 구입하도록 한다. 구입 방법으로는 기성품이나 맞춤복으로 구입할 수 있으며, 직접 제작할 수도 있고, 의복을 물려받거나 전에 입던 것을 고쳐서 사용할 수도 있다.

③ 어떤 옷을 사야 하는가?

의복을 구매하고자 할 때에는 구매하고자 하는 상품에 대한 정보를 TV, 잡지, 인터넷, 통신판매 등 다양한 정보원을 통해 수집하고, 구입제품의 사용 시기와 할인판매 시기를 고려하여 구입 시기를 정해야 한다. 합리적인 의복 구입을 위해서는 TPO(Time, Place, Occasion; 시간, 장소, 주제) 및 5W1H(Who, Whom, Where, What, Why, How)에 따라 계획을 수립하고 필요한 물품의 목록을 작성하는 것이 필요하다. 한

시즌에만 유행하는 아이템이나 액세서리 등의 소품류는 단기간 유행하는 것으로 값싸게 구입하고, 유행을 타지 않는 클래식한 옷은 재질이 좋은 다소 비싼 제품을 구입하여 오래 착용하는 것이 효과적인 의생활을 경영하는 방법이다.

의복을 구매할 때에는 유명 상표에 영향을 받지 말고 자신의 이미지와 체형에 맞는 옷을 선택하여야 하며, 디자인, 가격, 맞음새, 색, 스타일, 외관 및 동작성과 활동성, 소재, 봉제, 부자재 등의 품질, 내구성과 관리성 등을 고려하여 결정하여야 한다.

(3) 의복 관리

의복은 항상 청결하게 보존하는 것이 보건위생상으로나 외관상으로 좋고 내구적인 면에서도 유리하다. 의복정리 및 관리는 의생활 과정 중에서 노력과 시간이 많이 소요되는데, 현대에는 의복 재료가 다양화되면서 가정에서 처리하기 어려운 의복이 증가하기 때문에 의복의 세탁과 손질, 뒤처리 등의 방법, 경비 등을 종합하여 관리해야 한다.

의복은 용도별 · 섬유별 · 착용 부위별로 분류하고 방충 방법, 습도, 온도 등을 고려하여 보관하여야 한다. 사용이 불가능한 의복 중 재생이 가능한 것은 활용하도록 계획을 세우고 사용하지 못하는 것은 처분하도록 한다.

정부는 소비자와 생산자의 공동이익을 보호하기 위하여 '품질경영촉진법(品質經營促進法)'을 제정하고 섬유제품에 대한 상품별 품질표시제도를 규정하고 있다. 따라서 품질표시는 상품의 품질과 용법 등에 관한 소비자의 올바른 이해를 돕기 위해 상품의 제조업자, 판매업자에 의해 자사상품에 기재 또는 첨부된다. 섬유제품 품질표시에는 의류제품의 호칭과 신체치수, 의류 조성섬유 및 혼용률 표시, 특수가공된 제품에 한하여 방수, 발수 및 방염 등의 가공 여부, 의류제품 관리 시 지켜야 할 세탁이나 관리방법 등을 포함한 취급상의 주의 표시가 포함되어 있으며 상품의 품번이나 제조일, 생산업체명, 주소, 전화번호 등 제조업체에 대한 정보가 포함된다.

2) 한국의 전통 의복-한복

어느 나라든 나라마다 특색 있는 전통의상이 있다. 대한민국의 전통의상을 '한복(韓服, Korean clothes)'이라 부른다. 한복은 예부터 전해 내려오는 우리 민족 고유의 의상으로, 그 형태(직선과 곡선의 조화)와 색상에서 한복만의 특성을 지니고 있으며, 디자인 측면에서 아주 우수한 전통의상(traditional clothes)으로 평가되고 있다(유송옥 외, 2008).

한복은 고전의상임에도 불구하고 지금까지 널리 입히고 있으며, 특히 명절이나 결혼식, 축하연 때 주인공을 비롯하여 하객이 입는 의례용 옷이기도 하다. 우리 한복은 단순히 신체를 감싸고 보호하는 기능을 넘어 신분과 생활사건(결혼, 회갑 등)을 보여주는 독특한 상징성도 가지고 있다.

(1) 한복의 상징성

① 사회적 신분

우리나라에서 의복은 전통적으로 사회적 신분(social status)을 드러내는 기능을 지니고 있다. 즉 색과 문양을 이용하여 이런 상징들을 표현하였는데, 예를 들어 양반의 경우, 중앙 관직에 오른 사람의 의상과 그렇지 않은 사람의 의상이 달랐으며, 그중 관직에 오른 문무백관의 관복(官服: 벼슬에 맞추어 입는 옷)은 품계(品階, 직위)에 따라 색깔이 달랐고, 상민(常民, 백성)은 흰색 두루마기만 입을 수 있었다. 혼인 여부도 의복으로 구별되었는데 결혼을 한 여성은 홍색 치마에 연두색 저고리를 입었고, 결혼을 하지 않은 여성은 각각 다른 색의 치마와 저고리를 입었다. 여성이 출산을 하게 되면 남색 치마에 옥색 저고리를 입었는데 저고리의 고름을 자주색으로 하여 남편이 살아 있다는 것을 나타냈으며, 끝동은 남색으로 하여 아들이 있다는 것을 나타내기도 하였다(박명희 외, 2003). 이와 같이 의복만 보아도 그 사람의 사회적 계급과 신분을 충분히 알 수 있는 것이 우리나라 의생활 문화의 특징이었다.

② 의례별 특성

전통적으로 우리 민족은 의례(儀禮, ceremony, rituales)를 중시하였으며 이런 의례에서 예복은 큰 상징성을 나타냈다. 즉 결혼예복, 상례복, 제례복은 각각 디자인이나 구성이 달랐다. 특히 예의와 체면을 나타내는 우리의 생활에서 관혼상제(冠婚喪祭) 시 입는 의례복(儀禮服, ceremonial dress)은 대단히 특색 있는 의복들이었다.

(2) 한복의 구성

예부터 전해 내려오는 한민족 고유의 의복으로 직선과 약간의 곡선이 조화를 이루어 아름다우며, 특히 여자 옷은 짧은 저고리와 넉넉한 치마가 어울려 옷차림이 단정하고 아담하다(참고자료 5-1 참조). 예복(禮服, ceremonial dress)과 평상복(平常服, ordinary dress)이 나뉘어 있으며, 다시 남녀별 성인과 어린이용, 계절별로 나뉜다.

① 남자 한복

성인용 남자 한복(male Korean dress)은 다시 평상복과 예복으로 나뉜다. 평상복으로는 바지 · 저고리 · 조끼 · 마고자를 입고, 여름에는 적삼에 홑조끼를 입었다. 두루마기에 갓이나 관을 쓰기도 하였다. 특히 두루마기는 외출할 때 계절에 관계없이 입었으며, 남의 집을 방문할 경우에도 벗지 않았다.

예복으로 길례(吉禮) · 가례(嘉禮)에 입는 옷이 다르고, 상례(喪禮)와 제례(祭禮)에 입는 옷이 달랐다. 예를 들면, 길례에는 도포 · 중치막 · 두루마기를 입고 갓을 썼으며, 가례에는 흉배를 단 단령복에 각대를 띠고 사모를 썼다. 제례에는 흰 도포나 두루마기를 입고 갓을 썼으며, 상례에는 이에 따른 상복(喪服)이 따로 있었다.

② 여자 한복

성인용 여자 한복(female Korean dress)도 평상복과 예복으로 나뉜다. 평상복의 기본은 저고리 · 치마이며, 그 위에 마고자 · 두루마기를 들 수 있다. 여자 두루마기는 방한용이어서 남자의 경우와 같이 남의 집에 가서도 꼭 입고 있어야 할 필요는 없었다. 그런데 여자 옷의 특징은 속옷의 가짓수에 있다. 하의로는 단속곳, 고쟁이, 너른바지, 어깨허리가 달린 속치마를 입으며, 상의로는 속적삼과 겨드랑이 및 가슴 가리개용 허리띠가 있다.

예복으로 소례복(小禮服) · 대례복(大禮服)이 있고, 상례에는 이에 따른 상복이 있었다. 소례복은 초록색 당의에 화관이나 족두리를 썼으며, 대례복은 다홍색 활옷에 화관을 쓰거나 초록색 원삼에 족두리를 썼다. 저고리는 삼회장저고리이며, 치마는 스란치마(스란단을 부착한 치마) 또는 대란치마(스란단을 두 층 붙인 치마)를 입었는데, 소례복에는 스란치마를 입었다. 이때 저고리는 속적삼 · 속저고리 · 겉저고리 세 개를 겹쳐 입었으며, 치마는 겉치마에 볼륨을 넣으려고 안에 무지기를 입었고, 때에 따라서는 대슘치마까지 받쳐 입었다. 무지기는 허리 부분을, 대슘치마는 아랫도리를 버티어 주었다.

③ 남아 한복

명절이나 돌 또는 기타 행사 때에는 두루마기에 전복(戰服)[2)]을 입히고 복건 또는 호건(虎巾)을 씌운다. 특히 두루마기는 '오방장'이라 하여 5가지 색을 사용하였는데, 대개 연두 길(䩐)에 색동 · 노랑 섶 · 자주 무 · 분홍 안섶 · 남색 깃 · 남색 고름으로 되어 있고, 꽃분홍 안을 받쳤다. 평상복은 어른과 같이 저고리 · 바지 · 조끼 · 마고자이며, 방한을 위해서는 두루마기도 입혔다.

④ 여아 한복

명절이나 돌 또는 기타 행사 때에는 남아와 마찬가지로 오방장을 입히는데, 그것은 연두 길(䩐)에 색동 · 노랑 섶 · 남색 무 · 분홍 안섶 · 자주 깃 · 자주 고름으로 하였다. 평상복으로는 저고리 · 치마에 방한을 위해 배자 · 두루마기 등을 입혔다. 계절별로 겨울에는 솜옷 또는 누비옷, 봄 · 가을에는 겹옷, 여름에는 홑옷 등이 있었다.

2) 전복(戰服, ear shell): 조선시대 군복의 한 가지로 소매가 없고 뒤 솔기가 째진 옷으로, 오늘날에는 어린이들이 명절에 입기도 한다.

〈참고자료 5-1〉 한복의 구성

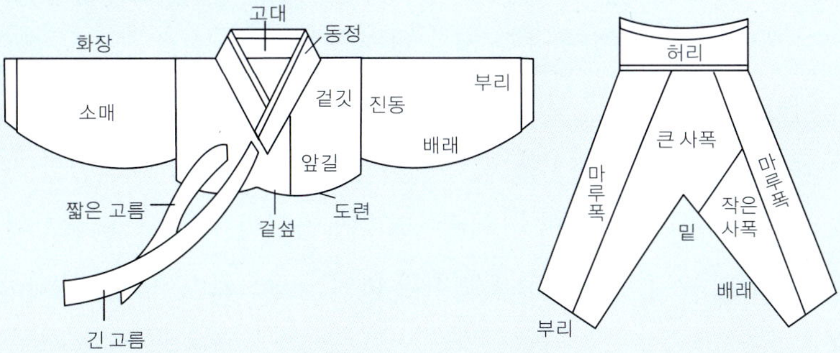

출처: 개인블로그(blog.daum.net/hahaho80/248).

(3) 전통적 관혼상제의 의복들

의례 시 입는 옷으로 관례복, 혼례복, 상례복, 제례복이 있다. 여기서는 현대까지 전해 내려오고, 우리가 흔히 가족의례에서 만날 수 있는 혼례복(wedding clothes)과 상례복(funeral clothes)에 대해서만 살펴보기로 한다.

① 혼례복

신랑은 남(靑)색 관복을 입고 각띠[품대(品帶) 또는 관대(冠帶)라고도 함]를 띠고 벼슬과 품계에 따라 흉배(胸背)를 달았다. 즉 신랑이 입는 두루마기(도포)는 흰색이 아니라 청색이었고, '목화(木靴)'라는 신을 신었다.

신부는 활옷을 입고 족두리를 한 것이 특색이었다. 활옷은 노란색 삼회장저고리를 다홍색 대란치마 위에 입었으며, 대대(大帶: 허리에 차는 넓은 띠)를 띠고 머리에는 용잠(龍簪: 용이 새겨진 비녀)을 꽂고 뒷댕기를 드리웠으며, 칠보화관(七寶花冠)을 썼다. 그런데 조선 영조 때의 가발금지령(加髮禁止令) 이후 얹은머리가 금지되면서[이때부터 쪽진머리(낭자)가 나타났음] 족두리를 쓰게 되었다고 한다.

② 상복

우리나라의 상복은 상중에 있는 상제나 복인이 입는 예복으로, 옷감은 거친 마포(麻布, 삼베, crash)로 만들었으며, 소매는 넓게 하고, 가슴 왼편에는 눈물받이를 달았으며, 허리에는 삼띠를 둘렀다. 머리에는 굴건(屈巾: 머리에 쓴 두건)을 쓰고 대나무로 만든 상장(喪杖, 지팡이)을 짚었으며, 여자의 상복도 거친 마포로 만들었고, 기혼자는 머리에 흰 족두리를 쓰고 미혼자는 머리띠만 둘렀다. 지금도 삼베로 된 상례복을 입기는 하지만, 가격이 비싸고 불편하다 하여 양장으로 많이 바뀌었다(제3장 관혼상제 부분 참고).

2. 식생활

우리가 어떤 음식을 먹는지는 기본적으로 생명유지, 건강, 사회적 관계와 연관되어 있다. 우리는 살기 위해 먹어야 하며, 건강을 유지하기 위해 적절히 먹어야 하며, 나아가 사람들을 만나고 교제할 때 음식(飮食, foods)으로 사회적 교류를 만들어 낸다. 따라서 현대인에게 있어 식생활(食生活, eating habits)은 의식주생활 기능에서 가장 중요하다. 여기서는 건강한 식생활이란 무엇이고, 바람직한 먹거리 문화를 만들기 위해서는 어떤 노력을 해야 하며, 한국의 전통적 식생활과 상차림에 대해 알아볼 것이다(백희영 외, 2004).

식생활문화(食生活文化, foods culture)란 음식을 통해 나타나는 개인 혹은 집단의 삶의 양식과 가치체계를 말하는 총합적 개념으로, 개인별 · 가족별 · 국가별로 독특한 식생활문화(음식문화)가 있다. 한국을 대변하는 음식으로 김치와 비빔밥을 들 수 있으며, 이 음식들은 한국을 표현하는 상징물이면서 한국인의 식문화를 설명하는 주요 키워드이기도 하다(백희영 외, 2004).

1) 건강한 식생활

인간은 생명을 유지하기 위해 먹는다. 우리 몸은 신체 기능을 수행하기 위해 배고픔 현상이 나타나고, 이를 해결하기 위해 영양소(營養素, nutrient)가 함유되어 있는 식품을 섭취한다. 먹는 과정을 통해 생명의 원동력인 에너지를 얻는다. 따라서 다양한 식품들을 제대로 선택하여 생명과 건강을 유지하는 것은 식생활에서 가장 중요하다.

건강을 위해서는 첫째, 균형 잡힌 식생활을 한다. 우리가 먹는 음식은 체내에서 영양소를 만들어 생명을 유지한다. 즉 열량영양소(당질, 단백질, 지질), 구성영양소(당질, 단백질, 지질, 무기질, 물), 그리고 조절영양소(단백질, 무기질, 비타민, 물)이다. 따라서 연령, 신체적 특성, 질병 등에 따라 식품을 잘 선택하여 섭취하여야 한다(백희영 외, 2004).

둘째, 과거 가난하였던 시절에는 영양소 섭취 부족에 의한 결핍증(缺乏症, deficiency disease)이 문제가 되었다면 현대에 와서는 과다한 섭취로 인한 영양소의 과잉섭취(過剩攝取, overeating)가 문제가 되고 있다(보건복지가족부, 2009). 비만(肥滿, obesity)과 생활습관병이 그 좋은 예이다. 비만을 예방하기 위해서는 지방 및 열량이 높은 식품을 피하고, 자신에게 적절한 식품을 선택하는 것이 중요하며, 식사섭취 조절과 함께 신체활동의 증가도 필요하다. 그러나 지나친 저체중의 경우 골격건강에 유해하며, 호르몬 분비의 불균형으로 인해 건강에 해로울 수 있으므로 주의해야 한다. 즉 체중은 적정한 범위에서 유지하는 것이 중요하다. 생활습관병으로는 심혈관계 질환, 고혈압, 당뇨병 등을 들 수 있다. 우리나라는 짜게 먹는 식습관으로 인하여 고혈압 환자가 많으며 최근 당뇨병 유병률 또한 크게 증가하고 있다. 골다공증은 중년기 이후 뼈의 무기질이 손실되어 발생하는 질병으로 칼슘 섭취가 부족한 우리나라에서 문제가 되고 있다. 생활습관병은 일상 식사에 의해 발병될 수 있으므로 평소에 균형이 잡히고 적절한 식사 습관으로 어느 정도는 고칠 수 있다.

셋째, 기분 좋게 먹는다. 우리는 신체건강을 위해서만 먹지 않는다. 음식은 심리적 보상(補償, compensation) 수단이기도 하다(최혜미 외, 2006). 즉 사람은 즐기기 위해, 스트레스를 해소하기 위해 먹는다 하여도 과언이 아니다. 굶주린 상태에서는 안정된 정서 상태를 유지하기 어렵다. 배고픔이 해결되면 비로소 마음의 여유가 생겨 일상생활에 대해 생각할 수 있고 타인과의 교제에도 참여할 수 있다. 사람과의 교제에서 여러 음식 중 특히 기호품인 술과 음료 등은 관계형성의 윤활제 역할도 한다.

2) 한국인의 식생활과 상차림

(1) 한국인의 식생활 특성

한국인의 전통 식생활은 곡류(穀類, grains)와 채식(菜食, vegetable diet) 중심, 발효식품(醱酵食品, fermented foods)의 다량 섭취를 특성으로 꼽을 수 있다. 먼저 우리나라는 고온다습한 여름이 길고, 겨울은 냉량건조하여 쌀농사에 적합한 기후조건을 가지고 있으며, 육류가 아닌 채식 위주의 식생활로 다양한 채소와 산채요리법이 발달되어 있다. 그리고 기후조건상 농산물 수확이 1년에 한 번으로, 수확물을 저장하는 건조법과 발효법이 발전하였다. 특히 장류, 김치류, 젓갈류 등과 같이 염분에 의한 발효식품과 추운 겨울철에 대비한 저장발효 음식이 발달하였다(계선자 외, 2012).

〈참고자료 5-2〉 한국 식생활문화의 주요 특성

- 음식은 모두 한 상에 차린다.
- 숟가락과 젓가락을 모두 사용한다.
- 주식(主食)과 부식(副食)이 구분된다.
- 국물이 있는 음식을 즐긴다.
- 저장식품(간장, 된장, 고추장, 젓갈 등)이 발달하였다.
- 조리 시 재료를 잘게 썰거나 다져서 한입에 먹기 좋은 형태로 한다.
- 다양한 양념류(간장, 파, 마늘, 깨소금, 참기름, 후춧가루, 고춧가루, 생강 등)를 조미료와 향신료로 써서 복합적인 맛을 즐긴다.
- 사계절의 구분이 뚜렷하여 계절별로 음식이 구분된다.
- 잔치음식이나 제사음식의 차림에 규범이 있다.

출처: 계선자 외(2012). 가족과 문화. 신정.

① 밥 중시-다양한 곡물 식품 섭취

한국인은 쌀이나 보리 및 잡곡 등 곡물로 만든 '밥(rice)'을 주식(主食, main dish)으로 하고 있다. 그 외에도 죽, 국수, 떡 같은 곡물음식을 많이 이용하며, 곡물을 가공하여 만든 엿, 술, 장 등이 다양하게 발달하였다. 죽은 밥이나 떡보다 먼저 이용된 것으로 보양식, 기호식으로 다양하게 발전되었고 떡은 주로 의례음식으로 이용되고 있다. 한국문화에서 "밥을 같이 먹어요."라는 인사는 "함께 이야기해요." 라는 뜻으로 사회적 관계를 가지고 싶다는 것을 의미하기도 한다.

② 생채, 숙채 등 다양한 채소류를 많이 섭취

한국의 음식재료를 살펴보면 채소(vegetables), 버섯(mushroom), 해조류(seaweed) 등 다양한 식물성 재료가 많이 쓰인다. 특히 상용하는 채소는 재배채소를 포함하여 산나물, 들나물 등 그 종류가 헤아릴 수 없이 많으며 밥, 죽, 떡, 국, 찌개, 나물, 쌈, 찜, 생채, 전 등 거의 모든 음식을 만들 때 채소가 들어간다. 최근에는 브로콜리, 양상추 등과 같은 채소들이 유입 · 재배되고 조리법도 개발되어 더욱 다양한 채소류로 웰빙 식단(well-being table)[3)]이 만들어지고 있다.

③ 김치, 고추장 등 발효식품 발달

한국 음식의 특징 중 가장 경이로운 것은 다양한 발효저장식품이 많다는 점이다. 발효식품에는 장류, 침채류, 젓갈류 등이 있다. 대표적인 장류(醬類)에는 간장(soy sauce), 된장(soybean paste), 고추장(Korean hot paste, *gochujang*)이 있다. 침채류(浸菜類)에는 김치(Korean spicy picked cabbage, *kimchi*), 장아찌(sliced vegetables preserved in soy sauce or soybean paste)가 있고, 젓갈류는 다양한 생선을 염장법(鹽藏法, preserved with salt: 식품을 소금에 절여 오래 보존하는 방법으로, 보존과정에서 특별한 풍미가

3) 웰빙(well-being)은 '참살이'란 뜻으로 우리나라에서는 2000년경부터 사용되었다. 이 용어는 비단 먹거리에서 건강식만 의미하는 것이 아니라 더 넓게 행복, 장수, 삶의 만족 등 일상 전반에 걸쳐 질적 향상을 추구하는 의미로 사용되고 있다. 이에 맞서 '웰다잉(well-dying)'이라 하여 병원에서 관리되며 죽음을 기다리는 무의미한 생명유지보다는 보다 존엄한 임종을 맞이하려는 노인들의 뜻을 반영하는 단어도 사용되고 있다.

만들어짐)으로 가공한 것으로 김치를 만들 때 '젓국' 형태로 다시 가공하여 사용하기도 한다. 이들 음식은 유독물질을 생성시키는 유기 생물체의 발육을 억제하고 병원성 유해 미생물의 오염까지 막아줌은 물론 음식의 맛과 향을 독특하게 발달시켜 완전히 새로운 차원의 영양과 맛을 가지도록 하는데, 각기 독특한 맛과 기능을 가지고 있어 부식 혹은 양념으로 이용되고 있다.

④ 다양한 약선음식

한국 음식은 중국의 영향을 받아 예부터 약선(藥禪) 조리법이 발달했고 "밥보다 좋은 약은 없다."는 말처럼 병이 생겨도 식습관을 바르게 가지면 병이 낫는다는 인식을 가지고 있었다. 식생활을 통해 건강을 유지하려고 하였기 때문에 몸의 기운을 도와주는 보양식(保養食)이나 양생(養生)음식이 발달하였다. 이런 음식에는 약리활성(藥理活性)이 있는 꿀, 계피, 잣, 인삼, 생강, 대추, 오미자, 구기자 등의 한약재를 함께 사용하기도 하며, 약과, 약식, 약주와 같이 음식 이름에 '약(藥)' 자를 붙이기도 하였다(김윤선 외, 2010).

〈참고자료 5-3〉 한식 · 약선요리

한식과 약선요리 연구가인 정영숙(56, '제1회 한식의 날' 추진위원회 집행위원장) 원장은 "한식은 단순한 먹거리가 아니라 조상의 지혜와 문화가 담긴 종합예술"이라는 표현을 하였다. (중략) 정 원장이 한식과 약선요리에 관심을 갖게 된 것은 부모의 영향이다. "부모님은 일반적인 음식 양념을 사용하지 않았습니다. 예를 들어 단맛을 내고 싶으면 쌀과 보리 등 오곡으로 직접 만든 조청을 사용했습니다. 음식 재료도 자연에서 난 것들을 사용했습니다. 그러다 보니 어릴 때부터 각종 산야초가 가진 본래의 맛을 자연스럽게 접했습니다. 다른 아이들은 쓰거나 시다고 먹지 않는 각종 약초들을 입에 달고 살았죠. 이런 시간들을 거치다 보니 음식 재료들이 가진 본연의 특성과 효능을 자연스럽게 알게 되었습니다." 이어 그녀는 "더 많은 사람이 한식을 즐기도록 하기 위해서는 레시피 규격화, 지역별 대표 레시피 개발 등이 시급한 과제"라며 "한식의 날 선포를 계기로 한식의 세계화를 위한 다양한 프로그램을 지속적으로 마련할 것"이라고 말했다.

출처: 〈부산일보〉. 2013.7.1.

(2) 상차림

한국의 상차림(table setting)에는 반상, 면상, 교자상, 큰상, 돌상, 제사상, 다과상 등이 있다. 반상(飯床, ordinary table)이란 매일 먹는 세 끼의 식사를 의미하며, 면상(面床, nuddle table)은 주식이 면류로 된 상차림으로 점심식사나 간단한 손님 접대 시 사용하는 상이다. 주안상(酒案床, drinking table)은 술을 대접할 때 차리는 상차림이며, 교자상(交子床, table for the guests)은 손님을 접대할 때 차려내는 잔치 상차림이다. 큰상(a large table)은 교자상과 같은 의미로 혼례, 회갑, 희년, 회혼례 등에 차리는 상이다.

앞에 열거한 상의 종류에 따라 차림법도 다르다. 반상은 한 상에 밥, 국과 같은 주식류(主食類)와 반찬(飯饌)을 나열하는 상으로, 주식이 되는 음식에 따라 반상, 죽상, 장국상으로 불린다. 그리고 상을 받는 사람의 지위에 따라 궁중에서는 수라상, 반가(班家)에서는 진지상, 서민들은 밥상이라 하였다.

우리나라 상차림의 가장 기본이 되는 밥상은 밥과 국을 기본으로 하고, 반찬의 가짓수에 따라 3첩, 5첩, 7첩, 9첩, 12첩 반상이 있다. 12첩은 궁중에서만 사용하였다. 첩 수는 기본차림인 밥, 탕, 김치, 간장(또는 고추장), 조치(찌개)를 제외한 반찬의 수로 정해진다. 그러므로 7첩 반상은 밥, 국, 김치 외에 간장, 초간장, 초고추장 등 종지 3개와 조치, 찜을 기본으로 하고 숙채, 냉채, 구이, 조림, 전, 마른 반찬, 회 등 7가지 반찬이 한 가지씩 차려진다(김광호 외, 2000).

상차림 시 뜨거운 음식, 물기가 많은 음식은 오른편에 놓고, 찬 음식, 마른 음식은 왼편에 놓는다. 밥그릇은 왼편, 탕 그릇은 오른편, 장 종지는 한가운데 놓는다. 수저는 오른편에 놓으며, 젓가락은 숟가락 뒤쪽에 붙여 상의 밖으로 약간 걸쳐 놓는다. 상의 뒷줄 중앙에는 김치류, 오른편에는 찌개, 종지는 앞줄 중앙에 놓으며, 육류는 오른편, 채소는 왼편에 놓는다(그림 5-2 참조).

이런 전통적 상차림은 지금도 전통을 추구하는 한식당에서는 그대로 재현되고 있으며, 외국인들에게 환영받고 있다. 그리고 실제 모든 한국인의 밥상은 이 상차림을 기본으로 하여 수저를 놓고 밥과 국을 배치하고 있다. 단지 '종지'라고 일컬어지는 양념 수와 첩 수라고 일컬어지는 반찬 수에서는 많은 그릇이 생략되고 있다.

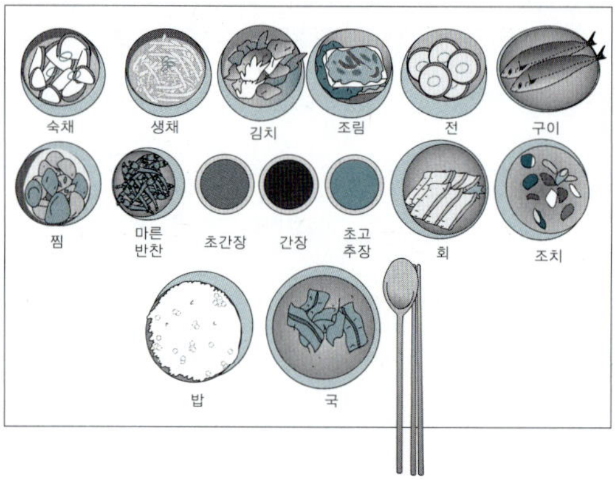

〈그림 5-2〉 한국 전통 반상 차림(7첩 반상)

〈참고자료 5-4〉 식생활 자가진단 해 보기

자가진단표를 이용하여 자신의 식생활 상태를 평가해 보자.

문 항	예	아니오
1. 식사는 규칙적으로 하는 편이다.		
2. 하루에 스무 가지 이상의 식품을 섭취한다.		
3. 하루에 육류, 생선, 콩으로 된 음식을 세 가지 이상 먹는다.		
4. 식사할 때마다 김치 이외의 채소를 먹는다.		
5. 우유나 유제품을 매일 먹는다.		
6. 과일이나 과일주스를 매일 먹는다.		
7. 반찬에 소금이나 간장을 넣는 때가 많다.		
8. 튀김이나 볶음요리를 많이 먹는 편이다.		
9. 간식으로 아이스크림, 단과자, 스낵류를 많이 먹는 편이다.		
10. 콜라, 사이다 등 탄산음료, 커피 등을 매일 3회 이상 마신다.		

* 채점방법: 문항 1~6번까지는 '예', 7~10번까지는 '아니오'로 답한 것을 센다.
각 문항당 1점씩으로 하여 총 점수를 계산한다.

* 계산 결과에 대한 평가
7~10점: 식생활이 좋음. 잘못된 항목에 대한 습관을 고치도록 함
4~6점: 식생활이 보통임. 전체적인 식습관을 고치기 위한 노력이 필요함
3점 미만: 식생활이 불량. 식생활 전문가와 상담이 필요함

출처: 보건복지가족부(2009). 한국인을 위한 식생활 지침.

3) 바람직한 식생활문화

① 안전한 식품을 선별할 줄 안다

식품 구입 시 유통기한과 원산지 그리고 식품이 위생적인지 제조일자, 포장상태 등을 확인하고 구매해야 한다. 특히 냉장 · 냉동 보관을 요하는 식품의 경우 식품이 냉장 · 냉동 시설에서 잘 관리되어 판매되고 있는지, 포장에 파손이 없는지 확인하고 구입하는 것이 중요하다. 상품에 아무 표시가 없거나 인쇄나 제조일자가 분명치 않으면 불량식품일 가능성도 있으므로 구입 시 주의를 요한다.

특히 영양표시제도가 있어 모든 제품에는 그 제품이 함유한 영양적 가치를 정해진 규칙에 따라 표기하고 있어 소비자의 식품 선택을 도와주고 있다. 즉 영양성분[nutrient declaration; 그 제품의 일정량당, 1인 분량당, 혹은 1단위 포장(캔, 병, 봉)당 함량을 표시], 영양 강조[nutrition claim: 그 제품이 특별한 영양적 성질을 가지고 있음(예: 고칼슘, 저지방 등)을 표현하거나 암시하는 표현], 건강정보 등의 내용이 표시되어 있다.

② 가족의 발달 특성에 맞는 음식을 선택하도록 한다

성장하는 어린이나 청소년들은 충분한 열량과 단백질, 지방을 먹을 수 있도록 식단을 짜야 한다. 그리고 유약한 노인이나 회복기 환자의 경우 소량이지만 충분한 단백질과 무기질이 함유된 식품 선택에 유념하여야 한다. 식품은 먹는 즐거움도 주지만 신체를 보호하고 생리적 균형을 맞추어 주는 기능도 하기 때문에 발달 특성이나 신체 조건에 맞춘 식품과 음식을 선별하는 것이 중요하다. 발달과 영양교육, 질병과 음식 선택 등에 관한 사회교육이 필요하다(김숙희 외, 1998).

③ 가공식품 및 편의식품의 섭취를 줄이려고 노력한다

여성, 특히 기혼여성의 취업은 가사노동의 시간을 줄일 수밖에 없는 시간 구조를 만들어 낸다. 동시에 식품산업의 눈부신 발달은 다양한 가공식품을 맛나고 싼 값으로 공급하고 있다. 그러나 가공식품(processed foods) 및 편의식품(fast foods)에는 장기간 보관과 대중적 입맛에 맞추기 위하여 화학조미료나 포화지방산 등 인체에 부정적인 영향을 미치는 성분이 다량 함유되어 있다. 그래서 이런 가공 및 편의식품을 과잉섭취하게 되면 고혈압, 당뇨병, 고지혈증 등 생활습관병에 걸릴 위험이 높아진다. 따라서 가능한 한 이런 식품의 섭취를 줄이려고 노력해야 한다. 특히 어린이와 회복기 환자의 경우에는 가능한 한 가공식품은 사용하지 말고 자연상태에 가까운 조리과정 정도를 거친 음식을 먹도록 도와주어야 한다(김숙희 외, 1998).

그리고 외식(外食)산업의 발전으로 가족이 함께 외식을 하는 경우도 증가하고 있다. 외식의 경우 먹는 음식량을 조절하여 열량이 과잉섭취되지 않도록 하여 끼니와의 균형에 신경을 써야 한다.

④ 우리의 전통적인 식생활에 기저를 둔 새로운 음식문화 창출에 노력한다

우리나라의 전통적 식사는 밥을 주식으로 하고, 육류나 어류, 김치, 여러 가지 나물이 반찬으로 구성된다. 즉, 다양한 식품을 매끼 섭취할 수 있으며 식물성식품 위주에 동물성식품을 조금씩 섞어 요리하도록 되어 있다. 따라서 전통적인 식생활을 기본으로 하면서 발달 특성이나 신체 조건에 맞게 칼슘, 철, 비타민 A, 리보플라빈 등의 영양소를 섭취할 수 있도록 식단을 구성함이 적절하다(백희영 외, 2004).

3. 주생활

집(house)은 기본적으로 우리에게 '안식(安息: 보호와 휴식, rest)'을 제공해 주는 공간이다. 동시에 집은 우리의 사회적 관계 확장을 위한 베이스캠프로 친인척과 이웃, 그리고 특별한 날에는 손님들을 초대하여 함께 밥을 먹는 공간(空間, space)이기도 하다.

1970년부터 한국에 집합주택 혹은 공동주택(集合住宅 혹은 公同住宅, apartment house)이 보급되면서 과거의 마당이 있던 집에서 계단이나 엘리베이터가 있는 집으로 주거양식이 변화하였다. 현대사회에서 집은 어느 물건보다 고가(高價)의 부동자산으로, 한 가족이 그 가족 명의의 집을 한 채 획득한다는 것은 아주 어려우며, 동시에 자가 소유의 집은 재산적 가치를 가지게 되어 노후생활보장('역모기지' 제도 등으로 집을 담보로 하여 은행 등에서 노후생활비를 받음)이나 경제적 위기 시 집을 담보(擔保: 집 등을 근거로 은행 등에서 돈을 빌림)로 하여 경제적 곤란을 극복하려고 할 때 유용하다.

1) 집은 자연과 문화의 결합물

① 자연환경적 요인

집의 형태나 구조, 재료 등은 먼저 지역의 온도, 습도, 바람, 비, 눈, 햇빛, 안개 등의 기후적인 요인(climatic conditions)에 의해 가장 먼저 결정된다(주거학연구회, 2005). 최근 건축기술의 발달로 아주 춥거나 아주 덥거나 하는 기후환경적 문제들이 점차 줄어들고 있다. 그러나 여러 가지 환경문제(지구 온난화 현상, 자원 고갈, 환경오염 등)가 등장하면서 차츰 그 땅에서 나는 재료로 그 땅의 조건에 맞는 집을 짓는 것이 가장 자연스러운 것임을 믿는 사람들이 증가하고 있다. 작은 집(예를 들면 세 식구가 사는 11평, 3평짜리 집 등), 나무집, 흙집 등은 지구를 살리는 지속 가능한 주거환경을 생각하면서 만든 집들이다(김자경, 2007).

② 문화적 요소

일반적으로 집에는 사람들의 세계관, 종교, 가족관 등이 응축되어 있다. 우리나라에서 좋은 집터의 선택은 음양오행설(陰陽五行說)을 바탕으로 땅에 관한 자연 이치를 설명한 이론인 풍수사상(風水思想)이 크게 작용하였다. 즉 바람의 기운을 조절하고 마음을 안정시켜 주는 집터를 잡기 위하여 북쪽에 산을 두고 남쪽을 바라보게 하였으며, 맑고 깨끗한 물길이 있으면서도 결코 단조롭지 않은 산수를 가진 곳을 골랐다. 그 외에도 낮은 지붕, 높은 돌담, 작은 창호도 바람의 기운을 조절하기 위함이었다(주거학연구회, 2005).

그러나 최근에는 집의 위치를 선택할 때 자녀들이 다니는 학교와의 거리, 직장과의 거리, 교통편, 유통망과의 근접성, 다양한 문화시설(공원, 주민편의 시설, 문화시설 등) 등을 고려하여 선택하는 경향이 높다.

2) 다양한 주거 형식

"어떤 집에서 사는가?", "어떤 집에 살고 싶은가?"라는 질문에는 누구에게나 일상의 꿈이 배어 있다. 사는 지역이 도시인가 농어촌인가에 따라 삶의 모습은 달라지며, 특히 같은 도시 내에서도 어느 학군(學群)인가에 따라 집값이 다르기도 하다.

한국은 아파트 보급률이 아주 높은 나라이다. 그간 급속한 도시화와 산업화, 핵가족화로 인해 주택수요가 급증하였고 좁은 국토에서 토지를 집약적으로 사용한다는 면에서 공동주택[4)]이 많이 보급되었다. 공동주택에는 다가구주택, 다세대주택, 연립주택, 아파트 등이 있으나, 여기서는 아파트와 최근 등장하고 있는 오피스텔과 원룸을 중심으로 살펴보고자 한다.

① 아파트

1965년부터 설립되기 시작한 아파트는 편리함과 위생적인 측면이 돋보인 서양식 주거생활을 기반으로 하였으므로 처음에는 온돌(溫突, hot floor, *Ondol*)문화를 배제하였다. 그러나 우리나라의 전통적인 주생활 습관인 좌식생활이 적용되지 못한 점들이 지적되면서 온수파이프를 바닥에 깔아서 온돌 같은 난방이 가능한 아파트가 보급되었다. 현재 우리나라 주택의 유형은 아파트를 기반으로 개인 및 가족의 취향과 욕구를 고려한 다양화가 이루어지고 있다.

---

4) 공동주택에는 다세대주택, 연립주택, 아파트 등이 있다. 다세대주택은 전체 층이 4층 이하이고 연면적이 660㎡(220평) 이하인 주택으로, 주택 내 가구 수는 2가구 이상이다. 연립주택은 전체 층이 4층 이하이면서 연면적이 660㎡(220평)을 초과하는 분양 가능한 주택이고, 아파트는 5층 이상의 모든 주거용 건물이다. 주택법상 단독주택에 속하기는 하지만 여러 세대가 함께 모여사는 다가구주택도 있다. 다가구주택은 전체 층이 3층 이하이고 전체 층의 바닥 면적의 합(연면적)이 660㎡(220평) 이하인 주택으로, 주택 내 가구 수가 19가구 이하로 제한된다(건축법 시행령 별표1).

② 오피스텔과 원룸

사무실(office)과 호텔(hotel)의 합성어인 '오피스텔(officetel)'은 사무실의 용도에 숙박이 가능한 용도를 결합한 복합건물을 말하며 우리나라, 일본, 홍콩 등지에서 사용되는 용어이다. 우리나라의 오피스텔은 1985년에 처음 등장하였으며 최근에는 2,000실이 넘는 대형 오피스텔이 등장하기도 하고, 주거와 업무 기능이 혼합되면서 저층부에 대규모 지원시설(상업시설)이 들어서는 등 계속 변모하고 있다.

원룸(one-room)은 좁은 공간을 보다 효율적으로 사용할 수 있도록 공간 내의 차단 벽을 없앤 열린 설계를 한 집으로, 공간 사용의 극대화를 꾀한 현대적 주거방식이다. 이 집은 첨단설비와 전자제품, 수납가구들을 미리 설치한 시스템을 가지고 있어 그 편리성(convenience)으로 주생활이 공간적 측면에서뿐 아니라 생활적 측면에서도 점점 축소되는 문화가 만들어지는 데 기여하고 있다.

오피스텔과 원룸을 선택하는 사람들은 가족구성원 수가 적은 가족(자녀가 없는 부부나 신혼부부, 어린 자녀를 둔 부부 등)이나 작은 규모의 공간 내에서 경제적 · 기능적으로 생활할 수 있는 사람들(독신 등)이 많이 선택한다. 또 도심의 비싼 집값 때문에 보다 싼 집을 선호하는 사람들과 주거와 업무를 겸하는 형태의 집이 필요한 사람들에게 유용하다.

③ 노인들을 위한 집

대부분 노인들은 자신이 살던 곳에서 여생을 보내기 원하지만, 주거 · 건강 · 여가활동까지 해결할 수 있는 실버타운(silvertown)을 선호하는 경향이 증가하고 있다. 노후에 살기 좋은 집이란 생활비가 덜 들고, 각종 편의시설이나 의료시설이 가까운 곳, 그리고 취미와 여가를 즐기기 위한 왕래가 쉬운 곳을 꼽는다. 개인 집을 떠나 노인을 위한 다양한 시설(施設, elderly house) 입소를 결정할 경우 입주비용을 고려하여야 한다.

최근 도심 실버타운 대신 귀농(歸農, returning to the farm)을 선택하는 노인들도 증가하고 있다. 소일거리로 농사를 짓는 경우도 있지만, 펜션 · 민박 등의 시설을 운영하여 소득을 올리는 경우도 있다. 이러한 귀농의 유형은 노인보다는 조기은퇴(early retirement)를 한 중년들에게 더 적합하다.

3) 한옥의 주생활문화

한옥(韓屋, Korean traditional house)의 특성은 온돌과 마루이다. 온돌(*Ondol*)[5)]은 좌식생활(sitting-oriented style)에 적합한 난방방식이다. 특히 바닥을 덥히는 온돌 난방은 더운 바닥에 등을 지져서 추위를 이겨내며 웃풍이 차가워도 아랫목에 발을 넣어 발바닥을 통해 온기를 유지하는 효율적인 난방방식이었고, 이런 좌식문화는 한국인 특유의 촉각문화(觸覺文化)가 발달하는 데 기여하였다고 한다(김자경, 2007).

마루(wooden floor)는 장마철의 습기, 불쾌감, 습기가 몰아오는 전염병으로부터 건강을 지키고자 집을 땅으로부터 격리시키기 위해 설치한 것으로 마루 밑은 물건들을 보관하는 수장(守藏)공간으로 사용되었으며, 때로는 동물들의 이동통로와 안식처가 되기도 하였다.

한국의 전통적 주생활문화는 이런 한옥을 중심으로 다음과 같은 두 가지 양상으로 정리해 볼 수 있다.

① 생활을 중심으로 공간이 나누어졌다

조선시대에는 풍수사상에 의해 주택의 위치나 방위를 매우 중요하게 생각하였고, 유교사상에 따라 주거공간(住居空間, residential space)이 구성되었다.

조선(朝鮮)은 신분사회로 건축도 계급에 따라 다르게 행해졌다. 중류계급 이상의 주택은 비교적 유교사상에 입각한 공간구성에 충실했고, 이에 반해 서민계급의 주택은 지역 풍토에 알맞은 주거공간의 구성에 충실했다. 중류계급 이상의 주택

5) 한국의 전통적인 난방방식으로서 아궁이와 온돌은 주거 형식과 주거문화의 바탕이 되어 왔다. 온돌의 구조는 아궁이 · 온돌고래 · 개자리 · 굴뚝의 네 부분으로 구성되어 있는데, 아궁이에서 연료를 연소시키면 그 화기와 연기가 온돌고래를 지나면서 바닥을 덥히고 개자리를 거쳐 굴뚝으로 빠지는 개별난방방식이다. 온돌은 한국에만 있는 것이 아니고 중국 북부와 여진족이 살았던 심양(瀋陽) 일대에도 분포되어 있다(브리태니커, 2009).

은 안채 · 사랑채 · 행랑채로 구분되어 각각의 마당을 통해 연관성을 가지고 배치되었다. 안채와 안마당은 여성을 중심으로 가족의 내적 가정활동이 이루어지는 공간으로, 외부 남자들의 출입이 일체 금지된 공간이다. 사랑채와 사랑마당은 외부에 가까운 곳에 배치되며 남성의 거실, 서재, 접객공간으로 사용되고, 비교적 개방적이며 외부와의 접촉활동이 이루어지는 공간이다. 행랑채는 바깥마당과 대문으로 구성되며 일하는 사람들(하인들)의 거처, 마구간, 창고 등이 있는 공간이다. 그 외에 안채 뒤나 옆에는 주택의 각 건물과 완전히 분리해 별당(別堂)을 짓고 그 주위에 정원과 연못을 만들어 주인 · 손님 · 가족을 위한 정취 있는 공간을 만들었으며, 택지의 한쪽 부분에는 담을 쌓아 구분하고 그 안에는 제사를 지내기 위해 사당을 만들어 조상의 위패(位牌)를 모시는 공간이 있었다.

한편, 서민계급에서는 고려시대부터 일반화된 온돌방에 기준하여 외형과 평면구성이 결정되었다. 온돌시설이 정착된 부엌은 취사 기능부터 난방 기능까지 담당하게 되고, 침실이나 다른 공간과는 독립된 공간으로 만들어졌다. 부엌과 온돌방을 기준으로 하여 주거의 평면구성은 지역에 따라 일(一) 자, ㄱ 자, 전(田) 자 형식이 있다. 이 3가지 형식은 한반도의 보편적 민가 형식이었다. 일(一) 자 형식은 한국 농촌에서 서울과 중부지방에 널리 분포되어 가장 일반적이었다. 전(田) 자 형식은 부엌 위주로 평면을 구성시킨 주택 형식으로, 북부지방인 함경남북도와 평안북도에 널리 분포된 평면 형식으로 부엌의 부뚜막을 넓게 하여 취사 · 거주 기능을 가지는 정주간(鼎廚間)을 만들고 방에서 방으로 연결되어 전(田) 자 모양으로 구성되었다.

② 주거공간에 성별이 구별되었다

한국의 전통적 가옥을 보면 가장(家長, family head)과 주부(主婦, housewife), 남자(男子)와 여자(女子)의 역할이 명확히 구분되어 있음을 알 수 있다. 즉 가장은 외부와 접촉하는 일, 주부는 가사를 담당한다. 성별 공간의 분화는 사랑채와 안채로 영역이 구분되었고 각각 독립된 건물과 외부 공간을 가지고 있다(김도연, 2005).

그러나 이 구별에도 특성이 있으니 기본적으로 거주 영역을 뚜렷이 규정하되 서로 유기적으로 연계되도록 하고 있는 점이다(안옥희 외, 1997). 즉 사랑채가 개방적으로 보이고 그 앞에 큰 마당이 있는 것은 그것이 한 가족만의 공간으로 의도된 것이 아니라 마을과도 연결되어야 함을 암시한다. 사랑방은 기본적으로 남자 주인이 거처하면서 손님을 맞는 곳이며 마을 사람들이 모임을 갖는 장소로도 쓰인다. 3대가 같이 살면서 아버지는 큰 사랑방에서, 아들은 작은 사랑방에서 각각 손님을 맞는다. 누마루는 남자 주인이 대문이나 행랑채를 내려다보거나 전면의 연못 등 조경과 주위 경관을 감상하는 장소이다.

안채는 부엌, 안방, 윗방, 대청, 건넌방 등으로 구성된다. 안방은 기본적으로 안주인의 방이지만 매우 복합적인 기능을 가진 공간이다. 여기서 가족 단위의 생활이 일어나며 여자 손님을 접대한다. 안방의 윗목에 인접한 윗방은 자녀들이 사용하는 방이다. 대청은 안방과 건넌방 사이에 위치하여 이 두 방을 적절히 나누어 줌으로써 프라이버시를 확보해 준다. 대청은 제사를 지내는 의식(儀式)공간이며 여름철에는 일상생활의 공간으로 쓰인다. 건넌방은 대개 며느리의 공간으로 쓰였다.

마당은 그것이 놓인 위치와 성격에 따라 여러 가지 모양으로 구성되며, 건축적 처리도 달라진다. 사랑마당은 남자 주인이 집안사람들을 통솔하고 마을 사람들과 교류하는 장소로 활용되므로 마을을 향하여 열린 구성을 하는 경우가 많다. 안마당의 성격은 바라다보는 정원이라기보다 일상적 생활공간이다. 따라서 평상시 안마당은 깨끗이 비워진 상태로 있다. 그리고 그곳에서 농작물의 타작이나 곡물의 건조 같은 농작업과 식사와 잔치, 가족의 단란한 생활 같은 활동이 일어난다. 이렇게 안마당은 지붕 없는 방과 같은 곳으로, 생활공간으로서의 의미를 가지고 있다. 이렇게 성별에 따라 공간 사용이 구분되어 있는 것은 '전통적 성역할(traditional sex-role: 성별에 따라 사회적 역할이 구별된다고 보는 관점)'이 지배적이었던 조선시대의 특성에 기인한다고 볼 수 있다.

〈참고자료 5-6〉 고택 체험 프로그램

안동 구시장에 내려 유명한 안동찜닭으로 점심을 먹고 도산서원(陶山書院)으로 향했다. 조선 최고의 학자 퇴계 이황 선생이 퇴직해 세운 서당(書堂)을 기려 그 제자들이 건립한 서원이다. 이어 퇴계 이황 기념관에도 들렀다.

그러나 경북 이 지역에서 꼭 탐방해야 할 곳은 조선의 '고택(古宅)'들이다. 다른 지역과 다르게 선비의 고향 안동에는 오래된 집들이 한국의 주거역사를 말해 주면서 우리를 반기고 있다. 먼저 하회마을에 들어서면 풍산 류 씨 대종가를 비롯한 여러 채의 집들이 눈에 보인다. 서애 류성룡이 소년기와 만년기를 보낸 충효당, 사랑채-안채-별당채-사당-대문간채를 두루 갖춘 99칸 집인 화경당 등이 모여 있다. 그 외에도 안동 전역에 고택들이 흩어져 있어 우리의 전통적 주거생활과 건축양식을 공부할 수 있는 곳이다. 더 자세한 내용은 '경북미래문화재단(www.gbculture.org)'이나 '안동의 고가'를 참고하기 바란다.

4) 미래 지향적인 주생활문화

지금의 한국인들은 집을 살림을 위한 공간으로 여기기보다는 투자의 측면에서 집을 생각하고 있다고 한다. 오랜 세월 주택공급이 원활히 이루어지지 않아 나타난 현상이기도 하지만 앞으로는 집을 중심으로 삶의 질이 보다 안정화되는 방향으로 주생활문화가 정립되어야 한다.

① 집을 중심으로 함께 살아가는 문화 만들기

우리의 생활은 집을 중심으로 사람들이 서로 만나고, 이야기를 나누고, 함께 밥을 먹는 것으로 시작된다. 따라서 집이란 "어떻게 하면 사람들이 더 쉽게 만나고 더 많은 교류(交流, transaction)를 할 수 있을 것인가?"라는 관점에서 만들어져야 한다. 집을 중심으로 이웃들이 협력하여 모임, 공동체, 마을을 만들고, 그런 조직을 중심으로 외롭지 않고, 서로 나누는 삶이 가능해진다.

이웃과 더불어 사는 주거의 대표적인 사례로 '코하우징(cohousing, co-operative house)'이 있다. 코하우징이란 '동호인 주택'이나 '협동주택'과 유사하다. 코하우징은 공동체 생활을 원하는 주민이 자치적으로 모여 주거단지를 구성하고 개인적인 프라이버시나 욕구를 충족시킴과 동시에 협동생활을 통하여 얻을 수 있는 여러 가지 이점들, 즉 사회적 · 경제적 · 실천적인 이익을 얻을 수 있는 주거 형태로 소유권은 임대나 자가 등 다양하다. 이는 단순히 주택들이 모여 있는 것을 의미하는 것이 아니라, 함께 모여서 공동생활을 나누며 함께 사는 삶의 방식에 더 초점을 맞춘 것이다(계선자 외, 2012).

이 외에도 같은 환경의 사람들이 함께 사는 집인 그룹홈(group-home: 장애우, 노인, 가출소녀들이 10명 이내로 함께 모여 한 가족으로 생활하는 집으로 일시적임), 시설가정[public house: 공공시설이 집의 개념을 가진 것으로 관리위탁기구가 있으며, 입소자들이 자발적으로 가사와 가정관리를 분담하여 함께 가족이란 이름으로 지내는 모의(模擬) 가정] 등이 있으며 지속적으로 그 공동체 내에서도 보다 영구적으로 행복할 수 있을 것인가에 대한 연구가 필요하다.

② 모두에게 '편리한 집'이 되도록 디자인되어야 한다

어린이나 노인, 장애인들이 원하는 집은 어떤 것일까? 집에는 나이, 성, 신체 크기, 장애 유무 등 다양한 가족구성원이 있으며 때로는 다양한 특성을 가진 사람들이 방문할 수도 있다. 그러므로 정상 성인을 표준으로 하기보다는 구성원 각각의 신체적 특성과 주거 요구수준에 눈높이를 맞추는 일이 우선되어야 한다. 의자의 높낮이, 가구의 여닫이문, 가전제품의 손 높이 등에서 '모두에게 편리하다'[때로 이런 정신을 구현한 디자인을 '유니버설 디자인(universal design)'이라고 하여 장애 정도와 연령에 상관없이 누구나 쉽게 사용할 수 있도록 디자인함]는 가치가 구현되어야 한다고 본다. 주거단지 계획 시에도 어린이집, 노인정, 공원, 도서실, 운동 공간 등이 적절히 배치될 수 있도록 법으로 규제하고 있다.

최근에 급격히 부상하고 있는 정보통신기술(초고속통신망, 인터넷 보급률[6])로 미래에는 가정과 사무실, 은행, 오락, 교육, 의료가 복합시스템으로 연결되어 가사노동으

6) 대한민국의 정보통신기기 보급은 대단히 우수하다. 2003년에는 초고속 인터넷 가입 가구 수가 OECD 국가 중 가구당 초고속 인터넷 보급률 1위를 차지하였다. 2008년 7월 말 기준으로 볼 때 국내 초고속 인터넷 가입자는 1,509만 명으로 총 가구 수의 95%로 나타나 보급률 세계 1위였다(http://www.ytn.co.kr 2008년 9월 14일 자).

로부터 자유로워지는 것은 물론이고 주거 쾌적성이 증대되고, 건강관리와 여가활동 등이 집을 중심으로 가능할 것이다. 특히 '홈오토메이션(home-automation)' 기능을 가진 가전제품들이 보급되면 우리의 주거문화는 더욱 혁명적으로 바뀔 것이다(이연숙, 2005).

③ 친환경 주거환경 만들기에 노력하여야 한다

환경친화(環境親和, ecofriendly)란 생태적, 지속 가능한, 친환경적 관점에서 집이 지어지고 지역개발이 이루어져 자연과 우리가 사는 지구가 최대한 보존되어야 한다는 뜻이다. 그래서 환경친화적으로 집을 짓는다는 것은 에너지 절약, 자원 절약, 그리고 주변환경과의 유기적 연계, 건강 및 쾌적성 지향을 목적으로 집을 짓는다는 뜻이다(김자경, 2007). 최근 자연을 담은 집, 통나무집, 흙집 등 우리의 삶을 보호함과 동시에 자연을 보호하려는 주생활문화가 등장하고 있음은 다행스러운 일이다.

5장에서는 한국인의 생활문화를 입거리(의생활), 먹거리(식생활), 살림터(주생활) 측면에서 살펴보았다. 의식주(衣食住)는 우리의 기본생활 기능으로 생명유지와 건강한 삶에 필수적이며, 오랜 세월 동안 한국인의 원형으로 자리 잡아 예술, 문학, 건축 등 다른 문화에도 많은 영향을 준 생활 기능이다. 우리는 의식주문화에서 지금까지 우리의 일상을 지배하는 형식과 내용을 검토하여 계속 보존해 나가야 할 것과 그 과정에서 현대화하여야 할 것을 함께 탐색해 보았다. 역사란 지금의 우리를 있게 한 근거이지만, 더욱 평화롭고 민주적이고 평등한 사회를 위해 친숙한 의식주생활 기능도 비판적으로 볼 수 있어야 한다.

생각해 봅시다

1. 합리적인 의복 구입을 위해서는 TPO(Time, Place, Occasion; 시간, 장소, 주제) 및 5W1H(Who, Whom, Where, What, Why, How)에 따라 계획을 수립하고 필요한 의복의 목록을 작성하는 것이 필요하다. '신입사원으로 첫 출근을 한다'고 가정하고 입고 가야 할 옷들을 구상해서 스케치해 보라. 그리고 적절한 신발, 가방 등 다른 보조품도 함께 고려해 본다.

2. 건강한 식생활문화를 만들기 위해서는 어떤 노력을 하여야 하는지 brain-storming(집단활동 기법으로, 단시간에 많은 아이디어들을 찾아 적어봄)으로 찾아보자. 찾아낸 수많은 방안들을 모아 다시 유사한 것끼리 묶어 4~5개의 주제로 정리해 보자.

3. 최근 자연을 담은 집, 통나무집, 흙집 등 우리의 삶을 보호함과 동시에 자연을 보호하려는 집짓기가 등장하고 있다. '친환경 주거환경 만들기'라는 과제로 이런 집짓기가 사람들의 생활 전반에 미칠 영향에 대해 토론해 보자.

더 볼거리

◈ 영화. 「**불꽃처럼 나비처럼**」 김용균 감독. 2009.
조선의 마지막 왕비인 명성왕후의 일대기를 그린 영화로, 우리 한복(특히 궁중복과 예복 등)의 아름다움을 볼 수 있는 영화이다.

◈ 영화. 「**식객–김치전쟁**」. 백동훈, 김길형 감독. 2010.
2007년 제작(감독 전윤수)된 한국 요리에 관한 영화로, 천재요리사 두 남성의 불꽃 튀는 요리솜씨를 보여준다. 눈으로 먹는다는 전통 한식의 아름다움을 볼 수 있다.

◈ 도서. 『**한국인의 체질에 맞는 약선밥상**』. 김윤선 · 이영종. 모아북스. 2010.
우리는 얼마나 신토불이(身土不二: '몸과 땅은 하나'라는 뜻으로, '제 땅에서 거둔 것이 우리의 체질에 맞다'는 뜻)의 차원에서 바르게 먹고 있는지를 생각해 보자.

◈ 한국의 전통적 주거문화를 알기 위해서는 '경북미래문화재단(www.gbculture.org)'이나 '안동의 고가'를 방문하여 자료를 더 얻어 볼 것을 권한다.

CHAPTER 6

가족 발달과 가족문화 1

가족 발달적 접근은 가족학 연구의 다양한 접근 방법 중 하나이다. 인간은 출생한 순간부터 죽음에 이를 때까지 시간의 흐름에 따라 일정한 성장과 변화과정을 거친다. 이 과정은 개인에 따라 조금씩 다를 수 있지만 대개는 공통적인 발달과업을 가진다. 가족 역시 새로운 가족이 형성되면 그 가족이 해체되는 시점까지 일정 단계를 거치고 그에 따른 발달과업을 수행하게 된다. 이 흐름을 잘 설명하는 것이 가족발달주기이다. 가족발달주기는 시간과 성장의 개념에 근거해 가족 현상을 설명하며, 가족 내부적 발달과 함께 그 상호작용의 질과 종류가 변한다는 것에 관심을 둔다. 학자에 따라 다양한 가족발달주기를 제시하고 있으나 크게 가족 형성기와 가족 확대기, 가족 축소기, 가족 해체기로 구분할 수 있다.

가족발달주기에 따라 가족의 생활시간은 달라지는데, 이 과정에서 가족이 무엇을 하는가, 그것을 누구와 하는가, 어떤 것들을 중요하게 여기는가 하는 것은 개별 가족의 문화 창출과 밀접한 관련이 있다. 다양한 연구 결과에 의하면 가족화목활동이나 여가활동을 포함하는 가족놀이는 가족의 공동체성을 개발하고 가족의 응집과 적응을 높여 건강한 가족을 형성하는 데 중요한 기초가 된다. 가족이 의미 있게 여기는 규범, 가치, 상징 등이 보다 긍정적인 방식으로 교류 · 전달되기 때문이다(Stinnet, N. etal, 1999). 이는 이전의 가족이 경제적 단위를 중시했다면 현대의 가족은 정서적 지지체계를 중시하고 있음을 시사한다.

또한 가족은 발달주기에 따라 가족구성원의 지위와 역할 그리고 관계가 달라지는데, 이 과정이 적절하게 진행될 경우 가족은 보다 잘 기능한다. 이것은 가족의 형태보다 삶의 질, 관계적 맥락 등을 더 중시하는 현대 가족의 특성을 잘 보여주는 것이다. 가족의 문화 역시 이러한 변화에 영향을 받는다. 이런 점에서 가족발달의 전반부에 해당하는 형성기와 확대기는 가족문화 형성의 중요한 출발점이다. 가족이 시작되고 가족의 상호작용방식 및 신념을 만들어 가는 시기이기 때문이다. 이 장에서는 가족 형성기와 확대기의 발달적 특성과 과업, 이에 따른 가족문화를 발달에 따라 진행되는 사건(event)이나 의례 중심이 아니라 발달과업과 가족활동을 연결하여 정리해 보고자 한다.

1. 가족 형성기(신혼기)의 발달적 특징

일반적으로 가족은 결혼을 통해 형성되는데, 현대의 결혼문화는 전통적 결혼문화와 비교해서 몇 가지 뚜렷한 차이점을 보여준다. 첫 번째는 배우자 선택과정으로, 부모나 가문을 앞세우는 중매혼에서 개인의 선택을 존중하는 절충혼 혹은 자유혼으로 바뀌었다는 것이다. 두 번째는 혼례 절차가 현대화 · 상업화되고 있으며 혼수가 여전히 중요한 문제로 자리하고 있다는 점이다. 세 번째는 혼례의식이 본질적인 의미보다는 단순한 형식 쪽으로 치우치고 오락적 요소까지 더해지고 있다는 것이다. 이런 변화로 인해 현대의 결혼문화에 대한 비판은 높아지고 있지만 여전히 사회적 체면이나 상업주의적 측면이 두드러지고 있다(참고자료 6-1 참조).

〈참고자료 6-1〉 예비 신혼부부, 결혼준비 골칫거리 1위는?

우리나라에서 결혼은 인륜지대사다. 둘만의 결혼이 아닌, 양가 식구들의 결혼이라는 인식이 뿌리 깊게 남아 있다. 그 때문에 둘뿐만이 아닌 신랑신부 측근 간에 예단과 예물로 인해 마찰이 일어나는 경우가 비일비재하다. 대부분 어느 정도 금전적인 여유가 없거나 예물 욕심이 지나쳐 무리를 하면서 준비를 진행해 트러블이 생기는 경우가 많다. 한 결혼정보회사가 2009년 전국 신혼부부 380쌍에게 질문한 설문조사에 따르면 응답자 가운데 약 3분의 1이 결혼 준비과정에서 갈등을 경험한 것으로 나타났다. 신랑 측과 신부 측 양쪽이 모두 문제를 제기한 갈등 항목은 신혼집 마련(20.4%), 예단(14.6%), 예물(14.3%) 순으로 확인됐다. 갈등이 끊이지 않는 것은 서민이 감당하기 힘들 정도로 결혼비용이 늘어나고 있기 때문이다. 과도한 예물 준비는 아직까지 사회에 체면을 중시하는 과시 문화가 뿌리 깊게 박혀 있는 것이 자신들의 부를 과장되게 표현하려는 성향으로 변질되는 것이다.

한 결혼예물업체 관계자는 "체면 중시 문화와 과시 문화에서 벗어나 자신만의 신혼집, 결혼예물을 준비하는 문화가 필요하다."고 전했다.

출처: 〈스포츠서울〉. 2013.3.20.

어떤 과정을 거친 결혼이든 결혼해서 부부가 되는 두 사람은 여러 측면에서 지금까지와는 전혀 다른 경험을 하게 된다. 이 시기의 첫 번째 특징은 일상생활을 공유한다는 것이다. 결혼 전에는 아무리 관계가 가까웠더라도 데이트가 끝나면 각자 자신의 집으로 돌아가기 때문에 물리적 · 정서적으로 서로 거리를 둘 수 있었다. 그러나 결혼은 그 거리를 없애고 매일의 일상생활을 공유하게 하며, 여기서 벌어지는 많은 문제를 통해 서로를 더욱 구체적으로 알아가게 한다. 두 번째는 이 과정에서 신혼기 부부는 서로의 욕구나 기대를 수용하고 결혼을 통해 새롭게 부여된 역할을 배운다. 나아가 두 사람은 결혼 전 '나'라는 개인에서 이제 '우리'라는 부부기로 전환해야 함을 인식하게 된다. 세 번째는 결혼을 통해 지극히 사적이고 개인적이었던 두 사람의 관계가 공식적인 두 가족의 결합으로 변화되었다는 것이다. 이것은 두 사람의 패러다임이 다르며 각자의 지위와 역할이 변하는 복잡한 과정이 시작되었다는 것을 의미한다. 네 번째는 관계에서 발생하는 문제에 대해 낭

만적인 시각을 가지고 있다는 것이다. 그래서 서로에 대한 요구나 기대로 인해 갈등이 생긴다 하더라도 그럴듯하게 합리화되거나 포장되는 경우가 많다(Carter, McGoldrick, 1989).

2. 가족 형성기의 발달과업과 가족문화

가족의 발달과업은 사회 속에서 가족의 존속을 위해 행해지는 기능이라고 볼 수 있다. 개인의 발달과업이 변하는 것처럼 가족 발달과업 역시 그 단계에 따라 변화한다. 가족 발달과업을 수행하기 위해서는 가족구성원과 사회의 가치에 적합한 수행 기준을 세워야 한다. 가족은 내적 · 외적으로 많은 요구와 기대에 부딪히게 되는데, 내적 요구는 가족구성원 상호간에 발생하는 요구와 기대를 말한다. 외적 요구는 가족 발달단계에 따라 일반적으로 이루어져야 한다고 여겨지는 역할을 말하며, 사회의 외부적 요인으로부터 영향을 받는다. 가족은 이런 내적 · 외적 요구를 조절해 나감으로써 가족과 개인의 목표를 달성해 나간다(Aldous, 1978; 유영주 외, 1990: 68 재인용).

가족 형성기, 즉 신혼기의 주요 발달과업은 부부의 결혼 적응이다. 이것은 크게 두 가지로 구분할 수 있다. 하나는 부부 서로에 대한 적응으로, 부부체계를 형성하는 것에 초점이 있다. 다른 하나는 두 사람을 둘러싼 환경에 대한 적응, 즉 사회적 · 인간적 · 경제적 환경의 변화에 따른 적응이다. 이것은 일과 가족의 조화, 부모됨의 준비, 부모 및 친족과의 관계설정, 재정계획 등을 포함한다(정현숙 외, 2001). 부부간의 적응 대상은 고정된 사물이 아니고 변화 · 성장하는 개체나 사항이므로 부부간의 적응 자체도 변화하고 성장한다. 이런 면에서 부부의 적응은 정적인 것이 아니고 동적인 것이다. 신혼기는 이런 적응의 기초 위에서 부부관계와 결혼생활의 기반을 마련하는 중요한 시기인데, 여기서 가장 중요한 것은 부부간의 협력이다. 이것은 각각의 배우자가 자신의 원가족으로부터 분화하고 응집력을 가진 하나의 새로운 가족단위로 전환하도록 하는 데 필수 요인이 된다(박태영, 2002).

이 시기 부부의 공유활동은 이런 전환에 좋은 매개체가 될 수 있다. 부부 여가 패턴과 부부 상호작용을 연구한 오스너(Orthner, 1975; 문숙재 외, 2007: 174 재인용)는 부부간에 활발한 상호작용을 불러일으키는 공유활동이 결혼 만족에 긍정적인 효과가 있다고 하였다. 듀발(Duvall, 1985; 문숙재 외, 2007: 175 재인용) 역시 부부의 공유활동은 부부관계가 확립되는 시기인 결혼 초기 5년 이내, 그리고 자녀가 독립하고 다시 부부만 남는 가족 축소기의 부부에게 가장 중요한 영향을 미친다고 하였다. 뿐만 아니라 부부활동은 두 사람의 의사소통과도 깊은 관련이 있다. 여기서 주목해야 할 것은 활동 중에 의사소통을 얼마나 하는가이다. 의사소통 수준이 낮을 경우 공유활동과 결혼 만족의 상관관계가 낮아진다(문숙재 외, 2007)는 연구결과는 이 시기 부부 공유활동의 중요성과 이후 가족에게 미치는 영향력을 잘 보여주는 것이다.

신혼기 부부는 발달과업을 수행하는 데 도움이 되는 의미 있는 활동을 함께하면서 결혼 이전부터 이미 가지고 있던 각자의 패러다임을 조정하는 기회로 삼을 수 있다. 조정의 과정을 통해 부부는 의사소통의 기회를 증진시키고, 새로운 의사결정 패턴을 만들어 가며 서로의 차이를 이해할 수 있게 된다. 예를 들어 예비부모 교육 같은 것은 가족발달주기의 연속성을 활용할 수 있다는 점에서, 부모 됨의 준비라는 발달과업 수행을 격려할 수 있다는 점에서, 부부이면서 동시에 부모라는 단위로 존재함을 일깨울 수 있다는 점에서 가족 형성기 문화적 활동으로 적합하다. 뿐만 아니라 가족친화적 양육환경을 조성해 나가는 데도 도움이 된다(참고자료 6-2 참조).

이런 측면에서 신혼기는 부부가 공동의 관심사를 발견하는 것, 그리고 시간을 내어 그에 따른 활동을 공유하고 소통하는 가족문화를 확립해 나가는 것이 필요하다. 이 시기의 부부 공유활동은 발달적 특성과 과업수행에 필요한 부부의 협력을 증진시키고 결혼만족도를 높여주는 데 기여한다(문숙재 외, 2007). 또한 이후의 발달적 맥락을 고려할 때 건강한 가족을 형성하는 중요한 기반으로 작용한다. 더불어 부부의 긍정적인 상호작용 형성이나 관계 및 문제해결에 필요한 사회적 기술을 습득하는 데도 유용하다. 신혼기 부부는 결혼 이전의 개인 활동에서 결혼하여 부부로서 공유하거나 병행하는 활동으로 옮겨가는 과정을 경험하면서 전환의 중요성과 가치를 배워 나갈 수 있다.

가족 형성기의 신혼기 부부가 어떤 가치관을 가지고 어떤 가족을 만들어 갈 것인지 고민하며 그것을 실제로 적용해 나가는 일은 중요하다. 이 시기 부부가 공유하는 규범, 가치, 비전 등이 반영되어 결국 그 가족의 문화가 형성될 것이기 때문이다.

〈참고자료 6-2〉 임산부 · 조부모 대상 '세살마을 부모교육' 실시

서울시는 임산부부와 영유아 손자녀를 돌보는 조부모를 대상으로 2013년 '세살마을 부모교육' 사업을 11월까지 실시한다. '세살마을 부모교육' 사업은 서울시와 삼성생명, 가천대(세살마을 연구소)가 함께 출산양육 친화환경을 조성하고 자녀양육에 대한 부담감을 경감하기 위해 민 · 관 · 학이 공동으로 진행한다는 데 그 의미가 있다. 임산부부에게는 태아기부터 정서적 유대감을 증진시키고, 태내발달에 대한 지식과 출산, 부모 역할 기술을 습득하게 하여 부모로서의 자신감을 키울 수 있는 부모교육을 제공한다. 영유아 손자녀를 두거나 둘 예정인 조부모에게는 영유아 놀이법이나 안전사고 대처법, 성인자녀와 갈등해소 방법 등 체계적인 교육을 통해 조부모의 육아 스트레스를 완화하고, 손자녀를 맡기는 부모의 양육에 대한 부담감을 덜고자 한다. 한편 '세살마을 부모교육' 은 "세 살 버릇 여든까지 간다"는 속담처럼 태어나서 세 살까지 양육의 중요성을 알리고 온 마을 주민이 함께 아이를 키웠던 전래의 '마을' 공동체같이 엄마 혼자가 아닌 아빠, 조부모 나아가 사회구성원이 함께 아이를 돌보자는 취지에서 서울시장, 이어령 초대 문화부장관 등 사회 각계 인사들이 뜻을 모아 시작한 사업이다. 조부모의 경우 사람들과 소통함으로써 양육 스트레스를 덜고 실제적으로 손자녀를 돌보는 데 도움이 되었다는 피드백이 많아 교육효과를 입증하고 있다. 특히 부모교육을 남편과 함께 들으니 아기에 대한 사랑도 애틋해지고 임신한 아내를 배려해 주는 마음이 커져서 부부사랑이 커지는 데 한몫 했다고 '세살마을 부모교육' 을 실시한 서울시에 감사의 마음을 전했다.

출처: 〈뉴스와이어〉. 2013.3.20.

3. 가족 확대기의 발달적 특징

1) 자녀양육기 가족의 발달적 특징

확대기에 진입하는 가족의 뚜렷한 변화는 부모기로의 전이이다. 부모가 된다는 것은 하나의 생물학적 사건이면서도 심리적 · 사회적 변화를 가져오는 일이다. 그뿐만 아니라 세대 간의 결속을 넘어서는 의미를 지닌다(Carter, McGoldrick, 1989). 사실상 자녀가 태어나기 전까지 부부는 결혼으로 인해 각자의 지위가 변화되었다는 것을 잘 인식하지 못한다. 부모기로 진입하는 이 단계야말로 부부가 전통적 성역할과 다세대 문제에 실제로 직면하는 시기이다(Carter, McGoldrick, 1989).

자녀양육기 가족의 특징은 첫째, 영구적인 체계가 형성된다는 것이다. 결혼으로 인해 부부체계가 형성되었지만 배우자 중 한 사람과 헤어지게 되면 가족체계는 상실된다. 그러나 자녀가 있으면 부모-자녀체계가 존재하므로 가족체계는 유지할 수 있다. 이런 면에서 이 전환은 매우 중요하다. 두 번째 특징은 부모기로의 전이로 인해 새로운 가족 적응이 요구된다는 것이다. 이 시기의 전이는 이미 형성된 부부관계가 세 명의 관계로 발전되는 것이며, 이전에는 없었던 부모와 자녀의 세대 간 경계가 새롭게 형성되는 시기이다. 이런 이유로 다른 가족 발달단계상의 역할 전이와는 뚜렷이 구별된다(정현숙 외, 2001). 즉, 첫 자녀의 출생은 부부가족과 새로운 가족을 구분하는 사건으로 이것은 결혼 후 부부가 겪게 되는 첫 번째 역할 전이라는 측면에서, 그리고 부모 역할이라는 새로운 역할수행 측면에서 가족관계가 새로운 국면에 접어들었음을 보여준다. 또한 가족구조의 변화를 가족구성원의 변화, 연령 구성의 변화, 주요 지위에서의 변화라는 측면(고선주, 1996)에서 본다면 부모기로의 전이는 이 세 가지 측면이 동시다발적으로 진행되는 가장 영향이 큰 변화라고 할 수 있다.

한편 전이과정에 대한 부부의 반응은 하루 일정의 혼란, 부부의 상호 의견 불일치의 빈도, 갈등의 표현이라는 세 가지 요소에 의해 영향을 받는다(Worthington, 1989). 이러한 현상은 부부로 하여금 기존에 유지해 왔던 2인 체계 방식이 아닌 새로운 방식으로 결혼에 적응해야 한다는 것을 보여주는 것이다. 즉, 이 시기는 부모기로의 전이과정을 겪으며 개인적 · 가족적 측면에서 커다란 변화를 경험하는 동시에 2인 관계에서 확립된 패턴을 조정하여 새로운 결혼 적응으로 나아가는 중요한 전환점이 되는 시기라고 할 수 있다(방현주 외, 2002).

세 번째는 이 시기가 양육 스트레스가 높고 부부의 친밀감이 위협받는 시기라는 것이다. 우리나라는 자녀의 출산이 곧 가계의 계승을 의미하기 때문에 부모기 전이를 긍정적으로 받아들이는 문화(이숙현, 1990)이지만 부모 됨에 대한 수용과 자녀양육의 실제는 별개의 문제이다. 자녀가 가족에게 주는 긍정적 측면에도 불구하고 부모기로의 전이는 부부간의 응집과 애정표현을 감소시킨다(Belskey, Spanier, Rovine, 1983). 그뿐만 아니라 부부의 결혼 적응도 감소(고선주 · 옥선화, 1993)시키는 것으로 나타났다. 앞에서 언급한 부모기로의 전이는 부모가 되는 당사자인 부부에게 지금까지 경험하지 못한 스트레스를 가져다준다. 그것 중 하나는 시간과 에너지의 문제이다. 자녀는 돌봄을 필요로 하고, 자녀의 돌봄은 시간과 많은 에너지를 필요로 하기 때문에 부모는 자신들의 시간과 에너지를 재조정해야 한다. 다른 하나는 이로 인한 변화에 대처하기 위해 일상생활의 패턴을 수정해야 한다는 것이다. 그래서 이 시기의 생활시간표는 자주 달라진다. 마지막으로 가족은 자녀의 양육과 관련하여 많은 새로운 결정을 내려야 하고 이런 과정에서 경험하게 되는 부부간의 새로운 갈등이 스트레스를 유발한다. 그리고 이 같은 양육 스트레스는 부부의 사생활과 부부 몰입도를 감소시키는 주요 배경이 된다(Worthington, 1989).

2) 자녀교육기 가족의 발달적 특징

발달단계에 따른 가족 전체의 스펙트럼 속에서 아동기와 청소년기를 아우르는 자녀교육기는 가족 확대기의 절정에 해당한다. 첫 자녀의 출생 이후 이어져 온 가족생활은 공간, 경제능력, 정서적 유대감 등에서 꾸준히 확장되어 왔다. 이런 과정 속에서 가족이 자녀교육기에 이르게 되면 부모는 단순히 어린 자녀를 양육하고 보호하던 역할에서 벗어나게 된다. 자녀는 아동기에 형성되기 시작한 자아개념을 정체성 확립으로 이어가고, 그러면서 여러 가지 개인적인 관심사와 씨름한다. 자녀의 독립심 역시 증가한다. 이런 변화로 인해 부모는 자녀와의 관계를 조정해 가면서 자녀가 좀 더 책임감 있는 삶을 만들어 갈 수 있도록 가족구조와 조직을 변화시켜야 한다는 압력을 받는다.

자녀교육기 가족의 특징은 첫째, 자녀의 입학이다. 이로 인해 가족은 공적으로 사람들 앞에 나서게 된다. 학교라는 새로운 영역으로 관심이 옮겨지면서 이 시기의 가족구성원 모두는 중요한 전환을 맞이하게 된다. 자녀에게 있어 학교는 부모를 떠나 새로운 사람들, 즉 교사와 또래들을 만나는 장소이다. 또한 그들과 함께 새로운 생활을 펼쳐 가는 장소인 동시에 개인적 성취의 장소가 된다. 부모는 학업성적뿐만 아니라 교사, 친구들과의 관계에도 깊은 관심을 기울인다. 학교에서는 자녀의 태도를 판단하고 부모의 자녀양육 능력에 대해 추측한다. 때로 학교와 충돌하기도 하며 이로 인해 부모 사이에 갈등이 발생하기도 한다. 그만큼 자녀의 학교생활은 가족의 삶에 중요한 주제가 된다(도현심, 2005). 이런 맥락으로 가족의 시간 예정표 역시 다시 변하게 된다.

둘째, 이 시기는 세대 간 가족관계에 전체적인 변화가 나타나는 때이다. 자녀는 계속 성장 · 성숙해 나가고 부모세대는 서서히 중년기에 접어들며, 조부모세대는 고령화로 인한 여러 문제에 직면하게 된다. 자녀세대는 점점 보다 많은 자율과 독립성을 요구하게 되고, 때로 그것이 지나쳐 가족 간 긴장이 발생하기도 한다. 그래서 이 시기 대부분의 가족은 가족 규칙과 그 허용 범위를 조정해 나가면서 가족을 재조직하게 된다. 부모세대는 부모의 부양을 비롯해 중년기의 주요 문제인 부부생활과 직업, 직장에 대해서도 다시 평가하고 생각하게 된다. 조부모는 은퇴, 이사, 질병, 죽음 등의 문제들을 겪게 된다. 이런 변화들은 가족 내 복합적인 문제이기도 하지만 사회적 맥락과도 관련된다. 따라서 가족은 가족의 시간, 에너지 그리고 심리사회적 연계의 균형을 다시 맞추어 가려는 노력을 필요로 한다. 이런 노력에 근거하여 가족체계 내에 잠재하는 자원들이 다시 활용 가능해지고 가족은 이 시기의 변화를 긍정적으로 이끌어 갈 수 있다(Carter, McGoldrick, 1989).

셋째, 가족갈등과 긴장이 자주 발생할 수 있다. 이 시기 부모-자녀관계의 구조적인 유형은 자녀의 성장에 알맞은 형태로 변화되어야 할 필요가 있다. 가족 내의 자녀에 대한 규칙과 자녀와 관련된 부모의 역할에 대한 규칙을 새롭게 해야 할 시기이다. 부모가 자녀를 이전 단계의 관점으로 보고 모든 것을 통제하려고 하면 가족은 발달주기의 궤도에서 벗어나 진전하지 못하게 되어 가족문제에 부딪히게 된다(박태영, 2002). 특히 청소년기의 자녀는 부모가 생각하는 것보다 자신이 독립하는 것에 더 준비가 되어 있다고 스스로 믿고 있다. 이런 차이로 인해 자립과 의존의 갈등이 더 심각하게 드러날 수 있다.

이런 특성에 비추어 볼 때, 자녀교육기는 가족에게 중요한 전환이 일어나는 단계이다. 즉, 가족 규칙이 변하는 시기이고 가족구조가 변하는 때이며 가족관계적 맥락도 달라진다. 또한 가족구성원으로서의 책임감도 인식하게 되면서 자녀들과 어른들 모두에게 진지한 변화가 동반되는 시기이다.

4. 가족 확대기의 발달과업과 가족문화

1) 자녀양육기 가족의 발달과업과 가족문화

(1) 일상생활을 공유하는 문화 만들기

자녀양육기는 부부 중심 가족에서 자녀 중심 가족으로 체계가 변화되는 시점이다. 이런 변화는 기존의 역할과 함께 새롭게 부여되는 역할을 이해하고 각 역할수행 간의 균형을 이루어야 하기 때문에 많은 긴장을 불러일으키는 발달적 과정이다. 이 과정에 접어드는 자녀양육기 가족의 발달과업은 첫째, 부모 역할에의 적응이다. 자녀의 출생은 가족관계의 복잡성을 증가시키면서 다양한 역할을 새롭게 부여한다. 이제 부부에게 강조되는 것은 부모 역할이다. 부모는 자녀의 건강한 성장을 위해 자녀의 욕구와 기대에 관심을 가져야 한다. 어떤 역할이든 역할기대가 있는데, 부모는 여러 사람에 의해 기대되는 역할 이미지를 스스로 조정해서 수용할 수 있어야 한다. 여기서 간과하지 말아야 할 것은 부부의 친밀감과 상호의존성이다. 자녀나 직업을 지나치게 강조하면 부부관계가 소홀해질 수 있다. 부부는 더욱 친밀감의 균형에 기초하여 양육능력을 발달시켜야 한다. 둘째, 부부는 에너지 소모와 사생활 부족에 적응해야 한다. 어린 자녀를 키운다는 것은 신체적인 피로가 쌓이고 서로에게 집중하던 시간이 줄어든다는 것을 의미한다. 부부는 그들의 감정이나 관계에서의 욕구도 조정해야 한다. 따라서 생활시간과 에너지를 새롭게 안배해야 한다. 세 번째 과업은 가족공동체의 형성이다. 가족발달주기에 따른 여가활동과 장애요인과의 관계를 살펴본 임호남과 박준석의 연구(1997)에 의하면, 이 시기는 여가활동 참여도가 가장 낮은 시기이며, 그 이유는 자녀양육으로 인한 시간제약과 심리적 부담 때문인 것으로 나타났다. 사실 이것은 현실적으로 매우 중요한 배경이 된다. 이런 측면에서 이 시기는 어떤 일을 위해 따로 시간을 내는 것보다 평상시의 생활시간을 이용해 일상의 경험을 공유하는 가족문화가 가족의 응집에 더 도움이 될 수 있다. 이 과정을 통해 가족 간 경험의 공유가 익숙해지면 이것은 청소년기까지 자연스럽게 이어지기 쉬우므로 세대 간 차이 등으로 인해 의사소통에 문제가 발생할 때 큰 도움이 될 수 있다. 이런 맥락을 고려해 보면 생활 속에서 자연스럽게 진행되는 가족놀이가 매우 도움이 된다(참고자료 6-3 참조). 특히 돌봄이 많이 요구되는 자녀양육기의 특성상 어머니와 자녀의 상호작용이 두드러지기 쉬운데, 가족놀이는 아버지의 역할과 위상을 강화하는 좋은 디딤돌이 될 수 있다.

(2) 소비성을 넘어 경험을 공유하는 문화 만들기

가족놀이와 관련하여 경계해야 할 점은 가족을 둘러싼 소비적 환경이다. 사회환경의 변화와 가족의 변화는 맞물려 있으므로 오늘날 가족문화 역시 이전과는 다른 양상을 많이 보여준다. 특히 가족의 놀이문화는 도시성의 특성을 잘 보여주고 있다. 도시성이란 TV와 인터넷의 영향으로 가족 안에 외부세계를 적극적으로 끌어오면서 과거의 핵가족보다 그 경계가 더욱 개방적으로 변화하고 침투성이 높아진 현상을 말한다. 도시성이 증가함에 따라 부모는 가정 내에 쏟아지는 정보의 홍수를 통제하기 어렵게 되었다. 이것은 자녀의 발언권이나 결정력을 점점 높아지게 하고, 자녀들을 철저한 소비자의 입장에 서게 만들었다. 이런 배경으로 인해 현대인들의 여가활동이나 가족활동은 문화를 형성하기보다는 이미 상품화된 문화를 소비한다고 할 수 있다(David Elkind, 2007). 이런 부분을 회복하고 현명한 소비자가 됨과 동시에 새로운 가족문화의 창출을 도모하는 것이 필요하다. 여기에 기초가 되는 것은 경험의 공유이다. 가족의 관심사와 활동을 접목하는 시도는 단순한 재미를 뛰어넘어 가족의 경험과 열정을 공유하게 한다. 이런 공유는 일생 동안 지속되는 유대감을 창출할 수 있다(David Elkind, 2007).

〈참고자료 6-3〉 이 시기에 도움이 되는 가족놀이의 예

○ 광고 끝말잇기

준비물: 신문 혹은 광고 전단지

자녀의 어휘가 늘고 끝말잇기를 즐길 수 있는 나이(만 3세 이상)가 되면 광고지 속 상품을 사용한 끝말잇기를 할 수 있다. 한쪽 면에서 찾고자 한 글자를 찾지 못하면 지게 된다. 끝말잇기가 지루해지면 모양 찾기나 색깔 찾기, 과일 찾기 등으로 바꿀 수 있다.

출처: 스즈키 미유키(2007) 지음. 이윤혜 옮김. 놀이모음집. 팜파스.

○ 표정놀이

준비물: 그림책

그림책에 있는 표정을 따라 해 보고 가장 엉뚱한 표정이나 비슷한 표정을 짓는 사람에게 좋아하는 간식을 상으로 주는 콘테스트 방식을 사용한다. 이 놀이는 자녀에게 책과 친숙해지게 할 수 있다.

출처: 오승주(2013). 책놀이 책. 이야기나무.

○ 가족나무

준비물: 전지, 크레파스 또는 색연필

이 놀이는 자녀들이 자신의 가문과 뿌리를 이해하는 데 도움이 된다. 가족에게 전지와 크레파스를 나누어주고 가족나무를 그리게 한다. 가족나무의 큰 줄기에는 고조부나 증조부부터 시작하여 굵은 가지에 할아버지와 할머니의 이름을 적은 열매를 붙이고, 중간 가지에 어머니, 아버지의 이름을 붙이고, 잔가지에는 자신과 형제의 이름을 적은 열매를 붙인다. 또 이름 아래에 그 사람의 고향, 어떤 일을 했는지를 알아보고 간단히 적어 본다. 이 밖에 친척은 누가 있는지 알아보는 것도 좋다.

출처: 전국재(2011). **명랑가족놀이**. 시그마북스.

(3) 공동체성을 회복하는 기념일 문화 만들기

현대 가족에게 자녀양육기부터 매우 뚜렷하게 나타나는 독특한 문화 중의 하나는 기념일 문화이다. 부부의 결혼기념, 자녀의 생일, 입학, 졸업기념 등이 대표적이다. 결혼기념일은 부부가 된다는 것을 공식화한 결혼식을 기념하는 가족문화로, 이후 결혼기념일에 의미를 부여하고 의례나 문화행사를 함께함으로써 기념하는 것이다. 생일문화는 태어난 날을 기념하는 잔치이다. 자녀가 태어난 뒤 건강하게 잘 자라난 것에 대한 축하와 앞으로도 계속 잘 자라기를 기원하는 의미를 담고 있다. 특히 과거의 높은 영아 사망률을 생각하면 첫 생일인 돌잔치는 매우 상징적인 축하의식이었다. 지금도 돌은 일반 생일과 구분하여 진행하고 있다. 그렇지만 과거 돌잔치의 의미는 점점 퇴색하고 지금은 가족, 지인 간 축하의 성격이 많다. 현대의 생일문화 역시 '탄생' 을 기념했던 과거의 의미보다는 오락과 소비 형태로 변화하고 있다는 것을 알 수 있다(김양희 외, 2011).

가족 의식은 가족구성원의 의미 있는 날을 축하하는 기념적 의미를 표현하는 문화인 동시에 가족의 공동체성을 형성하는 중요한 기반이 될 수 있다. 이런 면에서 시대적 특성과 현대 가족의 요구를 고려하여 단순히 전통을 유지하는 소극적 차원에서 벗어나 부부, 가족 간 관계를 강화하고 그 의미를 되새길 수 있는 새로운 방식을 모색하는 것이 필요하다(참고자료 6-4 참조).

〈참고자료 6-4〉 '기념일 도서 나눔 행사' 실시

북수원도서관에 책을 기증하면 기증자의 이름이 기록돼 도서관에 소장된다. 북수원도서관은 다음 달부터 '기념일을 아름다운 도서 나눔으로' 행사를 연중 실시한다고 30일 밝혔다. '기념일 도서 나눔'은 출산, 돌, 입학, 졸업, 생일, 결혼기념일 등 다양한 기념일에 2권 이상의 도서를 도서관에 자유롭게 기증할 수 있는 행사다. 소장 도서는 수원시민을 위해 다양하게 활용될 예정이다. 기증도서에 기증자의 이름을 기록해 소장자료로 보존하고, 기념사진도 찍어 도서관 홈페이지(http://buk.suwonlib.go.kr)와 도서관 내에 게재할 예정이다. 5권 이상 기증자에게는 대출권수를 늘려 주는 혜택도 부여한다.

출처: 〈뉴스1〉. 2013.1.30.

2) 자녀교육기 가족의 발달과업과 가족문화

가족체계가 다양한 긴장에 직면하는 자녀교육기는 몇 가지 중요한 발달과업을 가지고 있다. 첫째는 자녀의 교육적 성취를 고무시키는 것이다. 이 시기, 특히 아동기는 성취감에 대한 욕구가 강하게 나타나는 시기이므로 학업에 대해 성공적인 경험을 갖도록 격려해야 한다. 그러나 학습 성과에 대한 부모의 지나친 기대는 부모나 자녀 양쪽 모두에게 큰 스트레스를 가져다주므로 주의해야 한다. 또한 부모는 학교 이외에도 다양한 학습 경험을 제공해야 한다. 가족이 함께하는 다양한 체험학습은 학교 현장을 벗어나는 학습의 장인 동시에 가족 친밀감을 형성하는 좋은 기회가 된다(참고자료 6-5 참조).

둘째는 자녀의 독립성과 가족에 대한 소속감, 충성심과의 균형을 유지하는 것이다. 자녀는 가족의 일원으로서 수행해야 할 역할을 인지하고 책임을 느끼며 자신이나 집안의 관리 등 구체적으로 가족의 일에 협력해야 한다. 또한 또래 혹은 부모 이외에 권위를 가진 사람과 협동적으로 상호작용하는 법을 배워 나가야 한다. 특히 청소년기는 갈등과 불안이 많을 때이므로 현실생활에 적응해 갈 수 있도록 조력해야 한다. 최근 부모의 과도한 교육열로 인해 대학 진학에 대한 부모의 관심이 지나쳐 청소년기의 이러한 발달과업이 수행되는 데 어려움이 발생하고 있다.

셋째는 성숙한 부모로서의 자질과 부부체계의 확고함을 갖추는 것이다. 이것은 신체적 양육에서 심리적 양육에 더 중점을 두어야 함을 의미한다. 점점 또래에 대한 순응성이 높아지고 부모에 대한 순응성은 감소하므로 이 시기의 훈육방법은 변화될 필요가 있다(도현심, 2005). 따라서 양육방식을 돌아보고 부부가 일치된 지향점을 공유해야 한다. 또한 부부체계가 가족체계의 중심이 된다는 점을 생각할 때 이 시기 부부관계의 중요성은 다시 부각된다. 결혼기간이 길어지면서 이때의 부부기는 그 체계가 느슨해지고 서로에 대해 신선한 관심과 대화가 감소하는 경향이 있다. 부부는 각자에게 어떤 변화가 생겨나고 있는지 서로 알고 있어야 하며, 전통 가족의 역할 기대를 지양하고 누구든 시간과 기술이 허용되는 사람이 그 역할을 담당한다는 생각을 해야 한다. 역할수행을 성별에 따라 기대하지 않고 시간과 기술이라는 기준에 근거해 기대하는 것이다. 즉 자원에 따른 역할기대가 보다 합리적으로 이루어질 때 부부는 이 발달단계가 요구하는 과업을 보다 잘 수행해 나갈 수 있다(유영주 외, 1990).

(1) 가족 긴장을 완화시키는 가족문화 만들기

이런 발달적 특성을 고려할 때 자녀교육기는 가족체계의 긴장이 높아지는 시기이다. 동시에 가족구성원 모두가 친밀성을 갖고 상호 지지하는 정서적 유대감이 더욱 요구되는 시기이기도 하다. 가족의 화목활동은 이 긴장을 완화시키고 가족의 응집을 높이는 데 기여할 수 있다(김양희, 2011). 그런데 여기서 고려되어야 할 것은 가족구성원 각자의 개별성과 정체성이다. 각자의 특성을 존중하고 서로가 가진 다른 욕구를 인정하는 것이다. 특히 부모는 청소년기가 자율추구의 가치관이 높은 시기라는 점을 염두에 두어야 한다. 자율추구 가치관은 개인의 요구와 관심사, 활동 등을 가족보다 더 우선시할 수도 있다는 것을 의미한다(David Elkind, 2008).

전통적인 가족주의에 입각하여 자녀들에게 일방적으로 요구하는 것은 자녀들이 새로운 사회에 적응하는 것을 방해할 수 있다. 또한 가족활동에의 참여가 지나친 가족 중심 가치관에 근거하면 결국 가족구성원의 참여를 강요하게 되는 강제성으로 흐를 수 있다. 이렇게 되면 가족활동이 자유의지에 의한 자발적 동기가 아니라 의무적 참여로 이루어진다. 결국 참여자의 내적 동기는 약화되고 긍정적 정서 경험까지 낮아지게 된다(윤소영 · 차경옥, 2003; 문숙재 외, 2007). 이것은 가족활동이 추구하는 방향이나 의미에서 벗어나는 것이다. 이런 면에서 부모는 자녀의 가족활동에 대한 인식이나 요구수준을 이해할 필요가 있다. 부모는 가족의 화목을 기대하지만, 부모의 간섭을 많이 받는 이 시기의 자녀들은 가족활동을 주로 자신의 스트레스를 해소할 수단으로 인식한다. 특히 시간을 누구와 같이 보내는가 하는 면에서 가족보다는 친구들과 가정 밖에서 보내는 것을 선호한다. 이런 특성을 고려할 때 부모는 자녀가 또래관계에서 배울 수 있는 사회적 학습의 중요성을 간과하지 않아야 한다. 또한 지나친 가족 집단주의적인 요구나 기대를 하지 않는 태도가 필요하다. 자녀들로 하여금 자신들의 자발적인 노력과 창의적 잠재성을 최대한 발휘하도록 할 때 자녀는 사회의 요구에 더 잘 적응할 수 있다(박태영, 2002).

(2) 다양성을 인정하는 가족문화 만들기

한편 사회적 변화로 인해 가족의 가치관도 많이 달라지면서 다양한 가족생활양식을 바탕으로 한 다양한 가족유형과 구조가 형성되고 있다. 핵가족이나 확대가족은 여전히 존재하지만 독신가족에서부터 사별이나 이혼으로 인한 한부모가족이 늘어나고 있으며 재혼가족도 증가하고 있다. 더불어 주말가족, 공동체가족 등 개인의 필요나 자유에 의해 가족의 형태는 매우 다양해지고 있다. 그런데 이들 가족이 가족구조에 따라 직면하는 갈등과 사회적 요구는 일반 가족과는 많이 다르다. 그래서 이런 가족은 또 다른 어려움을 겪게 되고 그에 따른 또 다른 적응을 필요로 한다(정현숙 · 유계숙, 2001). 다양한 가족이 가지는 특징과 그에 따른 다양한 문화에 대해 열린 시각뿐만 아니라 이들을 위한 실제적인 접근이 확산되어야 한다. 가족문화에 대한 전형적이고 규범적인 인식에서 벗어나 다양한 가족문화로 그 지평을 확장해 나가는 구체적인 방법은 지속적으로 고민해야 할 우리의 시대적 과제이다.

가족을 기반으로 하는 가족의 기능이 축소·변화됨에 따라 가족의 협력적 행동이 저하되고 생활의 관심은 점점 개별화되고 있다. 가족의 연대의식과 응집력이 약화되어 가족은 개인주의적인 이해관계만으로 연결되기 쉽다. 또한 가족이 처한 환경과 가족의 발달주기에 따라 다른 갈등과 위기에 직면할 수도 있다. 이런 현대 가족의 특성을 반영하고 가족의 정서적 기능을 보완하는 가족문화 형성이 필요한 시점이다.

〈참고자료 6-5〉 가족확대기에 도움이 되는 가족 체험 프로그램의 예

꿈다락 토요문화학교 '여행 가이드북 만들기' 참가가족 모집

바다쓰기(대표 김지환)는 꿈다락 토요문화학교 프로그램의 일환인 '온가족 모다들엉 스토리텔링 여행 가이드북 만들젠' 프로그램 2기 참가자를 모집한다고 7일 밝혔다.

이번 프로그램은 온 가족이 합심해 만드는 스토리텔링 여행가이드북 만들기 문화체험으로 진행된다. 문학, 사진, 미술, 연극, 음악, 요리 등 다양한 장르를 접목해 골목과 제주 곳곳의 숨은 이야기를 찾는 방식이다.

참가대상은 초등학교 1학년부터 중학교 3학년 자녀를 둔 10가족이다. 2기 참가자들은 오는 23일부터 11월 19일까지 매주 토요일 오후 2시부터 5시까지 총 16차례에 걸쳐 프로그램에 참여하게 된다.

참가신청은 오는 22일까지 바다쓰기 블로그(www.blog.naver.com/usingsea)를 통해 선착순으로 진행된다.

바다쓰기 김지환 대표는 "새로운 여행방식을 통해 가족들이 치유하고 힐링 할 수 있는 의미있는 시간을 만들게 될 것"이라며 "전문 강사들과 함께 제주의 숨은 이야기를 찾는 재미를 발견하고 직접 여행책을 만들면서 가족들만의 새로운 추억을 쌓을 것"이라고 말했다.

출처: 〈헤드라인제주〉. 2016.7.7.

'꿈다락 토요문화학교' 문 연다

문화체육관광부는 한국문화예술교육진흥원, 한국문화예술회관연합회, 17개 시 · 도 지역문화예술교육지원센터와 함께 이번 달부터 900여개의 '꿈다락 토요문화학교' 프로그램을 운영한다고 11일 밝혔다. 꿈다락 문화학교는 미술관과 박물관, 정부 · 민간 단체가 주말 동안 운영하는 다양한 문화예술교육 프로그램을 통칭한다. 예컨대 세계민속악기박물관에서는 생소한 민속 악기를 체험해보고 아이들이 상상한 이야기의 장면에 적합한 악기 소리를 배경음악으로 결합하는 체험수업을 진행한다. 이 밖에 예술가와 가족이 함께 낯선 곳을 여행하며 예술을 배워보는 주말문화여행, 1개의 악기를 배워 친구들과 함께 오케스트라 공연을 해보는 프로그램 등이 진행된다.

2012년부터 시작돼 올해 7년째로, 거의 모든 프로그램이 무료다. 초등학생과 중학생이 주요 대상이며 가족과 함께할 수 있는 프로그램도 많다. 기초생활수급자, 한부모가정, 결혼이민자가정, 탈북자, 장애인 자녀 등 취약계층에 우선 참여 기회를 준다. 홈페이지(www.toyo.or.kr)에서 지역별, 주제별 프로그램을 검색해서 신청하면 된다.

출처: 〈서울신문〉. 2018.4.12.

생각해 봅시다

1. 가족 형성기의 결혼문화를 토의해 보고 현재에도 여전히 이어지고 있는 가족가치관을 찾아보자.

2. 가족 확대기의 가족활동 중 가족문화화되어 가고 있는 것들은 무엇인지 찾아보자.

3. 가족 확대기에 있는 다양한 가족 유형에 따른 특성을 정리해 보고 가족의 건강성을 도모하는 활동들을 찾아보자.

더 볼거리

◈ 영화. 「우리는 동물원을 샀다」. 캐머런 크로 감독. 2011.
아내와 엄마를 사별한 가족이 아빠를 중심으로 '동물원 재개장'이라는 공동의 목표를 이루어 가면서 가족의 소통을 만들어 가는 이야기이다. 상실이라는 가족의 위기와 한부모가족의 특성을 풀어 내는 과정이 흥미롭다.

◈ 영화. 「우리들」. 윤가은 감독. 2016.
학교에서 왕따를 당하고 있는 초등학생에게 친구가 생기고 우정이 자라나지만 질투와 시기, 거짓 등으로 어려움을 겪는 과정을 담아 낸 작품이다. 초등 아동의 심리상태를 잘 표현하고 있어서 이 시기 아이의 내면을 이해하는 데 도움이 된다. 아이를 잘 알려고 하지 않는 어른의 모습, 모순된 어른의 모습, 어른이 쉽게 간과하는 것 등이 도전을 주기도 한다.

◈ 영화. 「에델과 어니스트」. 로저 메인우드 감독. 2018.
영국의 동화 작가 레이먼드 브릭스의 부모님 실제 이야기를 애니메이션으로 제작한 작품이다. 1920년대부터 1971년 부모님이 돌아가시기까지 당시의 격동적 시기를 지나 온 평범한 가족의 사랑과 삶을 역사적 맥락과 함께 담았다. 가족생활주기의 전반적 흐름을 파악하는 데도 유익하다. 더불어 당시 런던의 생활상과 따뜻하고 아름다운 영상미는 덤이다.

◈ 도서. 『**아빠 육아 공부**』. 양현진. 위닝 북스. 2017.
세 아이를 키우는 저자의 경험을 통해 아빠만의 육아 노하우를 배울 수 있다. 아이와 어떻게 놀아야 하는지 잘 모르는 아빠들이라면 저자가 제안하는 놀이법을 참고하기 바란다. 가족 안에서 아버지의 역할을 어떻게 이해하고 수행해 가야 하는지를 알아가는 데 도움이 된다.

◈ 도서. 『**할아버지의 바닷속 집**』. 히라타 겐야 글 · 가토 구니오 그림, 김인호 옮김. 바다출판사. 2016.
가토 구니오가 만든 단편 애니메이션 '쓰미키노이에(집짓기놀이의 집)'를 원작으로 하는 작품이다. 우연한 기회에 할아버지가 자신이 지나온 시간을 회상하며 가족을 추억하는 여정이 가슴을 먹먹하게 한다.

◈ 도서. 『**은행나무처럼**』. 김소연 글 · 김선남 그림. 마루별. 2004.
마주 보고 서 있는 두 그루의 은행나무를 통해 부부 됨과 부모 됨을 돌아보게 하는 작품이다. 부부로 출발해 부모가 되어 자녀를 키우고 자녀를 떠나보내고 다시 부부가 되는 여정이 차분하고 부드러운 감동으로 다가온다.

◈ 도서. 『**완벽한 아이 팔아요**』. 미카엘 에스코피에 글 · 마티외 모네 그림, 박선주 옮김. 길벗스쿨. 2017.
자녀에 대한 부모의 생각, 이기적인 기대 등을 다시 돌아보게 하는 작품이다. 자녀는 부모의 소유가 아니라 독립된 인격체이자 능동적인 존재라는 사실을 일깨워 준다. 완벽한 부모의 역할, 완벽한 자녀의 역할에 압박을 느끼고 있다면 이 책이 위로가 될 것이다. 반전이 주는 위트와 교훈이 이 책의 백미다.

CHAPTER 7

가족 발달과 가족문화 2

가족 축소기는 가족 발달단계의 후반기인 중 · 노년기를 함께 일컫는 말로, 자녀들이 어느 정도 성장해서 독립하기 시작하는 시기부터 노부부의 죽음에 이르기까지이다. 이 시기는 앞 단계의 친자 동거기(자녀들과 함께 생활하는 시기로, 가족 형성기와 가족 확대기를 의미함)와는 달리 주로 부부 중심이며, 한편으로 노부모의 부양과 자녀의 양육을 함께 병행해야 하는 시기이기도 하다.

이 장에서는 가족 축소기를 중년기와 노년기로 나누어 각각 발달단계의 특성과 주요 과업, 그 단계의 가족문화의 특성들에 대해 살펴보고자 한다.

1. 가족 축소기의 특성

1) 중년기 가족 특성

일생을 통하여 인간의 중요한 발달이 끊임없이 이루어지고 있다고 볼 때 생애주기를 기준으로 '마지막 자녀가 독립하면서부터 배우자 중 한 명이 은퇴하거나 사망하기까지의 기간'을 중년기(the middlehood)라 하고 대체로 45세부터 60~65세까지이다(이기숙 외, 2009). 중년기는 인생이 전반기에서 후반기로 넘어가는 전환기로, 평균수명의 연장과 자녀양육 기간의 단축으로 인해 중년기가 점점 길어지고 있고, 최근 들어 중년기의 이혼과 재혼도 증가하고 있어 이 시기의 부부관계에 대한 재정립과 역할 설정은 중요한 문제이다.

에릭슨(Erikson)은 그의 심리사회발달단계론에서 제7단계로 부르며, 이 시기를 생산성(generativity) 대 침체(stagnation)의 과업을 성취하는 단계로 보았으며, 개인의 사회적 영향력이 절정에 달하는 동시에 노화에 따른 생물학적 변화도 느끼게 되는 시기라고 하였다(이미란 외, 2009). 또 이 시기는 대체로 경제적으로 가장 큰 수입을 얻고, 가족 지향적이고 정치 · 사회 활동에 적극적으로 참여하며, 다른 어느 시기보다 비교적 한 곳에 안정되게 정주하는 시기이기도 하다. 부부는 부모로서의 책임감에서 벗어나 자유로움을 느낄 수 있으며, 결혼의 의미와 자신들의 부부관계를 재평가하게 되고 지금까지의 자녀 중심적인 생활방식에서 부부 중심의 생활방식으로의 새로운 적응이 요구되는 시기이기도 하다.

중년기의 부부관계는 이전까지의 부부관계가 어떠했느냐에 따라 그 양상이 달라진다. 이전 가족생활주기 단계에서 친밀감 있게 보낸 부부는 부부만이 함께하는 시간이 증가하면 서로를 더 많이 알게 되는 기회가 생겨 동반자적인 관계가 더욱 공고해질 수 있다. 그러나 이전까지 자녀 때문에 마지못해 결혼생활을 유지했거나, 부부관계가 만족스럽지 못했던 부부는 이 시기에 해결되지 않은 갈등과 문제가 표출되어 결혼의 위기를 경험할 수도 있고 심한 경우 이혼을 하기도 한다(참고자료 7-1 참조).

〈참고자료 7-1〉 위기의 중년 부부… 3쌍 중 1쌍 "하루 30분도 대화 안 한다"

여성가족부가 최근 공개한 가족실태 조사에 따르면 40~50대 중년부부의 대화시간이 가장 짧은 것으로 나타났다. 하루 30분 미만 대화하는 부부의 비율이 40대는 34.4%, 50대는 34.1%에 달한다. 대화가 전혀 없는 부부도 40대가 2.3%, 50대가 2%(20대는 0.7%)다. 한국 중년부부의 전형적인 모습이다. 대화가 적으면 행복지수가 떨어진다.

국립국어원 조사에서 가정 행복도는 부부 대화시간에 비례해 올라간다. 대화시간이 5분 미만인 부부는 1.2%만 "행복하다"고 답했다. 30분 정도인 부부는 30.1%, 한 시간이 넘는 부부는 35.6%였다. 또 나이나 자녀가 적을수록, 학력이 높을수록 부부 대화 만족도가 높았다. 대화가 적은 이유로는 '직장 일' 때문인 경우가 47.3%에 달한다. 장시간 근로가 부부 대화시간을 갉아먹고 있다. 중년부부의 피로는 대화의 만족도를 떨어뜨린다. 국립국어원 보고서에 따르면 불만족스러운 대화는 짜증 섞인 말투에서 주로 기인한다.

대화 내용을 서로 맞추기 어려운 점과 화를 내는 듯한 태도 또한 문제다. 중년 시절 대화가 서툴면 은퇴 후엔 더 나빠질 가능성이 크다. 따라서 은퇴를 대비해 공통점을 늘리는 게 좋다.

이 보고서에 따르면, 부부 대화를 원활하게 하려면 ▷하루 한 시간 이상 대화하고 ▷유머를 사용하고 칭찬과 감사를 많이 하며 ▷배우자 말을 경청하고 적극적으로 반응하고 ▷수시로 또는 잠들기 전에 대화를 하며 ▷자신의 공을 드러내지 않아야 한다고 분석했다.

출처: 〈중앙일보〉. 2016.2.12.

부모가 중년기에 들어서면 자녀들은 청년기에 접어든다. 흔히 정서적 위기와 연결되는 것으로 생각되는 두 시기, 즉 청년기와 중년기에 있는 사람들이 한 식구로 산다는 것은 무척 힘든 일이다. 최근에 와서 자녀의 사춘기와 부모의 갱년기는 소위 "위험한 동거"로 불려질 정도이다(참고자료 7-2 참조).

〈참고자료 7-2〉 독립 못하는 자녀 때문에… '찬 둥지 증후군'

내년 정년퇴직을 앞두고 있는 A씨는 대학까지 졸업하고 요즘 집에서 놀고 있는 자녀를 생각하면 고민이 깊다. 자신은 퇴직 후 어떤 직종이든 재취업해 적은 수입이라도 생활비에 보탤 각오인데 아이들은 아직 이런저런 핑계를 대며 취업에 천하태평이다. A씨가 아이들의 생활비 부담보다 더 걱정하는 것은 오랜 시간 집안에서 생활하면서 잔소리가 늘고, 그러다가 아이들과 갈등이 커질까 하는 점이다.

산업사회의 발달로 대가족이 해체되고 핵가족의 증가로 자녀들이 대학 진학이나 취직 · 결혼 등으로 독립할 때 부모들이 느끼는 상실감과 외로움을 '빈 둥지 증후군(Empty Nest Syndrome)' 이라고 했다. 반대로 취업난과 늦어지는 결혼 탓으로 독립할 나이가 됐는데도 집을 떠나지 않는 자녀들 때문에 겪는 갈등과 우울감을 '찬 둥지 증후군(Crowded Nest Syndrome)' 이라고 한다.

찬 둥지 증후군은 어떻게 나타나나

장성한 자녀가 독립하지 않으면 나이 든 부모는 경제적 부담이 훨씬 커진다. 자신의 노후를 대비하기도 힘든 데다 큰 자녀를 부양하면서 미래의 재정에 대한 불안이 유발된다. 부모들은 자신의 시간을 자유롭게 쓰지 못한다. 자녀를 독립시킨 친구들은 여행을 다니거나 취미활동을 하는데, 자신은 자녀를 챙기느라 자유가 없다는 생각에 스트레스가 심해진다. 또 친구의 자녀가 독립해 잘 사는 모습을 보면서 상대적 박탈감을 느끼기도 한다. 아무래도 늘어날 수밖에 없는 부모의 조언을 자녀는 잔소리로 느껴 가족 간 갈등도 잦아진다.

찬 둥지 증후군 이겨내려면

성인 자녀와 한 집에서 살면 필연적으로 여러 가지 부작용이 생길 수 있다. 서로 언쟁을 하다가 감정의 선을 넘기도 한다. 같이 산다는 이유로 자녀를 '돌봐야 할 존재' 로만 보지 말아야 한다. 자녀의 방 청소나 빨래 등을 무작정 도와주기보다 가사를 일정 부분 분담한다. 가정의 재정상태도 공개하고 서로 얼마나 부담할지 토론해 본다. 자녀가 적더라도 수입이 있다면 생활비를 일부 내게 하거나, 용돈을 줘야 한다면 한도를 둬 부모의 경제적 부담을 줄이는 게 좋다. 자녀의 독립을 지원하는 계획을 함께 세워 본다. 부모 집에서 지내 생활비가 덜 드는 동안 자립할 계획을 세우고 실천하도록 돕는 것이다.

출처: 〈국민일보〉. 2020.5.26.

또한 평균수명의 증가로 인해 노부모를 모시는 기간도 길어졌다. 중년세대는 부모 역할뿐만 아니라 자녀 역할도 해야 하므로 동시에 이중역할을 수행해야 하는 책임이 무거운 '샌드위치 세대'로, 이에 중년 스스로의 자아정체성 문제까지 겹치게 되면 삼중고에 시달리게 된다. 중년기는 젊음과 늙음 사이, 노부모와 자녀 사이에 낀 중요한 '전환기' 위에 서 있는 시기이다(참고자료 7-3 참조).

〈참고자료 7-3〉 "중년기는 졸혼 아닌 '결혼 학교' 입학할 시기"

사람들은 감정과 행동, 언어를 교류하면서 행복을 느낀다. 그만큼 인간관계가 행복에 중요한 영향을 미친다. 특히 원만한 부부관계는 자신의 존재 가치를 확인하고 자아 존중감을 높일 수 있는 소중한 관계이다. 파스카상담코칭센터 소장(박효순)은 행복한 삶의 중요한 조건 중 하나가 '안정된 결혼생활' 이라고 말했다. 부부가 함께 자기실현을 이뤄 나가는 게 바람직하다는 것이다. 그는 '졸혼' 의 의미는 인생 후반기에 서로 의존에서 벗어나 자립하자는 것인데, 이는 심리학자 칼 융이 말하는 중년기 발달과업인 '자기실현 욕구' 와 다르지 않다는 것이다.

사랑의 감정이 넘치는 신혼 초에는 부부가 서로 마주 보는 것만으로도 행복할 수 있지만 그 행복을 유지하려면 부부 공동의 꿈과 목표를 위해 노력해야 한다. 이혼을 고려하는 부부들은 다양한 이유를 갖고 있지만 근본적인 이유는 부부간 의사소통 개선 노력과 갈등 대처 노력이 부족하기 때문이다. 부부갈등의 위험 신호는 대화 단절이다. 이혼을 고려하는 부부는 비난의 말로 대화를 시작하고 상대의 말을 경청하지 않는다. 또 부부가 각방을 쓰고 1~2년 이상 친밀한 신체 접촉이 없으면 대체적으로 별거와 이혼으로 이어진다.

행복한 가정은 이야기 소리가 끊임없이 들리지만, 역기능 가정은 조용하다. 건강하게 의사소통할 수 있는 가족이 되려고 노력해야 한다. 부모의 권위가 있는 가족, 유머와 활력이 넘치는 가족, 자신을 스스로 사랑하는 가족, 맡은 역할을 적절하게 하는 가족은 행복하다. 또 서로 경청하고 미안하다 고맙다 사랑한다고 말할 수 있는 가족은 행복하다.

출처: 〈국민일보〉. 2017.8.26.

「한국 베이비부머 2년 추적 연구보고서」를 보면, 1955~64년 사이에 출생한 베이비부머 세대들은 점점 실질소득이 줄고 지출은 크게 늘어나면서 삶의 질이 되레 떨어진 것으로 보고되었다. 즉 그들의 중년기는 노부모 부양과 자식 뒷바라지, 소득 감소 등으로 정작 은퇴 후 자신의 삶에 대비한 경제적 준비는 하지 못하고 있었다. 그들의 71%는 부모세대가 생존하고, 80%는 성인자녀와 함께 살고, 동거자녀의 취업비율은 35%에 불과하면서 대부분 미혼이었고, 자녀를 결혼시킨 부모들은 일주일에 평균 43시간을 손주 양육에 쏟는, 윗세대와 아랫세대 사이에 '낀 세대'였다. 그들은 자신의 노후를 위한 준비가 안 되어 있어 걱정스럽다고 하였다 (한겨레, 2013.5.3).

〈참고자료 7-4〉 중년부부의 관계 반전을 위한 전략

1. 아무리 바빠도 배우자와의 대화시간을 마련하라. 배우자의 말을 시비 없이 수긍하면서 들어주는 대화를 하라.
2. 취미생활을 공유하라. 서로를 더 잘 이해하고 함께하는 즐거움을 누리게 된다.
3. 절대 하루 24시간을 함께 하지 않는다. 부부라도 각자의 공간과 혼자만의 시간이 필요하다.
4. 노년기 행복한 부부의 모습을 모델로 삼아라. 행복한 부부의 대화와 배려를 배우도록 하라.
5. 처음 만나 연애하던 젊은 시절에 대해 이야기를 하라. 오래전에 사라진 감정을 되살리는 데 도움이 된다.
6. 아내는 남편이 퇴직으로 인해 갖는 충격과 변화를 이해하고 따뜻하게 지지해 주라. 평생 회사형 인간으로 살아왔던 남편의 은퇴 후 빈자리를 채워 줄 수 있는 것은 가족뿐이다.
7. 역할을 바꿔 보라. 아내가 출근 준비를 하는 동안 남편이 식사 준비를 하는 모습이 중년 이후부터 점점 늘어날 것이다.

중년부부는 살면서 겪은 불화와 상처, 원망과 오해로 인해 더 이상 서로 바라만 보아도 꿀이 떨어지는 사이는 아니다.

출처: 김동선(2017). **마흔 살, 내가 준비하는 노후 대책 7**. 나무생각.

개인의 발달에서 노년기는 은퇴 이후부터 사망까지의 시기로, 대체로 60~65세 이후를 말한다. 그리고 노년기 가족은 가족생활주기 마지막 단계로, 첫 자녀의 나이를 기준으로 한 듀발(Duvall)의 기준에서 보면 은퇴에서부터 배우자의 사망, 그리고 그 이후의 혼자 사는 시기를 뜻한다. 노년기는 신체적 · 심리적 · 사회적으로 위축되는 시기이므로 자녀가족과의 관계와 부부관계가 매우 중요하다(정옥분, 2013).

일반적으로 노년기 부부관계는 이전의 부부관계보다 더 만족스럽다고 보고되고 있지만(이기숙 외, 2009), 연령이 증가하면서 배우자에 대한 의존성이 증가함에 따라 결혼만족도가 감소하고, 그동안 축적된 부부 갈등을 건설적으로 해결하지 못할 경우 부부 갈등이 더욱 심해질 수도 있다(참고자료 7-5 참조).

〈참고자료 7-5〉 60대 이상 남성 이혼 상담 20년새 9배 늘어… 여성도 7배 급증

통계청이 발표한 '2019년 혼인 · 이혼 통계' 에 따르면 지난해 결혼한 지 20년 이상인 부부의 이혼은 3만 8400건으로 전년보다 5.8% 늘었다. 황혼 이혼은 전체 이혼의 34.7%로 가장 많은 부분을 차지한다. 특히 30년 이상 부부의 이혼율은 2018년 17.3%에 이어 지난해 10.5% 증가하며 가장 큰 폭으로 증가했다.

최근 20년간 결혼생활을 한 60대 이상 남녀의 '황혼 이혼' 상담 비율이 가파르게 증가한 것으로 나타났다. 한국가정법률상담소의 '2019년도 상담 통계' 에 따르면 작년 한 해 동안 상담소에서 진행한 이혼 상담은 모두 4천 783건이었다. 이 중 여성 내담자가 3천 435명(71.8%), 남성이 1천 348명(28.2%)이었다. 연령대를 보면 여성은 40대(27.8%), 남성은 60대 이상(43.5%)이 가장 많았다. 여성의 이혼 상담 사유로는 '남편의 부당대우(폭력)' 가 1천 95건으로 가장 많았고, '남편의 외도' (457건), '장기 별거' (423건) 등의 순이었다.

남성이 이혼 상담에 나선 이유로는 '장기 별거' 가 370건으로 가장 많았고, '아내의 가출' (213건), '성격 차이' (161건) 등이었다. 기타 상담 사유 중에는 '유언 · 상속' 과 관련해 상담을 받은 경우가 늘어났다는 점이다. 2009년 상담 사유 중 유언 · 상속이 차지하는 비율은 2.1%였으나 2019년 12.6%로 10년 사이 6배 늘었다.

출처: 〈연합뉴스〉. 2020.3.11.

그러나 오랫동안 함께 살아오면서 어려운 난관을 극복하고 경험을 공유한 부부에게 이 시기의 새로운 적응은 인생의 마지막 단계에서 개인의 만족이나 자아통합감을 갖게 하는 기회가 되기도 한다. 특히, 자녀들이 결혼하여 가족관계가 확장되어 성인자녀와의 관계나 손자녀와의 관계, 형제자매관계로 오히려 노년기의 생활만족도가 향상될 수도 있다. 친밀한 부부관계를 형성하고, 그와 동시에 자녀와 적절한 관계를 유지하며, 손자녀와의 안정적인 상호작용이나 형제자매 간에 적절한 교류를 하는 것은 인생 전체를 마무리하는 아주 좋은 모습들이다.

후기 노년기(75세 이후)에 들어서면 자녀들도 안정되고 친구들도 하나 둘씩 세상을 떠남으로써 유일한 생활 대상이 배우자로 더욱 좁혀진다. 즉, 인생의 반려자로서의 의미가 그 어느 때보다도 절실해지는 시기이다. 그래서 자녀 출가 이후의 빈둥지시기에 자녀양육으로 소원해졌던 부부관계를 여가나 취미 활동을 통해 재정립해 나가는 생활패턴 설정이 중요하고, 서로에 대한 배려, 관심 등으로 동반자관계, 정서적 편안함, 서로에 대한 존경심을 필요로 한다. 노후에 부부의 흥미나 습관이 유사하고, 서로를 믿고 존경하며, 정서적으로 편안함을 느낄 때 부부는 행복하다. 노년기에도 행복한 부부들은 의사소통이 원활하며, 상대방의 단점이나 성격을 이해하며, 서로를 가장 좋은 친구로 생각하고, 부부 역할도 평등한 특성을 보인다.

2. 가족 축소기의 발달과업

1) 중년기 가족의 발달과업

중년기는 결실의 시기, 완성의 시기, 새로운 여정과 역할을 탐색할 수 있는 인생에서 두 번째 기회임과 동시에 이 시기는 상당한 상실감을 경험하면서 지금까지의 삶과 가족관계를 재평가하게 되면서 가족관계에 위기와 문제가 발생하게 되거나 질병과 죽음으로 인해 가족이 해체를 경험하는 경우들도 있게 된다. 그러므로 중년기에는 신체적 변화에 대한 적응, 부부간의 애정 재확인과 위기극복, 직업활동 몰두와 여가선용의 발달과업이 요구된다(유영주 외, 2013).

첫째, 성인자녀와 새로운 관계 형성을 해야 한다. 이 시기에 청년과 부모 모두 일종의 정체감 위기를 경험한다. 중년기 후반이 되면 자녀가 청년에서 성년으로 성장함에 따라 자녀의 취업, 결혼, 자녀의 배우자, 손자녀와의 새로운 관계로 인해 새로운 부모 역할이 요구된다. 따라서 이 시기에 부모 역할 외에 다른 어떤 의미 있는 역할(예를 들면, 직업이나 학업, 사회봉사)을 찾는 것이 좋다. 그리고 무미건조해진 결혼생활에 활력을 불어넣기 위해 전보다 더 여유로워진 시간과 에너지, 경제적 자원을 부부관계에 투자해야 한다.

자녀가 심리적 · 경제적 가족관계에서 독립하게 된다는 것은 자녀와 부모의 관계가 성인 대 성인의 새로운 관계로 변화해 간다는 것을 뜻한다. 이 생활주기의 전 단계에서 이루어졌어야 할 과업들이 성공적으로 달성되었다면 이 시기에 부모는 자녀들이 점차 독립할 수 있도록 지원하고 자녀의 독립을 긍정적인 시각으로 볼 수 있을 것으로 기대된다.

둘째, 결혼관계의 변화에 적응하는 시기로, 부부관계의 재구조화가 요구된다. 중년기 이전의 시기에 주된 역할 중 하나였던 자녀양육이 부부간의 관계에서 중요한 부분을 차지하였던 반면 중년기에 들어서는 부부에게는 가족의 의미, 특히 결혼관계의 의미를 새삼 생각하게 하는 변화의 시기가 된다. 자녀를 독립시키고 나서 부부만이 함께하는 시간이 많아지는데 이 시간을 통해 부부관계를 재조명해 보고 성찰하게 하는 기회를 갖는다. 이러한 과정을 거치면서 이전 어느 때보다 더욱 성숙되고 안정된 관계를 형성하는가 하면, 그 어느 때보다 갈등과 소외감이 첨예화되는 시기를 경험할 수도 있다(참고자료 7-6 참조)

〈참고자료 7-6〉 고양시건강가정지원센터, 중년기 부부교육 실시

고양시에서는 건강가정지원센터 주관으로 2019 행복한 가정 프로그램으로 중년기 부부교육 '행복한 부부, 아름다운 동행'을 이틀에 걸쳐 실시하였다. 1회기는 '부부 행복퍼즐'을 주제로 부부 기질분석을 통해 서로의 다른 점을 알고 이해하는 시간을 가졌으며, 2회기는 '분노와 용서'를 주제로 사랑의 언어 부부 대화법을 실습하고 지난 생애주기에 대해 점검하는 시간을 가졌다. 3회기는 '건강한 가족 리모델링'을 주제로 건강한 가족의 정의와 기능을 다시금 정립하였으며, 마지막 시간에는 '리마인드 웨딩'을 실시하여 혼인서약을 갱신함으로써 지나온 길과 앞으로 나아갈 길에 대해 부부가 함께 공유하였다.

출처: 〈불교공뉴스〉. 2019.9.18.

셋째, 노년기 부모와의 관계 문제를 고려해야 한다. 세대 간의 관계는 노부모가 건강하고 활기찬 생활을 하고 있는 동안에 가장 원만하다. 노인들이 병약해질 때, 특히 정신적 쇠퇴나 성격변화를 겪게 된다면 이들을 돌보는 부담 때문에 양자의 관계가 위축되는 경우가 흔히 있다. 특히, 딸이나 며느리들은 일반적으로 이러한 책임을 맡기 때문에 괴로움에 빠진다(도현심, 2011).

중년기 부부들은 노부모와 성인자녀의 중간세대로서 부모로부터 독립하여 성인의 지위를 획득하고자 하는 자녀뿐만 아니라, 자녀와의 유대감을 중요시하는 노부모의 권위의식과 동시에 의존적 욕구 사이에 서게 된다. 중년기는 아직 완전한 독립을 이루지 못한 자녀세대와 점차 의존적으로 되어 가는 부모세대에게 정서적 · 물질적 자원의 제공자로서의 부담과 책임감을 안게 되기 쉽다.

넷째, 중년기 전환과 위기에 대한 적응과 준비가 요구된다(참고자료 7-7 참조). 중년기를 위기로 보는 경우 이 시기는 여러 가지 변화, 즉 자녀들의 독립, 직업 적응, 노화로 인한 생리적 · 심리적 변화에 대한 적응 등의 도전이 있어 혼란을 가져올 것이라는 점이다.

〈참고자료 7-7〉 중년기 부부캠프 '고백(go back)할래요' 진행

양평군건강가정 · 다문화가족지원센터는 강원도 강릉시 옥계면 소재 한국여성수련원에서 양평 관내 40~50대 중년부부 10쌍을 대상으로 1박 2일 캠프를 진행했다. 경기도 지원 사업인 '2019년 행복한 부부 프로그램' 의 일환으로 진행된 이번 캠프는 가족체계에서 부부관계의 중요성을 인식하고, 긍정적 부부관계를 향상시켜 부부관계 회복 및 가족해체를 예방하여 중년기 부부의 노후에 대한 불안감을 감소키시고 제 2의 인생을 풍요롭게 설계할 수 있도록 돕기 위한 목적으로 기획되었다. 갱년기 전 · 후로 서로에게 소원해진 중년기 부부들은 부부관계 회복을 위한 갈등해소 대화법, 레크레이션, 두 번째 프로포즈를 위한 부부 커플링 만들기 등 부부관계 증진 프로그램을 통해 노년기 동반자로서의 마음가짐을 되새기는 뜻깊은 시간이 되었다.

출처: 〈Queen-여왕의 품격〉. 2019.9.24.

반면 중년기를 인생의 또 다른 단계로 보는 입장으로서 경제적 안정, 직업에 대한 열정, 부모의 책임에서 벗어나는 자유의 관점에서 오히려 인생에서 가장 행복한 시기로 본다.

실제로 한국 중년 남성들은 급격한 경제상황의 악화로 인해 조기퇴직, 실직문제와 이에 따른 가정생활의 불안정 같은 위기의식과 갈등을 경험하고 있다(이미란, 2019A). 중년기 여성의 경우, 가족의 미래, 건강 등에 관한 염려를 비롯하여 사회생활로부터 고립된 주부로 보낸 지난 세월에 대한 회의에 빠져 새로운 일을 시작하고자 하나 현실적 여건이 여의치 못하기 때문에 심리적 위기감을 유발하기도 하나, 이것은 도전과 기회를 내포하는 것으로 자신에 대한 보다 풍부한 자각과 새로운 적응력을 제공하기도 한다. 이 시기에는 가족 발달과업 수행에 노력함과 동시에 개인의 발달과업 수행에도 노력해야 한다(참고자료 7-8 참조).

〈참고자료 7-8〉 중년기의 개인 발달과업

첫째, 자녀 중심에서 부부 중심으로 거주환경 변화에 노력한다.
둘째, 노년기에 대비하여 건강에 대한 대책을 수립한다.
셋째, 길어진 중 · 노년을 위해 가정의 재정상황을 검토한다.
넷째, 중년기 부부간에 상호 보충적 역할을 할 수 있도록 노력한다.
다섯째, 활동 및 여가의 공동영역과 독립영역을 찾고 균형을 맞춘다.
여섯째, 가정 안팎으로 복합적 사회역할 수행이 가능하도록 한다.
일곱째, 친자 동거기와 다른 부부만의 삶에 가치를 둔다.
여덟째, 세대관계를 잘 유지하기 위한 노력을 한다.
아홉째, 새로운 대안적인 역할로 지역사회 활동에 적극 참여한다.
열째, 죽음을 향해 가는 인생 전망을 이해하면서 인생관을 재확립한다.

출처: 유영주 외(2013). **가족관계학(3판)**. 교문사.

2) 노년기 가족의 발달과업

노년기 가족의 주요 발달과업은 은퇴와 노화에 따른 가족관계에서의 역할 전환을 수용하고, 새로운 가족관계와 사회적 역할을 탐색하며, 배우자, 형제 및 동료를 상실하고 혼자 사는 것에 적응해야 하며, 자신의 죽음을 대비하고, 삶에 대한 자아통합을 이루는 것이다(이미란, 2015). 즉 노년기 가족에서 노인은 은퇴, 노화 및 배우자의 사망 등에 의하여 역할 변화를 수용하는 과업을 가진다. 은퇴는 당사자에게 이전에 해 왔던 역할이 더 이상 존재하지 않는 진공상태를 만들어 줄 뿐만 아니라, 이전까지 균형을 유지해 오던 결혼생활에도 특별한 긴장을 주게 된다. 경제적으로 불안정하고, 건강상의 문제가 발생하며, 친구나 친척, 배우자의 상실을 초래한다. 특히 배우자 상실은 오랜 부부생활 후 남은 생을 혼자 사는 것으로 재조직해야 하며, 그러한 상실을 대체할 수 있도록 도와줄 사람이 별로 없다는 점에서 가장 어렵다. 그럼에도 불구하고 노년기에 조부모로서의 역할은 인생에서 새로운 장을 제공하며, 부모로서의 책임을 맡지 않은 채 손자녀와 특별히 친밀한 관계를 가질 수 있는 기회를 제공한다.

남성은 직업생활에서 은퇴하면서 역할이 없는 역할(roleless role)을 수행하게 되면서 여가활용의 어려움을 가지게 된다(이미란, 2019B). 남성노인이 은퇴 후 가족체계에서 기여할 수 있도록 돕고, 비공식적인 사회활동과 관계를 형성할 수 있도록 초점이 맞추어져야 한다. 상대적으로 여성은 조부모 역할을 통하여 자녀양육자로서 생애 지속적인 활동을 하는 경향이 높다. 특별히 여성에게 노년기는 매우 중요하고 어려운 단계이다. 여성은 남성보다 더 오래 살며, 남편을 사별한 후 재정적·사회심리적으로 혼자서 살아가는 것에 적응해야 한다.

노년기 가족의 발달과업으로는 첫째, 노년기 부부관계에 대한 동료적 재정립이 필요하다. 노년기에는 결혼생활을 유지하는 것만으로도 노인에게 긍정적인 역할을 한다고 알려져 있다. 은퇴로 인해 노부부 모두 주된 생활 장소가 가정으로 바뀌면서 부부가 함께 보내는 시간이 늘어나 부부 상호접촉이 증가하고 사회생활과 직업에 전념하던 남편들이 가정생활에 깊이 관여하면서 오히려 갈등을 초래할 수 있다(이미란, 2016). 노년기 아내 입장에서는 은퇴 후 이전보다 가사일에 대한 책임감과 의무가 더 많아지면 결혼만족도가 감소하기도 한다.

둘째, 노부모와 성인자녀관계에서 역할갈등에 대한 조정이 필요하다. 노인의 성별에 따라 남성노인보다는 자녀에게 도구적·정서적 지지를 더 많이 하는 여성노인이 자녀와 유대가 강하다. 특히 여성노인과 딸 사이에는 유대관계가 더 강하고, 상호호혜성의 원리가 작용하고 있다. 자녀가 성장하여 결혼한 이후까지 자녀의 삶에 과도히 관여하는 것은 자녀로 하여금 정신적·실질적으로 여전히 부모에게 의존하게 하고 자녀 부부와 갈등을 빚는 원인이 된다.

셋째, 조부모-손자녀관계에 새로운 적응과 흥미, 관심이 생성된다. 조부모의 역할수행은 조부모에게 손자녀를 통해 젊음과 정열을 재경험하게 하고, 생의 연속성을 느끼게 하며, 인생의 경험과 지혜의 제공으로 생산성과 성취감을 경험하도록 하며, 자녀의 성장과 사회적 성취를 통하여 대리만족을 얻도록 한다. 할아버지들이 손자녀와 친밀할 수 있도록 지원하는 심리교육 프로그램이 필요하다.

그러나, 급속한 고령화로 인하여 사별이나 이혼 등으로 장기간 홀몸노인 1인가구로 살아가거나, 조손가족의 경우 이에 대한 개인적, 사회적, 국가적 보완시스템과 제도적 대응이 가족보충의 기능으로서 다차원적으로 필요하다. 정부에서는 커뮤니티케어로 이러한 돌봄과 보건, 복지, 의료 등을 아우르는 사회보장시스템을 시작하고 있으나, 아직 우리나라는 초기 단계에 불과하여 다양한 가족의 특성을 보충할 수 있는 제도적 방안이 시급히 요구되는 상황이다(이미란, 2018).

3. 가족 축소기의 가족문화

1) 중년기 가족의 가족문화

공동체를 중시하는 가치와 개인주의적 특성을 강조하는 근대적 가치의 중간에 위치하면서 이 둘 사이의 갈등을 경험하는 세대이기 때문에 한국의 중년세대는 '전통적 가족문화와 현대적 가족문화의 중간에 끼어 있는 샌드위치 세대'로 인식하고 있다(참고자료 7-9 참조).

〈참고자료 7-9〉 '신중년'이라고 썼는데 '샌드위치'로 읽힌다: '이중 부양'의 아리아(aria)

2019년 기준 우리나라 인구수의 가장 많은 연령대는 50대(50~59세)다. 859만 명을 기록해 834만 명을 기록 중인 40대에 앞선다. 60대 또한 608만 명으로 적지 않다.

10년 뒤 2029년이 되면 60대가 835만 명으로 전 세대 통틀어 1위, 50대는 833만 명으로 인구수 2위를 차지할 전망이다. 무려 우리나라 인구의 32.1%가 50대 혹은 60대인 것이다.

비중으로 보나 무엇으로 보나 중요한 나이대가 아닐 수 없다. 그래서일까. 이들을 부르는 말로 '신중년'(新中年)이라는 매력적인 용어도 있다. 과거라면 은퇴를 앞둘 나이지만 시대가 변해 지금은 사회생활을 지속할 능력 및 의욕이 넘치는 50~60대라는 이 말은 경륜과 역량을 겸비한 채 멋지게 나이 들어가는 이미지를 떠올리게 한다.

한국보건사회연구원이 지난해 발간한 연구보고서 '저출산 · 고령사회 대응 국민 인식 및 욕구 모니터'에 따르면, 50~60대 중 학교(초등~대학원)를 다니는 자녀가 있는 비율은 30.6%로 나타났다. 그리고 이들 중 64%는 자녀를 경제적으로 지원하는 것에 부담을 느낀다고 말했다.

학생뿐 아니라, 일명 '캥거루족' 자녀와 함께 산다는 응답자가 39.1%, 역시 이 중 41.2%가 경제적 지원에 부담을 안고 있었다. 중년층 상당수가 학생 자녀의 교육비나 등록금, 나아가 장성한 자녀를 거두는 비용에 저마다 허리가 휘고 있는 셈. 부모 쪽은 어떨까. 부모 또는 배우자의 부모님 중 한 분 이상 살아 계시다고 답한 50~60대의 비율은 전체 응답자의 58.7%. 여기서 생활비 · 의료비 등 부모에 대한 경제적 지원이 부담스럽다는 이들은 32.8%로 집계됐다.

실업과 비혼으로 수식되는 청년 세대, 기대수명과 빈곤율 증가를 동시에 떠안은 노년 세대, 그리고 이들과 한 가족인 신중년. 앞과 뒤 혹은 위와 아래에 끼인 탓에 하중을 피할 길은 윤리적으로는 물론 물리적으로도 없어 보인다. 50~60대는 소득이 줄고 있거나, 줄었거나, 또는 언제 없어져도 이상하지 않을 연령대다. 그럼에도 그들 대다수는 앞뒤 세대에 대한 지원 책무를 도맡고 있다. 작은 균열로도 자칫 구성원 전체가 연쇄 붕괴될 수도 있는 구조다. 이를테면 자식과 늙은 부모의 어려움이 중년(부부)의 과부하로, 중년(부부)의 과부하가 다시 자식과 부모로 향하는, 순환의 도미노.

현재 도입됐거나 추진 중인 사회안전망 정책들은 청년과 노인을 대상으로 삼는 경우가 많다. 하지만 버텨야 하는 무게가 만만찮은 중년이 넘어질 때도 일어나도록 도울 손 하나쯤은 있어야 하지 않겠나. 오늘도 세상은 '멋진 신중년' 같은 그룹에 합류할 도리가 없는, 위태로운 '진짜 중년들' 로 넘쳐나니까.

출처: 〈스토리뉴스#더〉. 2019.8.28.

자신들의 노후를 자녀들에게 기대하지 못하고 노년기를 대비해 독립적인 삶을 개척해야 한다는 점을 강하게 인식하는 첫 세대인 것이다. 따라서 배우자나 자녀를 통해 간접적으로 대리만족을 구하던 방식에서 벗어나 스스로 의미를 찾을 수 있는 활동을 준비하고 새로운 역할에서 자아를 찾도록 적극적으로 노력해야 한다(참고자료 7-10 참조).

〈참고자료 7-10〉
[전국 지자체는 '50플러스 정책' 붐] 신중년 지원 조례 개정하고 재단도 세워

지방자치단체가 50플러스 세대(50~64세)를 재조명하고 있다. 베이비부머(1955~63년생) 대부분이 50플러스 세대에 속해 이들이 지역의 경쟁력을 좌우할 수 있기 때문이다. 특히 50플러스 세대는 고속성장기는 물론 외환위기 · 금융위기 등 시대의 굴곡을 거쳐 오며 자산을 축적했고, 최신 기기 사용에 능숙하며 배움의 의지도 있다는 점에서 노년 인구와 다른 특성을 갖는다. 부모 세대와 자녀 세대를 잇는 연결고리 역할을 할 수 있을 뿐만 아니라 자체로도 사회적 자본으로서 여전히 경쟁력 있는 세대다.

지자체의 50플러스 세대 재조명은 지역경제와도 맞닿아 있다. 조기 퇴직한 50플러스 세대가 경제활동에 나서지 않을 경우 성장동력이 훼손될 수 있기 때문이다. 문재인 정부는 대선 공약으로 50플러스 세대 지원을 내세웠고 50, 60대의 인생 이모작을 체계적으로 지원하는 '신중년 재충전센터' 도 설치했다. 다만 급격히 불어나는 50플러스 세대가 만족할 만큼 속도가 붙진 않고 있다.

구 분	조 례	연령 기준
서울특별시	장년층 인생이모작 지원에 관한 조례	50~64세
부산광역시	장년층 생애재설계 지원 조례	50~64세
대전광역시	인생이모작지원센터 설치 및 운영 조례	50~64세
광주광역시	장년층 생애재설계 지원 조례	45~65세
경기도	중장년 재도약 지원에 관한 조례	50~64세
충청남도	인생이모작지원센터 설치·운영 조례	50~64세
전라북도	장년층 생애재설계 지원에 관한 조례	50~64세
제주도	장년층 생애재설계 지원 조례	50~64세

자료 : 서울시50플러스재단

출처 : 〈이코노미스트(1513호)〉. 2019.12.16.

중년기 가족의 새로운 문화로 부상하는 것이 일자리를 위한 재취업교육과 부부교실에의 참여이다. 각 지역의 건강가정지원센터를 중심으로 다양한 부부 참여 프로그램이 많이 개설되고 있다. 자녀들이 권유하거나 신청을 해 주어 중년부부들이 부끄러워하면서도 이런 교육에 참여하면서 부부관계의 질도 개선하고, 사회참여도 활발해진다.

〈참고자료 7-11〉 중 · 노년기 부부 프로그램

이 프로그램은 40~60세의 중년기 이상 부부들이 보다 활기차고 행복한 부부관계를 영위해 나갈 수 있도록 그들을 도와주는 부부 중심 프로그램이다. 15쌍을 신청받고 있으며, 프로그램의 내용은 다음과 같다.

- 1단계: 도입과정으로, 1박 2일간 부부 힐링캠프로 진행된다. 내용으로 부부 화합 레크리에이션과 건강강좌 등이 있다.
- 2단계: 심화과정으로, 총 4회기를 4주 동안 연속적으로 실행한다. 내용은 갱년기 심신 증상의 이해, 부부 의사소통, 영화로 치료하는 부부관계, 갱년기 실천전략 등이다.

이 프로그램은 갱년기 이후의 행복하고 성공적인 삶을 설계하는 내용으로 구성돼 있으며, 고령화 사회의 건강한 노년을 준비하는 기초교육이다.

출처: 용인시건강가정지원센터 홈페이지(www.yonginfamilynet.or.kr).

그리고 생활수준이 향상되면서 중년부부 중심의 새로운 여가활동들이 등장하고 있다. '와인 모임', '영화 보기 모임', '함께 걷기 모임' 등이 그것이다. 특히 중년여성들은 중 · 고등학교 동창들을 중심으로 '자원봉사활동'을 하기도 하고, 지역에서는 이웃과 함께 건강증진을 위해 '요가교실', '탁구교실' 등 스포츠활동에 참여하고 있다. 이런 현상들은 가족보다 자신의 삶을 중요시하고, 새로운 도전을 통해 제2의 인생을 준비하고, 현실 속의 즐거움을 추구하는 가치들이 증대하고 있음을 의미한다. 이런 현상에 대해 '숙성하는 포도주처럼 인고의 시기를 견뎌 새롭게 태어나는 세대'라는 뜻에서 'WINE(Well Integrated New Elder)세대'라는 이름을 붙이기도 한다(참고자료 7-12 참조).

〈참고자료 7-12〉 중년의 새로운 이름, '와인세대'

386세대와 실버세대 사이에 놓여 있는 45세부터 64세까지 기성세대의 가치관이 변하고 있다. 가족보다 자신의 삶을 중요시하고, 새로운 도전을 통해 제2의 인생을 준비하고, 현실 속의 즐거움을 추구하는 사람이 늘고 있는 것으로 나타났다. (주)제일기획은 이들을 시간을 두고 '숙성하는 포도주처럼 인고의 시기를 견뎌 새롭게 태어나는 세대' 라는 뜻에서 'WINE(Well Integrated New Elder)세대' 라고 이름을 붙였다.

WINE세대는 우선 가족을 위해 돌보지 못했던 자신의 삶을 찾으려는 성향이 강하다. 조사에 응한 60대 초반 여성은 "늙어서 집 늘려 가는 사람, 결혼한 자식의 애 봐주는 사람, 자식한테 재산 물려주고 용돈 타 쓰는 사람을 요즘 우리 세대에서는 3대 바보로 부른다."고 말했다. 위험이 있더라도 제2의 인생을 준비하려는 도전의식이 그들에게서 넘쳤다고 한다.

(주)제일기획은 왕성한 소비욕구를 지니고 있는 이들을 공략하기 위한 방법으로 'W.I.S.E.R' 를 제시했다. 즉 W(Woman)= 남성보다 여성을 공략해야 하고, I(Itself)= 포장과 이미지보다 기본과 실체를 중시해야 하며, S(Safety)= 기대감보다는 확신을 통해 안심시켜야 하고, E(Evergreen)= 그들을 항상 젊었다고 칭찬하여야 하며, R(Relationship)= 관계를 중시하는 만큼 인적교류를 활용해야 한다는 전략을 수립하였다고 한다. 중년이 다시 피어나는, 우리 사회의 강력한 소비주체로 인식되고 있음을 의미한다.

출처: 〈한국일보〉. 2004.2.1.

2) 노년기 가족의 가족문화

노년기는 생활의 대부분이 여가라고 해도 과언이 아니기 때문에 노인의 여가활동은 그들의 생활만족도와 직접적으로 연관이 있다. 노년기의 문화활동은 노인의 고독, 허탈감, 소외감을 극복하는 데 도움이 된다. 노인들은 여가문화를 통해 적절히 기분전환을 할 기회를 갖게 되고, 자신의 능력을 발휘할 수 있는 기회를 갖게 되며, 문화적인 생활을 하고자 하는 욕구도 충족시키게 된다. 이처럼 노년기 여가문화활동의 의미는 노인의 다양한 욕구를 충족시켜 줄 수 있다는 점에 있다(이미란, 2019B). 그러나 경제적 이유나 건강상의 이유로 문화활동에 참여하지 못하고 무료하게 보내야 할 경우도 있고, 문화활동 및 문화수단에 대한 지식, 경험, 훈련 부족 등으로 여가문화를 제대로 활용하지 못하는 경우도 많다.

〈참고자료 7-13〉 '선배시민축제' 진행

용현노인문화센터가 17일부터 19일까지 '선배시민축제 - NO인 인가, KNOW인 인가'를 진행한다. 선배시민축제는 센터가 '새로운 노인의 정체성'을 위해 2015년부터 진행하고 있는 행사다.

올해 축제의 첫날인 17일에는 '선배시민 IS 뭔들'이라는 제목으로 기조강연과 '지역사회에서 노마지지(老馬之智)의 역할과 기능이 무엇인지'에 대한 토크콘서트가 열렸다. 둘째 날은 미추홀구청 풋살장에서 150여 명의 노인들이 어울림 한마당인 '명랑체육대회'를 실시한다. 마지막 날에는 용현노인문화센터 SING SING 중창단과 위드앙상블이 '10월의 어느 멋진 날에'를 주제로 지역 주민들과 함께하는 열린 음악회를 준비했다.

용현노인문화센터 관계자는 "노인들이 지역사회에서 어른으로 자리매김하고 그들이 가진 지혜와 지식을 공유하는 자리가 되길 바란다"며 "다양한 형태로 지역사회와 소통하고자 매년 노력하고 있다"고 말했다.

출처: 용현노인문화센터. 2018.10.18.

우리나라에서 노인들의 여가활동을 위해 제공되는 프로그램은 크게 네 가지가 있다. 첫째, 정부가 정책적으로 평생교육 및 노인복지 차원에서 실시하는 여가문화 프로그램 둘째, 종교단체, 자선단체, 지역유지들이 지역노인을 위해 경로효친 차원에서 실시하는 여가문화 프로그램 셋째, 친분, 지역사회봉사, 사회문제해결을 위해 노인의 자율성에 기초하여 사회참여 차원에서 이루어지는 여가 프로그램 넷째, 노인을 소비자로 보고 관광, 스포츠, 레크리에이션 등 고령친화산업 차원에서 이루어지는 여가 프로그램이 그것이다(황남희, 2014).

노년기에는 가정에서의 역할과 사회적 역할 부재로 인해 이 시기에 문화를 활용하고자 하는 노인들이 증가하고 있다. 즉, 노인생활 자체가 문화가 되는 것이다. 이런 점에서 노년기에 여가시간을 어떻게 의미 있고 가치 있게 보내느냐가 노년기 역할 상실감을 완화시키고 삶의 보람을 느낄 수 있게 하는 원동력이 된다. 노인의 여가활동은 노인이 겪고 있는 역할 상실과 소외감으로 인한 정서적인 문제를 극복하는 해결책일 뿐만 아니라, 가정과 지역사회의 한 구성원으로 인정받을 수 있는 새로운 역할을 부여하고, 자신의 능력을 발휘할 수 있는 기회를 제공하며, 다양한 욕구를 충족시켜 줄 수 있다는 측면에서 의의가 있다(이미란, 2019C).

현대의 중 · 노년기가 노부모와 성인자녀 간의 상호작용을 빈번하게 할 수 없고, 부부 중심의 생활이라는 점을 감안할 때 부부가 함께할 수 있는 여가생활을 통해 배우자와의 관계를 강화하도록 해야 한다. 그리고 노인의 여가활동은 점점 가족 외 활동이 증가하는 경향으로 가고 있다. 미래의 노인세대는 교육수준 및 생활수준이 높고, 건강과 경제력을 갖출 것이며, 긴 생애를 보내야 한다. 따라서 여가활동의 내용과 방안이 매우 다양해질 것으로 전망된다.

4. 가족 축소기 가족문화의 전망

가족 문화활동의 관점에서 개인의 여가는 가족과 영향을 주고받기 때문에 개인 여가와 가족 여가는 상호보완적이어야 한다(Kaplan, 1975). 이에 대하여 켈리(Kelly, 1983)는 "여가가 가족 발전을 위한 가장 기본적인 사회적 공간이 되어 감에 따라 이제 여가연구에서 가장 고려해야 할 기본적인 요인은 '가족'이 되었다."고 하였다.

이런 대전제 아래 가족 축소기의 문화가 어떤 방향으로 변해 가야 할 것인지를 정리해 보았다.

1) 건강열풍, 따로 또 같이 문화

중년기의 여성은 인간의 성장발달 과정에서 신체적 변화 이외에 심리사회적 역할 갈등, 고립, 위축, 상실감 등의 정서적 문제들을 경험한다. 특히 생활주기적 관점에서 볼 때, 자녀양육의 부담으로부터 벗어나 탈양육기에 접어들면, 곧 자녀 입시로 인한 정신적 스트레스와 남편의 가족에 대한 관심 저하로 인하여 중년 여성은 이른바 '중년의 위기'에 봉착하는 경우가 많다. 따라서 이 시기는 '성인의 반항기'라고 볼 수 있으며, 이 시기에 겪는 신체의 생리적 변화는 그것 자체로 끝나지 않고, 심리적 갈등을 수반한다는 점에 문제의 심각성이 있다. 특히 중년기 여성들은 장성한 자녀와 남편과의 관계에서 새로운 자신을 발견하게 되며, 신체적인 변화와 함께 이러한 사회관계 변화 속에서 심리적인 적응 문제가 매우 중요하다. 이러한 의미에서 중년기 여성들의 새로운 자아발견과 사회문화적 관계망의 확대를 위해 건전한 여가문화활동이 요구된다.

2000년대 들어 우리 사회에 불고 있는 웰빙(well-being)문화와 몸 가꾸기 열풍 속에서 중년 여성들에게 가장 증가한 여가활동은 생활스포츠 활동이다. 생활스포츠는 개인의 건강증진, 원만한 사회적 관계 형성과 함께 삶의 질을 향상시켜 준다는 의미에서 매우 중요한 여가문화활동으로 평가된다. 그리고 여가 스포츠에 참여하고 있는 여성은 가족관계에서 만족이 높으며, 스포츠 참여 종목에 따라 살펴보면 조깅, 수영, 골프에 참여하고 있는 여성에게서 가족관계에 대한 만족이 높은 것으로 나타났다(안수운, 2020). 또한 여가 스포츠 참여 빈도에 따라 매일 운동에 참여하는 여성의 가족관계에 대한 만족이 높게 나타났다. 이러한 맥락에서 주부의 여가활동 참가는 우호적 인간관계 형성과 가족 스트레스 해소의 수단을 제공하고, 그들만의 잠재적 에너지를 발산하는 데 긍정적으로 기여한다. 따라서 주부의 여가활동으로서 생활체육 참가는 가족 스트레스 감소에 영향을 미친다.

최근에는 주 5일제 학교 및 직장생활의 영향으로 기혼 남성의 문화활동은 실제로 많은 여가활동이 가족 단위로 이루어질 뿐만 아니라, 각종 다양한 동호회활동을 통하여 각자 따로 또 같이의 문화 여가할동이 활발하게 이뤄지고 있다. 이를 통하여 건강 관련 스포츠활동과 외식 및 캠핑과 여행문화가 더욱 활성화되고 있다.

〈참고자료 7-14〉 5년 후 초고령사회 진입… 노인건강 위한 '노인놀이터' 필요해

'유럽형 노인놀이터 도입방안' 주제로 '2020년 시니어콘텐츠포럼' 개최

한국매니페스토실천본부와 (사)재미있는재단 주최로 '2020년 시니어콘텐츠포럼'이 '유럽형 노인놀이터 도입방안'을 주제로 지난 11일 국회의원회관 제2세미나실에서 개최됐다.

노인놀이터 놀이기구는 일반적으로 근력 증진이나 다이어트와 같은 목적이 아니라, 노인 스스로 일상생활을 영위하는 데 필수적인 움직임을 증진하는 것을 목적으로 한다. 놀이기구뿐 아니라 그늘, 벤치, 탁자 등 휴식 공간을 두어 사회적으로 고립되기 쉬운 노인들에게 커뮤니티를 제공하는 이점이 있다.

특히 "조손이 함께 참여할 수 있는 멀티제네레이션(Multigeneration)을 고려해야 한다."고 강조하며 "현재 놀이터 기구가 유럽형인 만큼 한국인의 습관이나 체형을 고려한 한국형 노인 놀이터 기구에 대한 연구가 필요하다."고 덧붙였다. 유럽 전역에 1,000개 이상의 노인놀이터를 건설한 페이 루(Fei Lu) LAPPSET 대표는 핀란드의 노인놀이터 사례를 소개했다.

주요점은 노인 놀이기구 개발을 위해 구상 단계부터 노인들과 대학, 지역유치원, 물리치료사 등 전문가들이 참여했다는 점이다. 놀이시설들은 높이를 낮추고 안전한 환경에서 다목적 운동이 가능한 기구로 만들어 노인과 아이들이 같이 이용할 수 있도록 하는 것을 목적으로 했다.

특히 핀란드를 비롯한 스페인, 스웨덴, 독일, 네덜란드 등에서는 물리치료사들이 노인에게 운동지도를 하고 있으며, 익숙한 환경에서 올바른 운동기구를 사용해 안전하게 운동할 수 있도록 지도하고 있다.

핀란드 보건복지연구소는 예방활동을 위해 1유로를 투자하는 것이 10유로의 비용절감을 가져올 것으로 예측하고 있다. 신체적 운동이 노인사고를 예방하는 데 있어 가장 큰 효과를 가져온다는 것이 입증됐으며 동시에 다른 위험요소를 함께 관리한다면 최상의 결과를 가져올 수 있다고 밝혔다.

한편 한국매니페스토실천본부 사무총장은 "이번 포럼을 통해 격리형 노인정책에서 놀이형 노인정책으로 패러다임이 전환됐으면 한다. 아울러 유럽의 노인놀이터사업은 노인 자살방지와 노인 자활 관련 재정이었다는 점을 눈여겨보길 바란다."고 전했다.

출처: 〈라펜트〉. 2020.02.13.

2) 진화하는 노인문화(silver culture)

21세기 현재 우리나라의 노인세대들은 자신들이 젊었을 때 노동의 가치가 여가의 가치를 훨씬 능가한다는 인식 속에서 살아 왔기 때문에 다양하고 의미 있는 여가 경험이 부족하며, 여가를 활용할 수 있는 기회가 충분하지 않았고, 여가를 향유할 수 있는 기술(leisure competency)도 없다. 더욱이 그토록 중요시하던 노동 및 사회활동으로부터 자신들의 의도와는 관계없이 배제되고 있으며, 남아도는 시간으로 고통을 받는 경우가 많다.

그러나 노년기의 여가는 일하고 잠시 쉬는 여가가 아니라 생활 그 자체이기 때문에 여생을 즐겁고 보람 있게 보내기 위해 여가활동을 어떻게 생활화하느냐는 어떠한 인생의 주기보다 중요하다. 즉 노인들의 여가생활은 신체적 건강증진, 사회적 접촉 기회의 제공, 삶에 대한 사기 및 만족감의 증진, 자신에 대한 신념과 자기 신체에 대한 신념, 자기 신체에 대한 자신감 부여, 유용감과 자기가치성 확신, 자율적인 생활에 대한 기술과 기능의 증진, 재미있고 즐거운 생활방식 등으로 궁극적으로 삶의 질을 향상시킬 수 있다.

노년기를 일에 대한 압박과 긴장감에서 해방되어 자유로이 여가를 즐길 수 있는 기간으로 보았을 때, 여가는 노인 자신의 사기와 긍정적인 자아상을 갖게 하는데 큰 영향을 미친다. 그러므로 노인의 여가는 개인적으로 노후 생활만족과 자기충족을 줄 수 있고, 사회적으로 보다 생산적이고 건설적이 될 수 있는 여가의 두 가지 측면이 모두 고려되어야 할 것이다.

카플란(Kaplan, 1960)은 노인의 여가활동이 다음의 여러 가지 욕구를 충족시켜 줄 수 있다고 하였다. 첫째는 사회적으로 유용한 서비스를 제공하려는 욕구, 둘째는 사회의 한 부분으로 자신을 인정받고 싶은 욕구, 셋째는 여가시간을 만족스러운 방법으로 사용하려는 욕구, 넷째는 정상적인 동반자관계를 즐기려는 욕구, 다섯째는 개인적으로 인정받고 싶은 욕구, 여섯째는 자기표현과 성취감의 기회를 가지려는 욕구, 일곱째는 건강을 유지하고 보호하려는 욕구, 여덟째는 적절한 정신적 자극을 가지려는 욕구, 아홉째는 적절한 주거조건과 가족관계를 가지려는 욕구,

열째는 정신적인 만족을 얻으려는 욕구 등이다.

노인들의 다양한 문화활동은 상담, 영화, 창업에 이르기까지 새로운 노인문화가 확산, 전개되고 있다(참고자료 7-15 참조).

〈참고자료 7-15〉 액티브 시니어 '인조이 에이징' – 노년의 건강비결 '워라밸(일과 삶의 균형)'

'삐빅세대' 란 65세 이상 법정(法定) 노년층을 지칭하는 은어(隱語)라고 한다. 지하철을 탈 때 개찰구에서 주민등록증을 갖다 대면 "삐빅!" 소리와 함께 무임승차권이 발급된다고 해서 붙여진 별칭. 주로 연극 · 영화나 대중음악, 미술관람 등 비교적 힘 안 들이고 쉽게 접할 수 있는 문화예술 분야에 관심이 높다. 가능한 한 '삐빅' 지하철을 이용하거나 가까운 거리는 걸어서 오간다고 한다. 이른바 '삐빅세대' 의 건강비결이다. 문화체육관광부가 국민의 문화 향수 실태를 조사한 결과, 지난 한 해 동안 문화예술 행사를 한 번 이상 관람했다고 답한 60대 이상 노년층이 64.7%, 70대 이상은 46.9%로 나타났다. 이 가운데 영화 관람(75.8%)이 가장 많았고, 대중음악 · 연예(21.1%), 미술전시(15.3%), 연극 관람(14.4%) 순으로 나타났다. 노년층의 절반 정도가 문화생활을 즐긴다는 것이다. 미국의 여성심리학자 메리 파이퍼는 저서 '나는 내 나이가 참 좋다' 에서 "노년엔 자기 주도적 삶을 살아가는 '두 어크러시(Do Ocracy)' 가 적기"라고 했다. 마음 내키는 대로, 하고 싶은 대로 인생을 즐기며 살아가는 인조이 에이징(Enjoy Aging)이다.

출처: 〈영남일보〉. 2019.11.08.

'산울림극단'은 노년의 삶을 그린 윤대성의 3부작 「한 번만 더 사랑할 수 있다면」, 「아름다운 꿈 깨어나서」, 「동행」에 이어 치매노인을 다룬 「나의 황홀한 실종기」까지 노년연극을 연이어 무대에 올려 노인 관객에게 사랑을 받았다(월간「객석」 2013년 5월호). 더욱이 이 작품들은 작가 · 연출가 · 중심배우가 모두 노인으로, 그야말로 '노인에 의한, 노인을 위한 연극'이 되었다. 이 공연이 이루어진 '소극장 산울림'은 노년연극의 메카가 되고 있다고 한다. 특히 '치매'는 현대 노인이 가장 관심을 가지는 주제로, 요양원에서 생활하는 치매환자 노인의 이야기는 많은 노인에게 교훈을 준 치매 준비교육이었다.

〈참고자료 7-16〉 "내 나이가 어때서?" 대한민국은 액티브 시니어 전성시대

인기 유튜버 박막례, 예능 샛별 김언중, 시니어 모델 김칠두, 영화 '몽마르트 파파' 주인공 민형식까지… 시니어들의 이유 있는 반란

초고령화 사회에 접어들며 '100세 시대' 란 말은 이제 염원이 아닌 현실이 되고 있다. 예전에는 은퇴와 함께 사회적 무대에서 사라질 수밖에 없었던 시니어 세대들이 제2의 삶에 대한 관심을 갖게 되면서 화려하게 부활을 꿈꾸고 있다. 그들을 지칭하는 단어도 새롭게 등장했다.

액티브 시니어(active senior)는 은퇴 이후에도 능동적으로 하고픈 일을 찾아 도전하는 장년층을 칭한다. 노년층을 지칭하는 실버세대와 액티브 시니어의 구분점은 '소비' 다. 액티브 시니어는 외모나 건강관리 등에 관심이 많고 자신을 위해 아낌없는 투자를 한다. 덕분에 기업들도 이들을 잡기 위한 마케팅 전략을 다양화하고 있다.

먼저 116만 구독자를 보유한 인기 유튜버 박막례는 할머니 유튜버의 선구자다.

다음으로 KBS '살림하는 남자들' 에서 시청자들의 이목을 끌며 사랑받고 있는 김승현의 아버지 김언중. 그는 개그맨 못지않은 유머와 예측할 수 없는 솔직함으로 예능계 블루칩으로 떠오르며 다양한 예능 프로그램에 출연해 안방극장을 사로잡고 있다.

또한, 65세 모델 김칠두도 대표적인 액티브 시니어이다. 출중한 외모와 신체조건으로 현재 예능 프로그램부터 광고 그리고 패션쇼 무대까지 섭외가 쏟아지며 종횡무진 활약하고 있다.

마지막으로 '몽마르트 파파' 는 미술교사로 평생을 산 아버지가 은퇴 후 인생의 꿈인 몽마르트 언덕 화가가 되기 위한 도전과 열정을 담은 웰-에이징 국민 다큐멘터리.

출처: 〈베이비타임즈〉. 2020.1.6.

3) 고령친화산업의 확산

신노년이 강조하는 활동적이고 자신의 삶을 중시하는 새로운 노인들은 노인 관련 시장과 고령친화산업의 측면에서 볼 때 새로운 소비자층이자 매력적인 마케팅 대상이다. 노인이 소비시장에서 중요한 존재가 되었다는 것은 이들이 단지 마케팅이나 이윤추구의 대상 집단으로서만 중요하다는 의미는 아니다. 구매력을 가진 노인세대의 등장과 시장에서의 이들의 권한 강화는 생산과 소비에 있어 문화적인 다양성을 가져올 가능성이 크다는 점에서 주목되어야 한다. 노인인구 구성비율이 증가할수록 그만큼 노인 소비자는 증가한다. 과거와는 달리 미국, 일본 등 선진국의 경우처럼 정년퇴직 후에도 연금, 저축, 자본소득 등의 고정소득원을 갖고 있는 부유한 노인층이 증가할 것으로 예상되고, 핵가족화 등 라이프스타일의 변화로 노인 소비자의 소비성향도 점차 높아질 것으로 예측된다.

젊고 경제적 능력을 갖춘 노인들이 인터넷쇼핑에 새바람을 일으키면서 새로운 소비계층으로 부상하고 있다. 노인인구 증가와 인터넷 사용으로 인한 노인들의 정보사용 증가로 새로운 시장이 형성되고 있다. 실제로 고령화가 가속화되면서 노인들의 구매력이 증가하고 있다. 이른바 '은빛 시장(silver market)'이 활성화되고 있다. 즉 노인인구의 급속한 증가와 노인들의 경제적 여건 향상으로 노인시장이 유망시장으로 떠오르고 있다.

'실버산업(silver industry)'이란 말은 1970년대 후반 일본의 민간기업들이 노인을 대상으로 한 비즈니스에 관심을 갖게 되면서 생성된 말이다. 저출산 · 고령화가 일찍 진행된 일본의 경우 실버마켓은 지난 2001년 40조 엔 규모로 추정되고 있으며, 2015년을 전후해 100조 엔 규모로 급팽창할 것으로 관측되고 있다. 일본과 비슷하게 미국이나 유럽에서도 노인시장(elderly market, mature market), 실버마켓, 실버 비즈니스(silver business)란 말로 불리며 엄청난 규모의 시장을 형성하고 있다. 엘더 호스텔(elderhostel)이나 은퇴촌(retirement community)은 노인들이 중심이 되는 시장으로 잘 알려져 있다. 엘더 호스텔은 미국 매사추세츠 주 보스턴에 있는 55세 이상의 노인들에게 교육과 여행 서비스를 제공하는 노인판 유스호스텔이다.

우리나라의 경우 실버산업을 "민간이 시장경제 원리에 입각해 고령자의 복지 욕구에 부응하는 상품 및 서비스를 공급하는 사업"으로 정의하고 있다. 보건복지부의 분류에 따르면 실버산업은 실버타운 등 주거시설, 노인요양병원 등 의료 · 요양, 건강기기 등 용구 · 용품, 연금 등 보험 · 금융, 주간보호 등 재가복지서비스, 취미 · 관광의 6가지 정보로 나뉜다. 국내에서도 1980년대 후반부터 실버산업이 본격적으로 등장하였다(이호선, 2010). 기업들이 적극 개입한 고급 양로원과 실버타운들이 거액을 지급해야 함에도 불구하고 문전성시를 이루고 있다. 그 밖에도 은행, 보험회사, 투자신탁, 신용금고 등 금융기관들마다 역모기지론, 노후연금, 퇴직금 관리 등을 안락한 노후 보장을 위한 캐치프레이즈로 내세우면서 노인들의 장롱에서 잠자고 있는 돈을 적극 공략하고 있다. 유통업체들 역시 실버 코너, 노인용품 코너를 따로 마련하거나 화장실 안전 손잡이나 밀기 쉬운 카트 등 노인들을 위한 시설들을 적극 설치하고 있다.

4) 새로운 임종문화

자신의 인생을 되돌아보았을 때 의미 있는 삶을 살았다고 느끼는, 즉 자아통합을 이룬 노인의 경우에는 아직도 삶의 의미에 대해 방황하고 있는 이들에 비해 보다 안정적으로 죽음을 맞이하게 된다. 인생의 회고를 성공적으로 마친 사람이라면 죽음에 대한 갈등과 불안을 줄이고 자신의 죽음을 받아들일 수 있게 된다(이기숙 외 옮김, 2010). 또한 종교는 죽음에 관한 느낌을 갖는 데 특별하게 영향을 미치지 않지만, 강하고 깊은 종교적 헌신은 죽음에 대한 불안을 낮추는 것과 관련이 있다.

우리 사회에서 죽음에 대한 논의는 회피되고 있다. 탄생 이후 반드시 죽음이 정해져 있는 과정이라면 피하기보다 생애의 한 과정으로서 준비하는 것이 필요하다. 회피하기보다는 죽음에 대한 생각과 태도를 바르게 정립하여 심리적인 안정을 찾는 것이 인생의 마지막 단계에 있는 노인들의 바람직한 적응과 삶의 질 향상을 위한 필수 과제다.

'웰빙(well-being)'만큼 '웰다잉(well-dying)'이 강조되고 있는데, 웰다잉은 되풀이될 수 없는 인생의 단 한 번뿐인 과정이라는 점에서 매우 중요하다. 또한 인간의 삶 전체를 성장의 한 과정이라고 본다면 성장의 최종 단계는 죽음이 된다. 마무리를 어떻게 준비하고 맞이하느냐에 따라 삶 전체의 과정이 평가되고 가치가 부여된다고 해도 과언이 아니다. 그만큼 죽음의 체계적이고 진지한 준비과정은 반드시 필요하다.

노년기는 다른 어떤 연령층보다 죽음에 임박한 시간대와 한정된 기간 속에 살면서 타인의 죽음과 관련하여 불안과 동시에 자신의 죽음에 대해서도 준비해야 하는 기간이다. 따라서 죽음 불안을 다루어 주고 적극적으로 준비하도록 도와주는 일은 중요한 일이다. 고령화 사회의 진전과 함께 죽음이 사회적으로 중요한 이

슈로 부각되고 있지만, 죽음에 대한 준비를 할 수 있는 구체적인 정보나 지식은 결여되고 있다.

죽음 준비교육(death education)은 죽음을 금기시하는 사회 및 개인에게 죽음을 긍정적으로 받아들이고 그 의미를 이해토록 함으로써 죽음으로 향하는 과정 역시 삶의 과정에서 반드시 거쳐야 하는 일부분이라는 인식을 불어넣어 남겨진 시간의 소중함을 재인식하고 삶의 질이 풍부해지도록 가치관과 사생관을 정립시키고자 하는 것이다. 아울러 죽음 준비교육을 통해 죽음에 대한 불안을 극복하게 되며, 죽음의 문제를 현명하게 다룰 수 있게 된다(김성희·송양민, 2013). 죽음 준비교육은 단순한 교육의 차원을 넘어 심리적인 안정과 회복, 불안 해소뿐만 아니라 죽음학(thanatology: '생사학', '임종학' 이라고도 한다)의 광범위한 부분들을 다룸으로써 개인의 내면적인 반성과 성찰, 아름다운 마무리와 죽음 준비뿐만 아니라 가정 내의 숭고한 변화, 사회문화적 제고 및 구축이라는 점에서 그 필요성을 찾을 수 있다. 탄생 이전의 태교가 중요하듯이 인생의 아름다운 마무리를 위해서는 반드시 죽음 전의 교육이 필요하다.

기독교가정사역연구소의 '천국준비교실'에서는 과거의 삶을 돌이켜보고 유언서를 작성하거나 가족 용서하기, 유산 정리하기, 장기기증, 영정사진 찍기 등의 교육을 실시하고 있으며, 모든 과정은 성경공부와 함께 진행되고 있다. 상징화되고 제도화된 절차들을 통해 인생에서 의미 있고 중요한 사람(significant other)을 잃은 상실감을 충분히 애도하고 위로받을 수 있도록 하는 것이 장례이다. 그럼으로써 망자와의 실질적 이별을 가시화하고, 망자와 함께하지 않는 삶을 재구성해야 함을 스스로에게 그리고 주변에 공표하는 것이다.

장례(葬禮)란 도덕규범이나 관습, 종교 등에 따라 주검을 처리하는 절차이자 의례다. 산업화로 인한 도시화 · 핵가족화는 우리의 장례문화에 많은 영향을 미쳤다. 죽음이 우리 각자에게 최종적인 운명이라는 것을 아는 것은 죽음을 준비하는 것의 중요성을 이해하게 해 준다. 죽음에 직면하거나 적어도 죽음에 대한 불안을 완화시키는 것은 개인의 삶을 잘살았다는 만족감을 이끌어 내고 심리사회적 발달의 마지막 단계인 통합감에 도달하게 된다(이미란, 2012). 삶의 여생에서 통합감이 있는 사람들은 자신의 과거를 만족스럽게 반성해 본다. 그렇지 못하고 절망감으로 가득 찬 사람들은 놓친 기회와 방향에 머무르게 된다.

장묘문화는 근대에 이르기까지 유교의 영향인 '토장'이 조상을 모시는 효라 생각되어 만연하였으나 점점 '화장 납골'로 전환되고 있다. 현대 한국의 상례문화에 있어 가장 큰 변화로 첫째는 매장에서 화장으로 변화된 장법이고, 둘째는 가정의례준칙에 의해 예법에서 간소화로 변화된 의례절차, 셋째는 집에서 장례식장으로 변화된 상례 장소의 변화, 넷째는 문중 혹은 개인 묘지에서 집단 묘지로의 변화이다(남민이, 2012). 이 중에서 상례를 치르는 장소의 변화를 의미하는 장례식장은 집을 중심으로 하던 전통적 의례가 전문직업화된 것으로 볼 수 있다.

근래에 들어 장례식장에서 장례를 처음부터 끝까지 책임져 줄 상조회사들이 급증하고 있다. 그 이유는 현대인들의 시간에 쫓기는 바쁜 일상생활, 소득수준과 사회 · 문화 인식수준의 향상으로 인한 아파트형 주거 형태의 확대, 극단적인 핵가족화로 관혼상제 발생 시에 심리적 불안감 해소와 경제적 · 시간적 · 편의적 혜택을 도모하고자 하는 측면에서 찾아볼 수 있다. 이런 임종문화의 변화는 앞으로 더욱 증가할 것으로 보인다.

〈참고자료 7-17〉 죽음준비 교육이 필요한 이유

삶과 죽음은 동전의 양면… 죽는 것을 받아들일 때 삶의 의미 깨달아

"우리 모두 언젠가는 죽는다는 사실을 받아들일 때 비로소 우리에게 주어진 삶이 얼마나 의미 있는지를 깨닫게 된다. 그런 의미에서 죽음준비 교육이야말로 진정한 삶에 대한 교육이다."

세계적인 '죽음학자' 알폰스 디켄 교수는 이렇게 말했다. 그는 1982년 일본에서 '삶과 죽음을 생각하는 회(모임)'를 창설하고 일본 사회에 '죽음 교육'의 필요성을 알리는 시민운동을 펼쳤다. '죽음준비 교육'이란 말 그대로 죽음의 의미를 생각해 보고 죽음이 찾아오더라도 편안히 맞이할 수 있도록 준비하는 것이다. 자연스러운 생로병사와 상실, 슬픔에 대해 토론하면서 삶과 죽음의 가치관을 형성하도록 도와준다. 죽음준비는 단순히 죽음을 준비하라는 것이 아니라, 자신의 삶을 살펴보며 가치 있게 살라는 뜻이다. 그러므로 죽음 교육은 평소 죽음을 제대로 인식하고 삶의 가치를 생각해 보는 교육이다.

출처: 〈한겨레21(제1226호)〉. 2018.8.20.

생각해 봅시다

1. 중년기 부부문화와 노년기 부부문화의 차이점을 토의해 보자.

2. 중년 1인가구와 홀몸노인 가족에 적합한 가족문화 활동 프로그램을 각각 제안해 보자.

3. 저출산과 초고령화 시대를 맞이하여 가족 축소기에 있는 가족들이 보다 활발한 문화생활과 여가생활을 하기 위해 정부나 사회가 노력해야 할 점들이 무엇인지 토의해 보자.

더 볼거리

◈ 영화. 「인턴」. 낸시 마이어스 감독. 2015.
열정적인 30세의 여성 CEO가 수십 년의 직장생활에서 얻은 노하우와 나이만큼 풍부한 인생 경험이 무기인 70세의 벤(로버트 드 니로)을 인턴으로 채용, 인생의 풍랑을 '현명함' 으로 이겨내게 하는 삶의 지혜를 배울 수 있는 따뜻한 영화.

◈ 다큐멘터리 영화. 「님아, 그 강을 건너지 마오」. 진모영 감독. 2014.
480만 명의 관객 수를 기록하며 한국 독립영화의 새 역사를 쓴 것으로 회자되는 작품. 영화는 강원도 횡성의 어느 산골마을에 사는 76년차 부부, 98세의 할아버지와 89세의 할머니를 통해 노부부의 일상, 그리고 남편을 먼저 떠나보내는 할머니의 모습을 담고 있다.

◈ 영화. 「위크엔드 인 파리」. 로저 미셸 감독. 2013.
30년만에 신혼여행지를 다시 찾은 중년부부. 권태기에 빠진 한 중년부부가 파리로 '제2의 신혼여행' 을 오면서 '부부' 와 '결혼' 에 대해 성찰하는 과정을 밀도 있게 그렸다.

◈ 연극. 「뷰티풀 라이프」. 2020.
장애도 세월의 흐름도 막을 수 없는 노부부의 사랑. 오랜 세월을 같이 겪으면서 희로애락을 표현하며, 항상 내 곁을 지켜주며 장애도 극복하고 애틋하게 사랑하는 공연이다. 아무것도 가진 게 없었지만 누구보다 애틋하고 열정적으로 사랑했던 90년대의 따뜻한 러브스토리를 만날 수 있다.

◈ 연극. 「늙은 부부이야기」. 2019.
중년부부의 열정적인 사랑 이야기이다. 30년 전 남편과 사별 후 세 딸을 출가시키고 홀로 살아가는 이점순 집에 국밥집을 운영할 때 친분이 있던 박동만이라는 노신사가 찾아오며 극이 시작된다. 노신사 또한 일찍이 부인과 사별했으며 둘의 재회로 사랑이 싹터 가는 전개를 취한다. 이를 통해 관객들은 그들의 애틋한 사랑과 결별의 슬픔 등을 느낄 수 있다.

◈ 드라마. 「부부의 세계」. JTBC. 2020.
'완벽한 사랑은 없다, 완전한 사랑을 꿈꿔라' 사랑의 민낯과 관계의 이면을 다각도로 조명하고 있다.

◈도서. 『행복의 조건』. 조지 베일런트, 이덕남 역. 프런티어. 2010.
세계 최장기 종단연구, 삶을 관통하는 행복의 공식을 찾는다. '하버드대학교 성인발달연구' 가 밝히는 행복한 삶의 일곱 가지 조건에 대해 이야기한다.

◈ 도서. 『마흔 살, 내가 준비하는 노후 대책 7』. 김동선. 나무생각. 2015.
노년 준비로 건강을 위한 준비, 경제적인 준비, 자녀와의 관계, 배우자와의 관계, 사회 참여, 취미생활, 죽음 준비 등 7개의 장으로 나누어 어떻게 늙어갈 것인가? 노년을 보다 행복하게 보내려면 어떤 준비를 해야 할까? 등을 정리하였다.

◈도서. 『지혜롭게 나이 든다는 것』. 마사 누스바움 · 솔 레브모어 (공)저. 어크로스. 2018.
나이듦에 대한 지적 탐구! 《포린폴리시》 선정 '세계 100대 지성' 에 이름을 올린 시카고대 석좌교수 마사 누스바움과 로스쿨 전 학장 솔 레브모어, 두 사람이 때론 겹치고 때론 상반되는 목소리로 들려주는 나이듦에 관한 다채롭고 풍부한 통찰이다.
우정, 나이 들어가는 몸, 적절한 은퇴 시기, 나의 과거 등을 함께 생각하고, 은퇴하기 적합한 시점은 언제인지, 유산을 어떻게 적절하게 나눠 줄 수 있을지 등 보다 실용적인 삶의 지침을 전한다.

CHAPTER 8

다문화사회의 가족문화 1

1. 글로벌리제이션과 아시아 국가/민족 가족의 변화

1) 글로벌리제이션과 가족의 변화

1980년대 이후 세계는 교통 · 통신의 발달, 초국적 거대자본 및 기업이 주도하는 금융경제 발달, 문화적 교류의 확산 등으로 전 지구적 차원에서 통합이 이루어지는 '글로벌리제이션(globalization)'이 가속화되고 있다.

글로벌리제이션 현상은 국가의 경계를 넘어 상품, 인간, 지식, 정보의 상호교류와 이동을 심화시켰을 뿐만 아니라 그 범위와 속도도 증폭되어 나타나고 있다. 특히 이러한 글로벌리제이션이 야기한 세계적인 현상 중의 하나가 이주(migration)의 증가이다. 지난 몇 십년 동안 세계 여러 국가들 간의 경제적 · 문화적 교류가 확대되면서 자연스럽게 사람들의 국제적인 이동도 증가하였다.

이러한 국제적인 이동에는 국외 여행과 같은 일시적인 체류만이 아니라 오랜 기간 동안 다른 나라에 체류하거나 새로운 삶을 위해 정착하는 이주민이 다수 포함되어 있다. 유엔경제사회국(the Department of Economic & Social Affairs)의 자료에 따르면, 2017년 전 세계의 이주 인구는 2억 5천 7백만 명에 달하는데, 이는 전 세계 인구의 3.4% 비율에 해당하는 규모이다(표 8-1 참조).

〈표 8-1〉을 보면, 이주 인구의 약 57%가 유럽, 북미 등 선진국에 분포되어 있는 것을 알 수 있는데, 여기에는 저개발 지역의 사람들이 임금 수준이 더 높고 취업의 기회가 많은 지역으로 이동하는 '노동 이주'가 많은 비중을 차지하고 있다.

국제이주기구(IOM)에 따르면, 이주자들이 모국에 보내는 송금액이 465억 달러에 이르고(2017년), 이주 인구 중 여성이 48.4%(UN DESA, 2017)로 절반에 가까운 규모를 차지한다고 한다.

특히 제3세계의 여성들은 새로운 삶의 기회를 선택하는 하나의 방식으로 국제결혼(inter marriage)을 이주의 방식으로 감행하기도 한다.

〈표 8-1〉 국제 이주 인구 규모 및 비율(2000/2017)

구 분	국제 이주 인구 수 (백만 명)		총 인구 대비 이주 인구 비율 (%)		여성 이주 인구 비율 (%)	
	2000	2017	2000	2017	2000	2017
전 세계	172.6	257.7	100.0	100.0	49.3	48.4
선진 지역	103.4	146.0	59.7	56.7	51.1	51.8
저개발 지역	69.2	111.7	40.3	43.3	46.6	43.9
아프리카	14.8	24.7	8.6	14.1	46.9	47.1
아시아	49.2	79.6	28.5	41.0	46.2	42.4
유럽	56.3	77.9	32.6	23.7	51.6	52.0
라틴아메리카 및 카리브해 지역	6.6	9.5	3.8	14.6	50.1	50.4
북아메리카	40.4	57.7	23.4	1.7	50.5	51.5
오세아니아	5.4	8.4	3.1	0.7	50.1	51.0
미상	–	10.5	–	4.1	–	–

출처: 유엔경제사회국(DESA)(2017). International Migration Report.

결과적으로 글로벌리제이션이 낳은 이러한 인적 이동 및 교류의 확산은 국가의 경계를 넘어 배우자를 선택하고 만날 수 있는 기회를 증대시켰을 뿐만 아니라 이주의 방식으로서 국제결혼을 선택하는 결혼 이주자의 규모도 증가시켰다.

특히 필리핀, 베트남, 태국, 캄보디아 등 동남아시아 국가 및 중국의 경우 일본, 한국, 대만, 말레이시아 등 경제적으로 발전한 아시아 지역으로 결혼 이주를 한 여성들의 수가 증가해 왔다.

아시아 지역의 국제결혼의 증가는 이 지역 사회의 구조적 변화와 함께 가족문화에 적지 않은 영향을 끼치고 있다. 우선, 사회구조적인 측면에서는 한국, 일본, 대만 등 인구학적 구성에서 단일성이 강하였던 국가들이 다문화사회의 도래라는 사회적 과제에 대응하지 않을 수 없게 만들었다는 점이다. 또한, 국제결혼의 증가는 사람들의 가족생활과 가족문화의 다양성을 증대시키는 데 영향을 끼친다. 이질적인 문화적 배경을 가진 사람들이 가족을 이루면서 가족의 범위와 관계가 초국가적인 네트워크로 점차 확대되는 것이다.

이러한 변화들은 특히 우리나라를 비롯하여 다수의 결혼 이주자를 유입하는 일본, 대만 등과 같은 동아시아 지역의 국가들의 가족문화를 변화시키는 하나의 동력이 될 것으로 보인다. '가족'은 인류의 오랜 역사적 산물이자 제도이지만 고정불변한 것이 아니라 시대와 사회의 변화에 따라 달라질 수밖에 없는데, 여기에는 가족의 개념, 가족규범, 가족 내 역할, 가족의 기능 등 가족과 관련한 모든 것이 포함된다. 근래, 동아시아 지역을 중심으로 글로벌리제이션이 끼친 하나의 결과로서 나타난 국제결혼의 열풍은 이 지역의 가족문화가 '다문화적' 요소에 영향을 받으며 다양하게 변화될 수 있는 가능성을 열어 주었다고 볼 수 있다.

2) 아시아 국가의 가족구조의 변동

동아시아(East Asia) 지역에서의 국제결혼의 증가는 전체적으로 본다면 글로벌리제이션이 야기한 혹은 전 지구적인 변화의 과정이라고 할 수 있지만, 지역적인 차원에서 보자면 동아시아 지역 사회들에서 나타난 가족을 둘러싼 구조적인 변동에 의한 것이기도 하다. 다시 말하면, 결혼 이주자를 받아들일 수밖에 없는 유입요인이 있었다는 것이다.

'아시아의 4마리 용'으로 불리며 아시아 지역의 경제 발전을 주도하였던 한국, 일본, 대만, 싱가포르 같은 나라들은 30년이 되지 않는 짧은 기간 동안 압축적으로 경제 발전을 이루면서 사회의 여러 분야에서도 급속한 변화를 경험하였다.

그 과정에서 동아시아 지역의 나라들은 가족과 관련하여 저출산 · 고령화, 만혼 · 미혼 · 이혼의 증가, 가족 내 돌봄의 문제 부각, 성별 분업의 약화 등과 같은 사회적인 현상이 대대적으로 나타나기 시작하였다.

대가족 중심의 가족생활 방식에서 부부 및 자녀 중심의 핵가족으로 가족 유형의 중심축이 바뀌었고, 그나마도 최근에는 부부와 자녀세대로 이루어진 가족의 비율도 점차 축소되고 있는 가운데 미혼자나 노인 1인으로만 가구를 구성하는 1인가구의 비중이 점차 커지고 있는 추세이다.

특히 여성의 교육수준 상승과 사회참여의 확대는 가족 내에서의 전통적인 성역할 규범을 약화시키고, 자녀의 보육과 노인부양 같은 가족원에 대한 돌봄의 문제를 사회적으로 해결해야 할 중요한 문제로 부상하게 만들었다.

또한, 여성의 만혼과 미혼이 증가하는 것도 아시아 지역 중 경제 수준이 높은 나라들이 경험하고 있는 공통적인 현상이다. 아시아 주요국의 조혼인율(인구 1,000명당 결혼 건수)을 보면, 2015년 기준으로 일본이 5.0건으로 가장 낮고, 한국 5.9건, 싱가포르 7.3건, 대만 6.6건을 보이고 있는데, 동거생활이 일반화된 서구 사회와 달리 결혼을 통한 가족형성이 문화적으로 강한 아시아에서 혼인율의 감소는 이 국가들의 저출산 현상을 심화시켰다.

〈표 8-2〉 아시아 주요국 조혼인율 변화

	'08년	'10년	'12년	'13년	'14년	'15년	'16년	'17년	'18년	'19년
한 국	6.6	6.5	6.5	6.4	6.0	5.9	5.5	5.2	5.0	4.7
중 국	8.3	9.3	9.6	9.9	9.6	9.0	8.3	-	-	-
일 본	5.8	5.5	5.2	5.2	5.1	5.0	5.0	4.9	4.7	4.7
싱가포르	6.8	6.5	7.3	6.8	7.3	7.3	7.1	7.1	-	-
대 만	6.7	6.0	6.2	6.3	6.4	6.6	6.3	5.9	-	-

출처: 국가통계포털(www.kosis.kr), 국제·북한통계(인구동태 및 밀도), 中国民政部(2018). 2017年 社会服服务展统计公报厚生労働省, 令和元年(2019). 人口動態統計の年間推計.

이와 함께 경제 수준이 높은 아시아 국가들에서 나타나는 여성 미혼자의 증가에 대해서도 주목할 필요가 있다. 고학력 · 고소득 여성들을 중심으로 미혼자가 크게 증가하고 있는데, 관련 통계에 따르면 일부 아시아 지역의 여성들의 경우 결혼을 전혀 하지 않는 추세가 지속적으로 증가하고 있는 가운데, 일본의 경우 2015년 남성 중 미혼자 비율이 31.8%, 여성은 23.2%로 나타났고(日本 統計局, 2015), 대만은 2017년 20세에서 40세 사이의 인구 중 남성의 미혼인구 비율은 69.2%, 여성의 미혼인구 비율은 36.2%에 이르고 있다(中華民國內政部統計處, 2017).

여성의 경제활동과 사회참여는 확대되었으나 가정 내에서 여전히 자녀양육과 가사일을 담당해야 하는 아시아 지역의 가부장적인 문화로 인하여 고학력 여성들을 중심으로 결혼과 출산을 기피하는 현상이 심화되고 있는 것이다.

이러한 사회 현상은 결과적으로 결혼시장에서의 성비 불균형을 가져와 결혼시장에서 불리한 조건을 가진 남성들의 결혼을 어렵게 하였고, 농촌 지역에 거주하거나 소득이 높지 않은 남성을 중심으로 국제결혼을 증가하게 한 배경으로 작용하였다.

시기적으로 차이가 있으나 한국, 일본, 대만의 국제결혼 증가의 배경과 방식은 비슷하다. 일본의 국제결혼을 주도한 집단은 1980년대 중반 이후 농촌 거주 남성이었고, 이후 도시 지역 남성의 국제결혼으로 점차 확대되었다. 한국과 대만도 1990년대 후반 이후부터 일본과 유사한 패턴을 보이고 있다.

2. 아시아 국가/민족의 국제결혼 현황

2000년대 이후 동아시아 지역을 중심으로 국제결혼(intermarriage)은 이제 주변에서 쉽게 볼 수 있는 결혼의 한 형태로 정착하였다. 비록 국가 간에 편차를 보이기는 하나 한국은 2019년 기준으로 총 혼인에서 국제결혼이 차지하는 비중이 9.9%이고, 2016년 기준으로 일본은 3.4%, 대만은 15.3%를 차지하였다.

최근 국제결혼 배우자의 출신 국가는 한국의 경우 남성은 중국, 베트남, 태국 여성과 주로 결혼을 하고, 여성은 중국, 미국, 베트남, 캐나다 등의 남성과 결혼을 하는 것으로 나타난다.

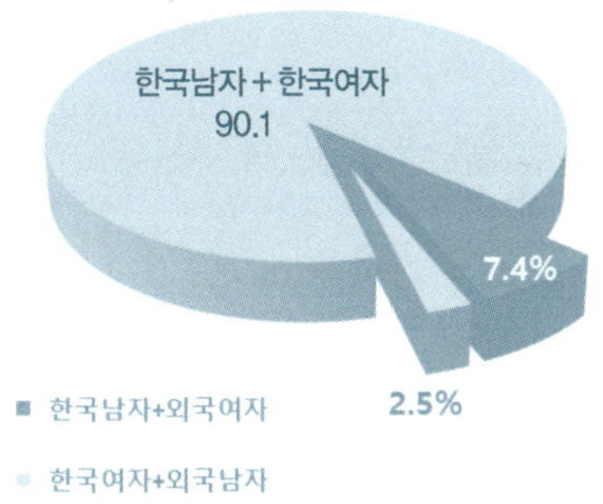

〈그림 8-1〉
총 혼인 중 외국인과의 혼인 비중(2019)

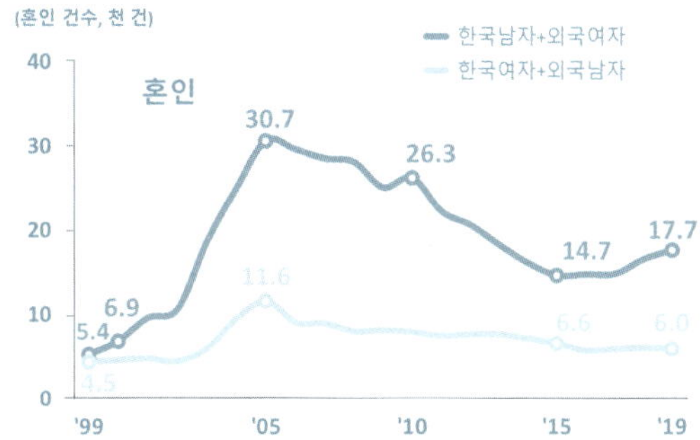

〈그림 8-2〉
외국인과의 혼인 건수 추이(1999~2019)

출처: 통계청(2020). 2019년 혼인 · 이혼통계.

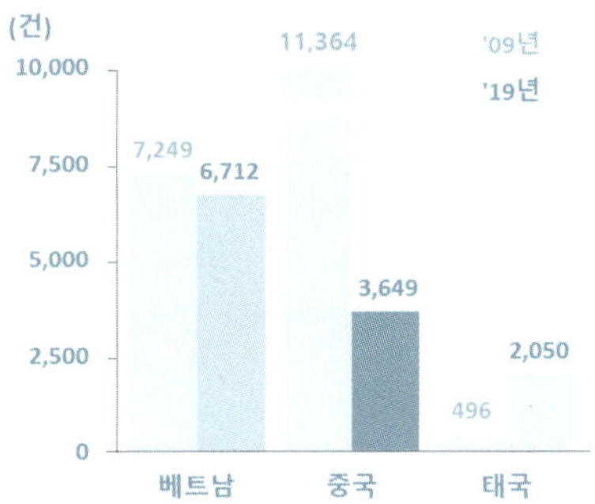

〈그림 8-3〉
한국남자와 혼인한 외국여자의 국적
(2009, 2019)

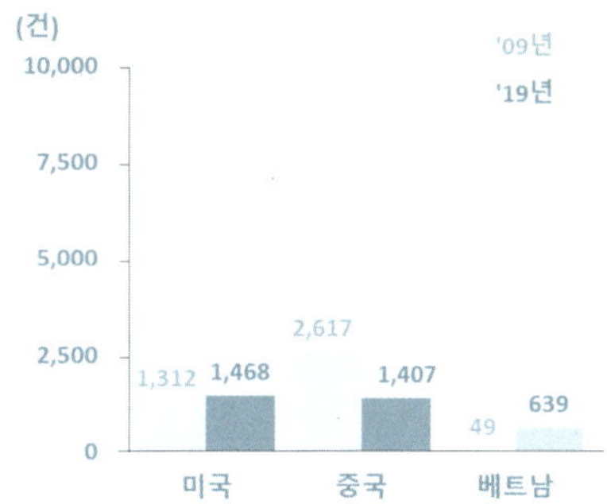

〈그림 8-4〉
한국여자와 혼인한 외국남자의 국적
(2009, 2019)

출처: 통계청(2020). 2019년 혼인 · 이혼통계.

일본의 국제결혼 현황도 한국과 비슷하게 나타나고 있다. 2018년 기준으로 일본의 국제결혼은 총 2만 1,852건으로 남성이 68.9%(1만 5,060건), 여성이 31.1%(6,792건)로 남성이 다수를 차지하였다.

외국인 배우자의 출신 국적을 보았을 때, 일본 남성은 주로 중국, 필리핀, 한국

· 조선 여성과 결혼하였으며, 일본 여성은 한국 · 조선, 미국, 중국 남성과 결혼한 것으로 나타난다.

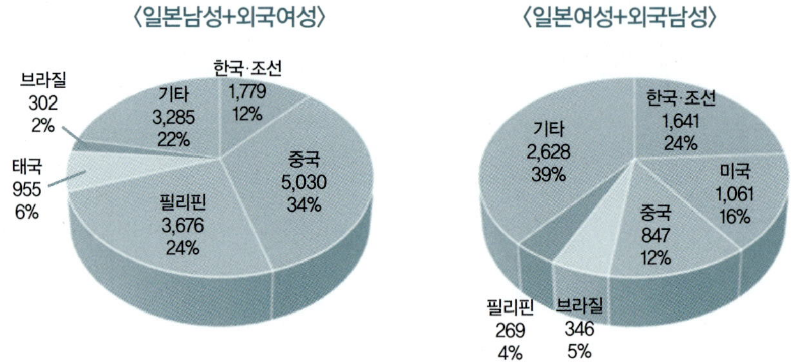

〈그림 8-5〉 일본의 국제결혼 현황

출처: 日本 厚生労働省(2019). 人口動態調査 자료로 재구성.

주: 한국·조선은 일본에 거주하는 재일한국인의 국적으로, '한국' 은 대한민국 국적을 의미하고, '조선' 은 1945년 해방직후 일본에 거주하던 조선인들이 일본국적을 상실하고 부여받은 국적을 의미하는데, 이후 대한민국 국적을 취득하지 않은 사람들 및 그 후손을 지칭한다.

다음으로, 대만은 1980년대 후반부터 대만 남성의 국제결혼이 늘어나기 시작하였는데, 2002년에는 국제결혼이 총 혼인의 24%를 차지할 정도로 매우 높은 비중을 차지하였으나, 그 이후 점차 감소하여 2016년 현재 15.3% 정도를 차지한다(中華民國內政部統計處, 2017, 2017年 第14週 內政統計通報).

대만의 국제결혼 배우자는 동남아시아 지역이 40.6%로 가장 많고, 그다음으로 중국이 36.2%를 차지한다. 동남아시아 지역에서는 베트남이 가장 많고, 그 뒤로는 인도네시아, 태국 등이 차지하고 있다.

3. 아시아 국가/민족 가족문화의 특성

1) 부계 중심적인 가부장적 가족문화

주로 결혼이민자를 받아들이고 있는 한국, 일본, 대만의 경우에 한정하여 본다면, 이 세 나라의 문화적인 공통점은 역사적으로 유교를 비롯한 중국문화의 영향을 오랫동안 받았으며, 이것이 결혼, 가족제도와 규범 등 일상생활 문화와 가치에 상당 부분 반영되어 있다는 것이다.

한국, 일본, 대만의 가족문화는 남성 중심의 가부장적인 문화(patriarchal culture)가 지배적이라는 공통점을 지니고 있다. 비록 나라마다 조금씩 차이가 있기는 하지만 부계를 중심으로 하는 결혼제도와 가족규범이 보편적인 것은 동일하다.

이는 필리핀, 캄보디아, 인도네시아 등 동남아시아 일부 국가들의 양계적인 가족제도와는 많은 차이를 보인다. 양계제(bilineal family system)에서는 어머니와 아버지의 혈통이 동일한 위상을 차지하며 가정에서 여성/어머니의 역할이 상대적으로 중요하게 여겨진다.

가족행사 등 가족의례(family ritual)는 명절이나 제사, 부모의 생신잔치, 친척들의 모임 등이 포함된다. 특히 가족의례에는 가족원들의 역할과 참여 방식 등이 관습화되어 있고, 아직까지 우리나라는 가족의례에서 남편의 가족이 우선시되고 중시되는 특성이 상당히 강하다.

일반적으로 한국, 일본, 중국, 대만 등 아시아 지역의 가족 제도는 역사적으로 유교의 영향을 받아 가부장제가 오랫동안 지속되어 왔다. 가부장제는 남성 가부장을 중심으로 가족관계와 가족규범이 구축되는 것을 특징으로 한다. 가족구성원들은 독립적인 개인이 아닌 한 '집안'의 일원으로서 성별과 출생 순위 등에 따라 역할과 서열이 달라진다.

전통적으로 가부장적 가족 제도는 남성(아들)을 중심으로 혈통의 계승이 이루어지고, 여성은 결혼 이후에 남편 가족(시가)에 편입되어 남편 가족의 일원으로서 생활하는 것이 일반적이었다.

한국, 일본, 대만 등 부계 중심의 가족제도에서는 결혼을 통하여 여성은 시가에 편입되고 가족관계도 친정보다는 시가 중심의 관계로 구축되는 경향이 강하다. 여성에게는 부계의 혈통을 잇는 재생산의 역할이 매우 중요하게 여겨지며, 그에 따라 자녀의 출산과 양육을 전담하고 책임지는 역할이 주어진다.

따라서 결혼 후 시가에 편입된 여성은 남편의 가족에게 순종하고 아내, 어머니, 며느리라는 3가지 역할을 균형 있게 수행할 것을 요구받는다. 그 과정에서 여성 결혼이민자의 경우 '며느리'로서의 역할수행과 시부모와의 관계에 대하여 낯설어하고 어려움을 많이 느끼며, 때로는 이것이 다문화가족의 갈등을 일으키는 배경이 되기도 한다.

〈참고자료 8-1〉 며느리에 관한 한국과 일본 속담

며느리에 대한 속담은 한국과 일본에서 공통적으로 나타나는데, 대부분 며느리에 대한 차별적인 대우와 미운 감정 등을 표현한 것이 많다.

가을볕에는 딸을 쬐이고, 봄볕에는 며느리를 쬐인다(한국 속담)

봄볕이 가을볕보다 더 따갑기 때문에 며느리와 딸을 차별하여 며느리는 봄볕에 일을 하러 내보낸다는 의미다.

가을가지는 며느리에게 먹이지 말라(秋茄子は嫁に食わすな。: 일본 속담)

가을가지는 씨가 적고 맛있기 때문에 며느리 주기에 아깝고, 씨가 적어 자손을 많이 낳지 못할 것을 우려해서 먹이지 않는다는 의미다.

한국, 일본, 대만에서는 전통적으로 아들, 특히 장남이 집안을 잇는다는 의식이 강하게 뿌리내리면서 오랫동안 남아선호사상이 지속되어 왔으며, 가정에서는 아들과 딸에 대한 양육방식이나 물질적 지원 정도에서 차별이 관행적이었다.

비록 한국, 일본, 대만의 사회가 변화하고 여성의 사회적 지위도 상당 정도 높아지기는 하였으나 가부장적인 가족문화의 특성은 여전히 지배적으로 남아 있다.

2) 다문화가족의 문화적 차이 및 갈등

그러면 다문화가족(multiculture family)이 일상적으로 경험하는 가족문화의 차이에 따른 생소함과 갈등의 양상이 어떤 것인지 살펴보도록 하자.

다문화가족의 경우 일상생활의 기초적인 단위이자 가장 사적인 공간인 '가정'에서 문화적인 차이를 체감하고, 서로 간에 적응해야 하는 문제에 직면한다. 일상생활 방식에는 식습관, 옷 입는 방식, 자녀양육, 가족행사 등 의례, 의사소통 방식 등이 다양하게 관계된다.

이러한 가정 내에서의 일상생활 방식을 비롯하여 가족원들 간의 역할과 상호관계가 규범화된 것이 가족문화이다. 나라마다 가족문화가 다르기 때문에 다문화가족의 가족원들은 일상생활의 많은 영역에서 서로 간의 차이를 인식할 수밖에 없다.

〈참고자료 8-2〉 다문화가족 부부의 문화적 차이 인식 유형

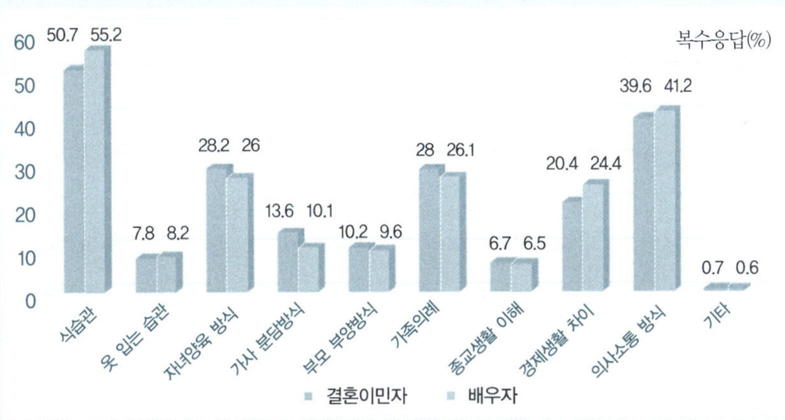

다문화가족 부부가 문화적 차이를 주로 많이 인식하는 것은 식습관, 의사소통 방식, 가족의례, 자녀양육 방식이었다.

출처: 여성가족부(2019). 2018년 전국 다문화가족 실태조사 결과 보고서.

우리나라에 온 결혼이민자들(intermarriage immigrants)의 경우 정착 초기에 매운 음식이 많은 한국 음식을 먹는 것을 힘들어한다. 한국인들이 자주 먹는 된장찌개 같은 음식도 결혼이민자들에게는 냄새나고 먹기 힘든 음식인 경우이다. 이 외에도 식문화에서도 문화적 차이가 확연히 나타난다. 요즘은 한국에서도 도시 지역의 경우 빵과 우유, 채소 등으로 아침 식사를 간단히 먹는 가정들이 많이 늘어났지만, 농촌 지역에서는 아침 일찍부터 농사를 짓거나 출근을 위하여 아침 식사를 든든하게 먹는 가정이 많다. 밥, 국, 여러 종류의 반찬으로 구성된 아침 식사를 하는 한국 농촌 가정의 식습관과 간단하게 아침 식사를 밖에서 사 먹거나 빵과 커피로 먹는 동남아시아 지역의 식습관이 서로 다르다.

〈참고자료 8-3〉 '하루 45분'… 한국 남성 가사분담률 OECD 최하위

한국 남성들의 가사분담 시간이 하루 45분에 불과해 경제협력개발기구(OECD) 회원국 중 최하위 수준인 것으로 나타났다. 통계가 잡힌 국가들 가운데 유일하게 1시간이 채 안 됐다.

3일 고용노동부가 2014년 기준 OECD 통계와 한국노동패널조사를 활용해 성별 가사분담률(무급노동시간 비중) 및 총 노동시간을 조사한 결과 한국 남성의 가사분담률은 16.5%로 통계를 산출한 26개국 중 최하위 수준이다.

한국 남성의 1일 평균 가사노동 시간은 45분으로 OECD 평균(138분)의 3분의 1이 채 안 됐으며, 남성의 가사노동 참여가 가장 활발한 덴마크(186분)의 4분의 1 수준에 불과했다.

이런 상황에서 한국 여성은 남성의 5배가 넘는 227분을 하루 동안 가사노동에 할애했다.

가사노동 쏠림 현상은 총 노동시간의 증가로 이어졌다. 가사노동에 해당하는 무급노동 시간과 유급노동 시간을 합쳤을 때 OECD 평균 여성이 남성보다 21분(여성 487분 · 남성 466분) 더 일하는 데 비해 한국은 여성이 34분(여성 501분 · 남성 467분) 노동을 하는 것으로 집계됐다.

고용부 관계자는 "여성의 경제활동 참여로 맞벌이가 증가했음에도 남성의 가사분담률이 여전히 낮기 때문"이라며 "남성의 가사분담률이 높은 덴마크, 노르웨이 등은 남성의 총 노동시간이 여성보다 긴 것으로 나타났고 우리나라, 일본, 멕시코 등은 무급(가사)노동과 유급노동 시간의 성별 불균형이 심한 것으로 나타났다."고 분석했다.

출처: 〈뉴시스〉. 2017.7.3.

반대로, 한국인 배우자에게도 결혼이민자 출신국의 음식과 식습관은 낯선 문화이다. 결혼이민자 모국의 음식을 가끔 먹게 되었을 때, 한국인 배우자는 이 음식들이 기름기가 많거나 '느끼한' 것으로 경험하게 되고, 익숙하지 않은 맛과 향으로 인하여 '많이 먹고 나서도 개운한 느낌이 없다.'고 생각하는 경향이 있다.

다음으로, 우리나라와 일본을 비롯한 아시아 지역의 많은 나라에서는 여전히 가정 내에서 가사노동과 자녀양육은 주로 여성의 몫으로 여겨지고 있고, 실제로 기혼 여성들은 취업 여부와 관계없이 가사노동과 자녀양육의 이중고에 시달리는 경우가 많다.

또한, 2018년 우리나라의 다문화가족에 관한 실태조사 결과에 따르면 다문화가족 부부 간에 가정 내 역할분담을 둘러싼 인식의 차이가 상당 부분 있는 것으로 나타난다(참고자료 8-4 참조). 이 표를 보면, '남성= 부양자/바깥일 ↔ 여성= 피부양자/집안일'이라는 성역할에 대하여 한국인 배우자는 상대적으로 찬성하는 비율이 높고, 결혼이민자는 상대적으로 반대하는 비율이 높은 것으로 나타난다. 이러한 인식의 차이는 다문화가족이 가족 내 역할을 둘러싼 갈등을 경험할 가능성이 있음을 보여준다.

〈참고자료 8-4〉 다문화가족 부부의 가족 내 역할에 대한 인식

2018년 전국 다문화가족 실태조사에서 결혼이민자·귀화자와 배우자를 대상으로 가족 내 역할에 대한 인식을 조사한 결과, 성역할 및 가족 내 역할에 대하여 부부간에 인식의 차이가 있는 것으로 나타났으며, 특히 남성 배우자 + 여성 결혼이민자 · 귀화자 부부가 여성 배우자 + 남성 결혼이민자 · 귀화자 부부보다 성역할과 가족 내 역할에 대하여 보다 전통적인 방식으로 역할을 수행할 가능성이 높은 것으로 나타났다.

		배우자		결혼이민자 귀화자	
		평균 (4점척도)	동의비율 (매우그렇다+그렇다)	평균 (4점척도)	동의비율 (매우그렇다+그렇다)
가족의 생계는 주로 남성이 책임져야 한다 (역코딩)	전체	2.08	71.9%	2.32	57.4%
	여성	2.40	52.3%	2.34	55.7%
	남성	2.02	75.7%	2.22	65.5%
여성이 경제적으로 자립하는 것은 중요하다	전체	2.96	83.5%	3.11	88.7%
	여성	3.12	90.5%	3.14	90.1%
	남성	2.93	82.2%	2.93	81.9%
여성은 자신의 직장생활보다는 어린 자녀를 돌보는 것을 더 우선시해야 한다 (역코딩)	전체	2.04	76.4%	2.10	72.5%
	여성	2.19	70.0%	2.08	73.6%
	남성	2.02	77.6%	2.22	67.7%
남성도 다른 사람의 도움없이 아이를 돌볼수 있어야 한다	전체	3.00	85.8%	3.06	87.8%
	여성	3.14	90.4%	3.07	88.2%
	남성	2.97	84.9%	3.02	87.5%

출처: 여성가족부(2019). 2018년 전국 다문화가족 실태조사 결과 보고서.

*평균은 4점척도 기준. 점수가 낮을수록 전통적 성역할 인식이 높은 것으로 해석

또한 남성 중심적인 가족문화가 강한 아시아 지역의 많은 다문화가족의 결혼이민자들은 인식의 차이만이 아니라 가족생활에서 문화적 차이와 많은 역할 갈등을 경험한다. 같은 아시아 지역이지만, 부계 중심이 아닌 양계적인 가족제도를 특성으로 하는 동남아시아 지역인 태국, 필리핀 출신의 결혼이민자들의 관점에서는 한국이나 일본의 가족문화가 이해되지 않을 뿐만 아니라 여성에게 매우 불공평한 것으로 여겨질 수 있다.

3) 향후 과제

2000년 이후에는 국제결혼의 급증과 함께 다문화가족이 큰 폭으로 증가하면서 이제 '다문화가족'은 한국사회에서 가족의 다양성을 보여주는 주요 징표가 되었다. 또한, 다문화가족의 증가는 비단 한국뿐 아니라 일본, 대만 등 주변 아시아 국가에서 공통적으로 나타난 현상이기도 하다.

한국, 일본, 대만은 모두 급속한 경제 발전을 성취하고 사회 변화를 경험하였으며, 그 과정에서 가족을 둘러싼 제도와 규범, 생활문화도 빠르게 변화하고 있는 공통점을 지니고 있다.

현대사회에서는 시대적으로 남녀 모두 가정과 사회에서 균형 있는 생활을 영위하고 책임을 나누는 것이 바람직하다는 가치가 점차 공감대를 얻고 있다. 따라서 아시아 지역의 국가들은 각 사회에서 보다 평등하고 다양성이 확보된 가족제도를 정착시키고 가족문화를 창출해 나가는 것이 새로운 과제가 되었다.

다문화시대를 맞이하여 이 세 나라 가족문화의 변화의 역동성은 더욱 커질 것으로 전망된다. 기존의 가부장적인 가족문화의 문제점과 비민주성을 극복하면서 가족의 긍정적인 기능을 강화할 수 있는 방안들이 제도화되고 확산될 때 다문화가족의 사회통합도 실질적으로 가능해질 것이다.

생각해 봅시다

1. 동아시아 지역의 가부장적인 가족문화와 동남아시아 지역의 양계적인 가족문화의 장단점을 비교해 보자.

2. 다문화가족의 증가가 향후 한국의 가족문화를 어떻게 변화시킬 것인지 생각해 보자.

더 볼거리

◈ 영상. 「아시아 원더우먼 액션」. 이주 · 선주민 여성 영화제작 워크숍 4. 한국문화예술교육진흥원 지원. 2010.

결혼이주여성과 선주민 한국 여성이 함께 만든 영상물로서 문화 차이, 다문화, 친정엄마와 시어머니, 큰딸 등의 주제로 총 12편의 작품 모음집이다.

CHAPTER 9

다문화사회의 가족문화 2: 주요 결혼이주여성 출신국의 가족문화

1. 중국의 가족문화

1) 가족제도

중국(China)의 전통적인 가족제도는 종법제(宗法制, Clan Rules Institution)를 바탕으로 한다. 종법제는 친족제도의 기본이 되는 법으로서 수천 년 동안 봉건주의 중국의 기본적인 가족제도로 유지되어 왔다.

이러한 전통적인 가족제도에서 가장의 신분과 재산의 상속 등은 장남이 계승하고 딸이나 아내는 상속권에서 철저히 배제된다. 부권과 부계를 중심으로 하는 이러한 제도는 중국 내에 전족이나 축첩 같은 악습을 광범위하게 확산시키기도 하였다.

근대사회로 넘어오면서 이러한 가족제도는 지식인들을 중심으로 개혁의 주요 대상이 되었고, 1949년 사회주의 정부 수립 이후 혼인과 가정의 새로운 준칙인 「중화인민공화국 혼인법」(1950년)이 제정되면서 양성평등, 여성과 자녀의 권익 보호 등을 지향하는 새로운 가족제도로 변화하였다.

〈참고자료 9-1〉 종법제

그 기원은 중국 서주(西周)시대에 적장자(嫡長子)가 아버지의 지위를 이어받아 대종(大宗)이 되고 다른 아들들은 분봉(分封)되어 소종(小宗)이 되도록 규정한 사회제도에서 비롯된다. 주나라는 왕실의 안정과 효율적인 지배를 위해 봉건제를 실시하고 이와 함께 종법제를 실시했다. 종법제는 왕위 계승 문제뿐만 아니라 가부장적 사회체제의 확립과도 관련이 있다.

종법은 최고 통치자에서 일반 백성에 이르는 상하의 신분질서를 가부장적 혈연관계로 제도화하여 사회질서를 유지하고자 한 것이다.

출처: 한국 브리태니커 온라인(http://members.britannica.co.kr).

2) 혼인 및 이혼

현재 혼인법(1980년 개정)에서는 혼인 연령을 남자는 만 22세, 여자는 만 20세로 그 이전의 혼인법보다 혼인 연령 기준을 상향시켰고, 늦은 결혼과 늦은 출산을 장려하였다. 이는 폭발적으로 늘어나는 인구증가를 막기 위해서이다.

2010년을 기준으로 할 때 중국 사람들의 평균 초혼 연령은 남자는 24.7세, 여자는 22.9세이다. 그러나 베이징이나 상하이 같은 대도시의 경우 남자는 28세, 여자는 26세가 넘는 것으로 알려져 있다.

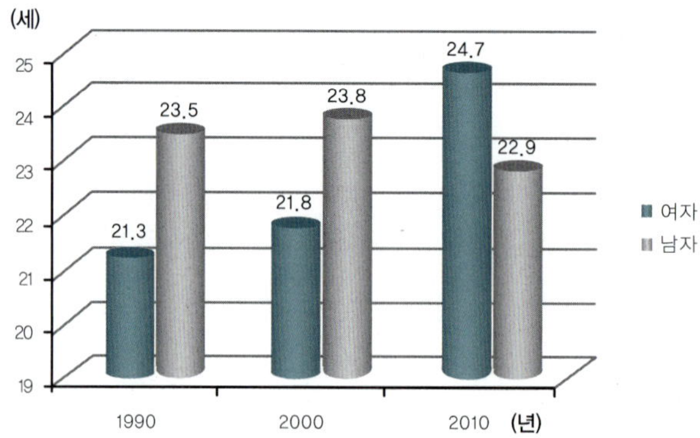

〈그림 9-1〉 중국의 평균 초혼 연령 변화

출처: Chunhua Ma, 2012, "Family Structure and Chinese Family", 한국보건사회연구원, 『International Conference OECD Family Database on Korea』

중국에서 결혼식(wedding ceremony)은 결혼 당사자들이 먼저 혼인등기기관에 혼인 신청서를 제출하고 혼인증명서를 발급받은 후 하게 된다. 결혼식은 보통 호텔이나 연회장 등을 임대하여 하는데, 개혁 · 개방정책 추진 이후 생활수준이 높아지고 소비문화가 확산되면서 전반적으로 결혼식 비용도 많이 들이고 예식도 화려하게 하는 것이 최근의 추세이다. 특히 신랑 측은 결혼식 전에 신부의 집에 들러 신부와 함께 예식장에 가는데, 이때 고급 자동차들을 임대하여 카퍼레이드를 하고 예식장으로 가는 것이 관례화되어 있다. 예식장에서는 폭죽을 터뜨리며 축제의 흥을 돋우는데, 폭죽을 터뜨리는 것은 부정한 것을 막는 의미도 있다.

현대의 중국에서는 쌍방이 자유연애를 하면서 결혼을 선택하는 연애결혼이 보편화되어 있다. 또한, 최근에는 결혼 상대로 학력이 높고 경제적으로 안정된 사람을 선호하는 경향이 강하다. 특히 남자들의 결혼에서 중요한 조건 중의 하나는 경제적인 안정이며, 보통 결혼할 때 남자들이 주택을 마련하는 것이 관행으로 되어 있어 본인의 힘으로 집을 마련하기 어려운 경우 부모가 결혼 전에 집을 사 주는 경우가 많다.

이러한 관행은 특히 남아선호사상으로 출생 성비의 불균형이 심해진 결과 결혼 적령기에 접어든 미혼 남성들이 결혼 상대를 구하기가 쉽지 않은 현실과도 무관하지 않다. 중국은 현재(2012년) 출생 성비(여아 100명당 태어나는 남아의 수)가 117.7에 이르고 있어 여전히 출생 성비의 불균형이 해소되지 않은 상태로 결혼 적령기에 도달한 미혼자들을 위한 남녀의 맞선을 주선하는 결혼 중개 서비스업체도 점차 늘어나고 있다. 특히 2000년 이후 인터넷의 확산으로 온라인 결혼정보업체가 생겨나기 시작하여 맞선을 주선해 주는 이러한 중매 사이트에 많은 미혼자들이 회원으로 가입하여 이용하고 있는 것으로 알려져 있다.

한편, 중국에서는 이혼(divorce)이 계속 증가하고 있다. 특히 지난 2003년부터 합의이혼일 경우 서류의 제출과 신고로 이혼이 가능하게 됨으로써 이혼이 매해 크게 증가하고 있는 추세이다. 관련 통계자료에 따르면, 1970년대에는 조이혼율(인구 1,000명당 이혼 건수)이 0.2‰에 불과하였고, 2002년까지는 1.0‰ 정도에 불과하였으나 2010년 2.0‰을 넘어섰고, 2017년에는 3.2‰으로 지속적으로 상승하였다. 이혼 급증의 배경에는 여성들의 교육수준 및 경제력 향상과 신세대 부부들의 자유분방하고 개방적인 의식의 변화가 자리하고 있다고 볼 수 있다.

〈표 9-1〉 중국의 조이혼율 현황

(인구 1,000명당 건수)

2003	2005	2007	2009	2011	2013	2014	2015	2016	2017
1.1	1.4	1.6	1.9	2.1	2.6	2.7	2.8	3.0	3.2

출처: 中国民政部(2018). 2017年 社会服务发展统计公报.

한편, 급속한 이혼의 증가와 함께 한부모가족도 늘어나고 있다. 또한, 성, 연애, 결혼 등에 대하여 기성세대와 달리 개방적이고 자유로운 의식과 가치를 지니고 있는 젊은 세대를 중심으로 동거 커플이나 미혼모도 증가하고 있어 향후 중국의 가족 형태는 더욱 다양하게 변화할 것으로 보인다.

3) 가족생활

중국의 가족은 일반적으로 부부와 자녀로 구성된 핵가족(nuclear family))이 우위를 보이고 있다. 관련 통계자료에 따르면(中国統計局, 2018), 2017년도 중국 가구의 평균 가구원 수 규모는 3.11명이다.

강력한 산아제한 정책을 추진해 온 결과 출생 자녀수가 적은 관계로 중국의 가족 규모(family size)는 적은 편이다. 산아제한 정책은 1979년 덩샤오핑(Deng Xiaoping)이 1가구 1자녀 원칙 제도를 도입하면서 실시하기 시작하였고, 강력한 산아제한 정책은 여전히 강한 남아선호사상과 맞물려 성비 불균형 문제, 낙태 문제를 낳기도 하였다.

1가구 1자녀 정책을 위반하여 출산할 경우 막대한 벌금을 물어야 하기 때문에 1자녀 이외에 자녀를 출산할 경우 출생신고도 하지 못하는 일명 '어둠의 자식들'인 '헤이하이즈(黑孩子)'를 양산하는 문제도 심각하다. 이들은 무호적자가 되어 학교에도 다니기 어렵고 각종 사회보장 혜택에서도 전적으로 배제될 수밖에 없다.

한편, 본격적인 산아제한 정책(計劃生育政策) 추진 이후 80년대에 태어난 아이들을 '바링허우(80後)'라고 하는데, 이들은 가정의 유일한 자녀로서 부모의 사랑을 독차지하고 물질적으로도 풍요를 누리는 세대로서, '샤오황디(小皇帝)'로 지칭되기도 한다.

중국도 우리나라에 못지않게 자녀에 대한 교육열이 매우 높다. 중국은 초등학교에서부터 중학교(초급 중등학교)까지 9년간 의무교육을 받도록 되어 있는데, 최근에는 우리나라의 유치원에 해당하는 유아원 입학에서부터 치열한 경쟁을 벌인다.

중국의 유아원은 만 3세에서 6세까지의 아동이 입학하며 공립과 사립 유아원이 있는데, 시설과 프로그램에 따라 등록금의 편차가 크다. 중국의 중산층 이상의 가정에서는 자녀를 좋은 유아원에 보내기 위해 자신의 연줄을 동원하는 사례가 빈번하다.

또한 최근에는 고등학교나 대학 진학을 위해 중산층 이상의 가정에서는 자녀에게 과외교육을 시키는 것이 확산되고 있으며, 이로 인하여 사교육비의 부담이 나날이 높아지고 있는 것도 새로운 현상으로 나타나고 있다.

〈참고자료 9-2〉 中 학부모의 무서운 교육열

중국 학부모들이 자녀의 해외유학을 위해 1억 원이 넘는 돈을 투자할 의사가 있는 것으로 조사됐다고 중국 인민망(人民網) 영문판이 19일 보도했다.

인민망은 해외투자기관인 HSBC의 보고서를 인용해 중국의 학부모들이 자녀 유학비로 10만 달러(약 1억 1,300만 원)를 투자할 의사가 있다고 전했다.

이는 지난해 중국의 도시 근로자 1인당 연평균 소득인 6만 7,569위안(1,122만 원)의 10배에 달하는 금액으로, 10년간 임금 전액을 저축해야만 모을 수 있는 액수다.

HSBC는 15개국 8,481명의 학부모를 상대로 교육과 관련한 연구를 진행해 이 보고서를 발표했다.

보고서에 따르면 전체 학부모 중 55%는 자녀 교육을 위해 저축, 투자, 보험 등을 통해 자녀 교육비를 준비하고 있으며, 그중 43%는 자녀 교육비 전용 재테크를 하는 것으로 조사됐다.

이는 전 세계 평균보다 두 배 이상 높은 것으로 중국의 뜨거운 교육열을 잘 나타낸다고 인민망은 분석했다.

특히 중국 학부모 30% 이상이 자신의 노후 준비보다 자녀 교육이 더 중요하다고 답했다.

인민망은 "중국 학부모 3분의 1은 자녀 교육을 위해 기꺼이 자신을 희생할 의사가 있다고 밝혔다."면서 "그런데도 여전히 70%의 학부모가 자녀 교육을 위한 노력이 충분하지 않다고 우려하는 것으로 조사됐다."고 전했다.

출처: 〈연합뉴스〉. 2017.7.19.

중국 가정에서의 자녀양육(child care)은 부부가 분담한다. 중국은 사회주의 체제 성립 이후 여성과 남성의 동등한 지위 확보와 여성의 실질적인 사회참여 확대가 이루어져 왔다. 현재, 중국 여성들의 경제활동참가율은 75%가 넘는다. 또, 자녀출산이나 자녀양육을 이유로 직장을 그만두는 경우도 거의 없다. 따라서 가정 내에서 여성의 지위나 의사결정권의 수준은 높은 편이라고 할 수 있다.

중국 가족문화의 특성 중 하나는 자녀양육이나 가사노동에 있어 남성이 상당 정도 참여하고 있는 것이다. 식사 준비, 세탁, 청소, 집안 관리 등에 있어 사실상 남성의 역할이 크다고 할 수 있다. "아내는 가정에서 간단한 음식은 만들지만 복잡한 가정 일은 주로 남편이 맡아서 한다. 가사노동에 있어서 부부의 구별이 따로 없다. 세탁과 아이를 탁아소에 보내는 일까지 남편의 몫으로 되어 있는 것이 일상적인 가정생활이다."(이근효, 2013: 150)

한편, 강력한 저출산 정책과 평균수명의 연장은 중국사회의 고령화를 심화시키면서 가족 단위의 노인부양 부담을 가중시키고 있다.

중국은 「혼인법」에서 자녀의 부모부양 및 손자녀의 조부모에 대한 부양(family caring)의 책임을 지도록 의무화하고 있으나 부모와 자녀를 동시에 부양해야 하는 중간 세대의 부담은 더욱 커질 것으로 전망된다.

최근 중국에서는 이렇듯 노인부양과 자녀양육을 이중적으로 부담해야 하는 가정을 '421 가정'이라고 일컫고 있다. '421 가정'은 1970~1980년대에 독생자녀로 태어난 세대로 결혼 후 역시 1자녀를 두고 있는 가정으로서, 위로는 4명의 부모를 부양하고 아래로는 자녀를 부양해야 하는 처지에 놓인 가정을 뜻한다. 이러한 '421 가정'의 증가는 노인부양 문제만이 아니라 부양의 부담을 안고 있는 가족의 복지 문제로 제기되고 있으며, 점차 중국사회 전체가 해결해야 할 큰 고민거리 중의 하나가 될 것으로 전망된다.

2. 일본의 가족문화

1) 가족제도

일본의 전통적인 가족제도는 '이에(家, family)' 제도로서 메이지 시대에 확립되었다. 이는 호주를 중심으로 친족관계에 있는 사람들을 한 집안의 가족으로 묶고 호주가 이 집안을 다스리도록 하는 제도로서, 그 기원은 에도시대 무사계급의 가부장적인 가족제도에 뿌리를 두고 있다.

'이에' 제도에서 호주(family head)는 가족의 혼인이나 제적 등에 대한 권한을 행사하는 등 가족을 통솔할 수 있는 권한을 지녔으며, 호주는 주로 장남에게 승계되었다. 이에 제도는 호주에게 절대적인 권한을 부여하고 가족 내에서 남성을 우위에 두는 가족제도로서 명백히 가부장적이고 성차별적인 특성을 지니고 있어 종전 이후 1948년 새로운 민법이 개정되면서 폐지되었다.

비록 전통적인 이에 제도는 폐지되었지만, 현재도 일본의 농촌 지역에는 주로 장남이 부모를 모시고 일가(一家)를 계승하는 문화가 많이 남아 있다.

다음으로 일본 가족제도의 특성 중의 하나는 아시아 지역의 다른 나라와 달리 부부가 서로 다른 성씨를 사용하는 것을 사실상 금지하고 있는 것이다. 부부별성제(夫婦別姓制) 금지는 부부가 합의하여 성씨를 선택할 수 있도록 되어 있지만, 상당수는 결혼을 하면서 여성이 남편을 성을 따르고 있어 성차별적인 제도라는 비판도 높다.

또한, 현실적으로 이혼이나 재혼이 늘어나고 있는 상황에서 본인이나 자녀의 성씨를 바꾸는 문제와 관련하여 일상적인 불편함이 가중되고 있어 부부별성제 금지에 대한 폐지 요구도 점차 높아지고 있다.

〈참고자료 9-3〉 "부부가 다른 姓 쓰기 금지한 것은 위헌" 첫 소송

일본에서 부부가 다른 성을 쓰는 것을 금지한 '부부별성(別姓) 금지제'에 대한 위헌 소송이 제기됐다. 부부별성 금지에 대한 위헌 소송이 일본에서 제기된 것은 처음이다.

쓰카모토 교코(75 · 여) 등 남녀 5명은 지난 14일 부부가 다른 성을 쓰는 것을 인정하지 않는 현행 민법 규정이 개인의 존엄성과 양성평등을 보장한 헌법에 반한다며 도쿄지법에 위헌 소송을 냈다. 이들은 당국이 서로 다른 성이 등록된 혼인신고서를 접수하도록 요구하는 한편 국가를 상대로 1인당 100~150만 엔 등 총 600만 엔의 배상금도 청구했다.

이들은 또 1996년 법제심의회가 부부가 각자의 성을 쓰는 '선택적 부부별성제도' 도입을 인정했는데도 오랜 기간에 걸쳐 입법조치가 이뤄지지 않았다는 점도 거론하면서 "명백한 국회의 업무태만"이라고 지적했다.

민주당은 2009년 총선에서 부부가 서로 다른 성을 쓸 수 있도록 허용하는 입법을 공약으로 내걸고 추진했지만 당 내외 보수파의 반대로 별다른 진전을 이루지 못했다.

쓰카모토는 소송을 낸 후 기자회견에서 "혼인신고서 등에는 남편의 성인 '고지마'를 쓰고 사적으로는 결혼 전 성인 쓰카모토를 써 왔다."며 "오랜 기간 호적 이름과 통상 쓰는 이름이 달라 어려움을 겪었다."고 말했다.

대개 여성 쪽에서 자신의 성을 포기하도록 하는 결과를 낳으면서 이에 대한 철폐를 주장하는 목소리가 높아지고 있다.

출처: 〈경향신문〉. 2011.2.15.

2) 혼인 및 이혼

일본의 혼인, 이혼, 가족과 관련한 사항들은 「민법」의 '제4편 친족'에 전반적으로 규정되어 있다. 이 민법에 따르면 일본에서 혼인이 가능한 연령은 남자 18세 이상, 여자 16세 이상이면 가능하다. 그러나 일본의 혼인연령은 매해 조금씩 높아져서 2018년 기준 초혼의 경우 남성이 31.1세, 여성은 29.4세에 결혼을 하고 있는

것으로 나타난다(厚生労働省, 2019, 2018年 人口動態統計). 전반적으로 결혼이 늦어지는 만혼화 현상과 함께 결혼을 하지 못하거나 하지 않는 사람들이 많아지는 미혼화 · 비혼화 현상도 심화되고 있다.

일본의 혼인 건수는 베이비붐 세대가 결혼 적령기에 진입한 1970년대 초반을 정점으로 매해 감소하여 2018년 혼인율(인구 1,000명당 결혼 건수)이 4.7에 불과하다. 이는 1972년 혼인율이 가장 높았던 해인 10.4에 비하여 절반이나 감소한 것이다.

또한, 미혼율도 매해 증가하여 2015년의 통계 수치로 50세의 시점에서 한 차례도 결혼을 하지 않은 인구 비율(45~49세 미혼비율과 50~54세 미혼비율의 평균)인 생애 미혼율이 남성의 경우 20%를 넘어 지난 35년 동안 10배나 증가한 것으로 나타났다. 또, 이 보고서에 따르면, 향후 일본은 생애 미혼율이 남성은 2015년 23.4%에서 2025년 27.4%, 2035년 29%로 늘고 여성은 같은 기간 14.1%에서 18.9%, 19.2%로 점진적으로 늘어날 것으로 전망된다(国立社会保障 · 人口問題研究所, 2017).

〈표 9-3〉 일본의 생애 미혼율 현황

	1980	1990	2000	2010	2015	2025	2035
남성	2.6	5.6	12.6	20.1	23.4	27.4	29.0
여성	4.5	4.3	5.8	10.6	14.1	18.9	19.2

출처: 国立社会保障 · 人口問題研究所(2017). 人口統計資料集 2017.

일본의 혼인율이 감소하는 것은 경기 불황이 장기화되고 청년 세대들의 취업난이 가중되면서 장기적인 인생 설계와 미래를 계획하는 것이 어렵게 된 요인이 크다. 적정한 일자리를 찾지 못하여 아르바이트로 하루 생계를 이어가는 '프리터(free와 arbeiter의 합성어)'와 아예 취업 의지를 갖고 있지 않은 청년 무직자를 이르는 '니트(NEET: Not in Education, Employment or Training)'가 늘어나고 있는 것도 1990년대 이후부터 나타나기 시작한 사회 현상 중의 하나이다.

한편, 일본에서는 최근 젊은 세대를 중심으로 동거 커플이 증가하고 있고 결혼하기 전 혹은 결혼을 전제로 하지 않고 동거를 하는 것에 대한 부정적인 인식도 점차 약화되고 있는 현실이다.

일본의 결혼식은 여러 가지 방식으로 다양한 장소에서 한다. 신사나 절에서 전통적인 방식으로 하기도 하고, 교회, 성당, 호텔 등 각자 선호하는 방식으로 한다. 일반적으로 일본의 결혼식은 많은 하객을 초청하는 우리나라와 달리 친척, 지인을 중심으로 초대하여 소규모로 진행한다. 먼저 신랑과 신부는 결혼식에 초대하고 싶은 사람들에게 초청장을 보내고 참석 여부에 대한 답신을 받는다. 초대장을 갖고 있는 사람만 결혼식 참석이 가능하며, 결혼식에 초대받은 하객은 결혼식장에서 축의금을 낸다. 결혼식과 피로연이 끝난 후 신랑과 신부는 신혼여행을 다녀와서 결혼식에 참석한 사람들에게 감사의 뜻으로 답례 선물을 하는 것이 관습으로 되어 있다.

이혼의 경우 민법에 협의에 의한 합의이혼이 허용되어 있으며, 부부 중 어느 한쪽이 이혼을 원할 경우 이혼의 결정 여부를 판결 받는 재판이혼이 있다.

〈표 9-4〉 일본의 이혼율 추이

(단위: %)

2000	2005	2010	2012	2014	2015	2016	2017	2018
2.1	2.08	1.99	1.87	1.77	1.81	1.73	1.7	1.68

출처: 厚生労働省(2019). 2018年 人口動態統計.

우리나라에서도 이혼 중 많은 비중을 차지하고 있는 황혼이혼의 경우 일본은 이미 1990년대부터 표면화되기 시작하였다. 일본에서는 '숙년이혼(熟年離婚)' 이라고 지칭하는데 20년 이상 같이 살아온 부부의 이혼을 뜻하며, 대부분 아내가 이혼을 신청하고 있다.

3) 가족생활

일본에서 가족과 관련한 의례(family ritual)는 여자아이의 날인 '히나마쓰리(ひなまつり)'와 남자아이의 날인 '코이노보리(鯉のぼり)'가 있다. 히나마쓰리는 여자아이의 건강한 성장과 행복을 기원하는 전통 축제로서 3월 3일에 열린다.

여자아이가 태어나서 처음 맞는 3월 3일이 될 무렵 히나 단상을 놓고 그 위에 '히나인형'과 단술, 떡 등으로 장식한다. 히나인형은 여자아이의 행복을 바라는 소망과 재앙을 피하기 위한 액막이로서의 의미가 있는데, 3월 3일이 지나면 바로 치우는 것이 관습이다. 또, 처음 장식하였던 히나인형은 소중하게 보관해 두면서 매년 히나마쓰리에 장식한다.

다음으로 '코이노보리'는 5월 5일에 종이나 천으로 잉어 모양을 만든 다음 장대에 높이 매달아 집 밖에 두는 풍습이다. '코이'는 '잉어(鯉)'를 뜻하고, '노보리'는 '오르다'라는 뜻의 말로 잉어가 급류의 강을 오르면 용이 되어 승천한다는 중국의 전설에서 비롯되어 남자아이의 건강한 성장과 출세를 기원하는 행사가 되었다. 또한 집 안에는 갑옷이나 투구를 장식한다.

5월 5일은 '어린이날'로서 공휴일로 지정되어 있는데, 4월 말과 5월 초에 공휴일이 몰려 있어 '골든 위크'라 부르는 연휴 기간 중의 하루이기도 하다. 어린이날을 포함하여 골든 위크에는 가족 단위로 여행을 가거나 평소에 만나기 어려운 가족, 친척들이 모여서 함께 지내기도 한다.

부모에 대한 사랑과 애정을 표현하는 의례로는 '어머니날'과 '아버지날'이 있다. '어머니날'은 5월 둘째 주 일요일로 공식적으로 지정된 날이고, '아버지날'은 6월 셋째 주 일요일로 어머니날이 지정된 이후 민간에서 만들어 전국적으로 확장된 것이다. 어머니날과 아버지날에는 일반적으로 자녀들이 감사의 마음을 담아 카네이션과 선물을 한다.

현재 일본의 가족은 부부와 자녀로 구성된 핵가족, 3세대 이상 가족이 줄고, 단독가구(1인가구), 한부모가족이 증가하는 추세를 보이고 있다. 특히 고령화와 미혼율의 증가 등으로 혼자 생활하는 1인가구가 크게 증가하고 있다.

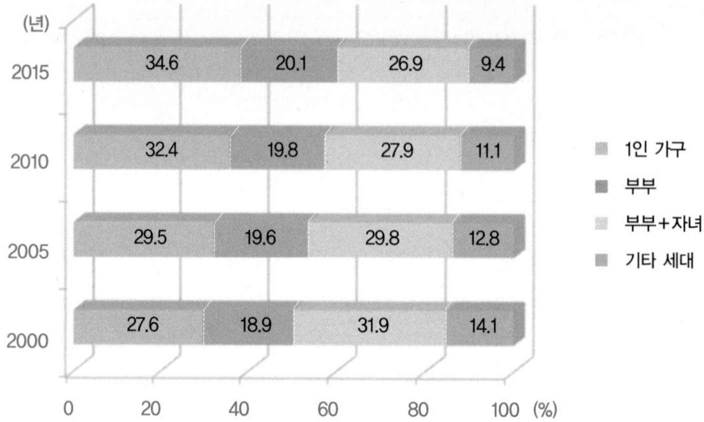

〈그림 9-2〉 일본의 가족유형의 변화 추이

출처: 総務省 統計局(2017). 平成27年 国勢調査에서 재구성.

일본의 아이들은 가정에서 어렸을 때부터 남에게 폐를 끼치지 않는 것을 행동의 지침으로 몸에 배도록 교육을 받는다. '메이와쿠(迷惑, めいわく)' 문화란 남에게 불편함을 주거나 폐를 끼치지 않도록 행동하는 것이 보편화되어 있는 것을 말한다.

이러한 행동규범과 문화는 일상생활에서 다른 사람들과의 관계에서뿐만 아니라 가족구성원들 간에도 적용된다. 일본에서는 부부가 침실을 같이 사용한다고 해도 별도의 침대나 침구에서 자는 경우가 많고, 다른 방을 사용하는 경우도 많다. 특히 나이가 들수록 각방을 쓰고 따로 자는 경향이 많다. 이는 부부간에도 수면습관 등으로 서로 불편함을 주고받지 않으려는 메이와쿠 문화의 한 단면이다.

한편, 일본에서는 저출산과 고령화의 문제가 중요한 사회 문제로 대두된 지 오래되었다. '소자화(少子化) 대책'을 위해 출산을 장려하고 자녀양육을 지원하는 여러 정책을 추진해 오고 있지만 출산율의 증가가 가시적으로 나타나고 있지는 않다. 그 배경에는 여러 가지 이유가 있겠지만, 우선적으로 아이를 낳고 키우는 것에 대한 경제적 · 정신적인 부담을 느끼는 부부가 많은 것이 주요 원인 중의 하나이다.

현재 일본 가정에서는 여전히 여성들이 가사노동과 자녀양육의 이중 부담을 지고 있으며 남편들의 가사분담 정도도 매우 낮다. 또한, 출산과 육아를 이유로 직장을 그만두는 경력 단절 현상도 여전히 나타나고 있다. 2017년 일본 여성들의 경제활동참가율은 25~29세 연령대의 경우 82.1%로 80%가 넘지만, 30~34세는 75.2%, 35~39세는 73.4%로 낮아졌다가 40~44세에 77.0%로 다시 올라가는 현상을 보이고 있다(男女共同参画白書 平成30年版, 2018).

한편, 고령화는 일본 가족의 미래를 어둡게 만들고 있다. 이미 일본은 노인인구 비율이 20%를 넘어서서 초고령사회로 접어들었다. 올해는 베이비부머 세대(1947~49년생)가 노인층인 만 65세로 진입하는 해로, 당분간 노인인구는 대폭적으로 증가할 것으로 전망된다.

최근에는 독거노인 등 혼자 사는 사람들의 '고독사' 혹은 '무연사(無緣死)'가 늘어나면서 새로운 사회 문제로 등장하였다. 가족과 주변 사람들과의 관계가 모두 단절된 채 외롭게 생활하다가 고독한 죽음을 맞이하는 사례가 점차 늘어나고 있는 것이다. 이러한 상황을 맞이하여 앞으로 일본에서는 과거 가족과 공동체의 기능을 대신할 사회적 안전망을 보다 촘촘하게 구성하는 것이 새로운 과제가 되고 있다.

3. 베트남의 가족문화

1) 가족제도

역사적으로 베트남(Vietnam)은 중국(B.C. 179~A.D. 938) 및 프랑스의 지배를 받았고, 잦은 외세의 침략을 받으면서 베트남 사람들은 공동체주의적인 성향을 강하게 지니게 되었다. 특히 중국의 지배를 받으면서 중국문화, 유교 사상의 영향을 오랫동안 받았고, 이러한 역사는 가부장적인 혼인 및 가족제도를 확립하는 데 많은 영향을 끼쳤다.

유교의 영향 하에 전통적인 베트남 가족은 아버지가 가족을 대표하고, 아버지가 돌아가시면 장남이 가족을 대표하며 가족을 부양해야 하는 의무와 책임을 지는 것이 보편적이었다. 여자에게는 결혼 후 남편과 시부모에게 순종하고 공경하며, 가정생활을 현명하게 꾸려나갈 의무와 책임을 '삼종'과 '사덕'의 덕목으로 강조하였다(김영순 · 응웬 반 히에우 외, 2013: 155).

삼종은 여성이 결혼 전에는 아버지를 따르고, 결혼 후에는 남편을 따르고, 남편이 죽으면 아들을 따라야 하는 것이고, 사덕은 부공(婦功), 부용(婦容), 부언(婦言), 부행(婦行)으로 바느질과 장사를 잘하고, 외모를 깔끔하게 가꾸고, 말을 부드럽게 하고, 윗사람을 존경하고 아랫사람을 사랑하며 예의바르게 행동하는 것을 의미한다(김영순 · 응웬 반 히에우 외, 2013: 155).

가족 내에서 남성과 여성의 권리 및 지위의 차이가 문화적으로 규범화되면서 현재까지도 베트남에서는 남아선호사상이 강하게 남아 있다. 1945년 사회주의 혁명 이후 양성평등제도 개선과 여성의 사회 참여가 확대되었음에도 불구하고 아직까지 남아선호사상은 강한 편이며, 실제로 출생 성비의 불균형이 사회 문제로 여겨지기도 한다.

〈참고자료 9-4〉 베트남의 성비 불균형 문제

베트남에서 남아선호 사상이 더욱 짙어지면서 성비 불균형이 서둘러 대책을 세워야 하는 사회 문제로 떠올랐다.

17일 베트남통신(VNA)에 따르면 2013년 베트남의 성비(출생 여아 100명당 남아 수)는 114명으로 2012년 112명보다 증가한 것으로 집계됐다.

베트남 인구가족계획총국은 "세계 평균 성비가 103~106명인 점을 고려할 때 베트남 성비 불균형이 빠르게 악화한 것"이라고 설명했다.

베트남 정부는 2004년부터 태아 성 감별을 통한 낙태를 금지하고 있다. 그러나 농촌을 중심으로 아들을 낳아 가정을 이끌게 해야 한다는 인식이 여전히 강해 낙태가 은밀히 이뤄지는 것으로 알려졌다. 이에 따라 베트남 정부는 불법 낙태에 대한 감독을 강화하며 여아 출생 촉진책을 마련하는 데 고심하고 있다.

출처 : 〈연합뉴스〉. 2015.8.17.

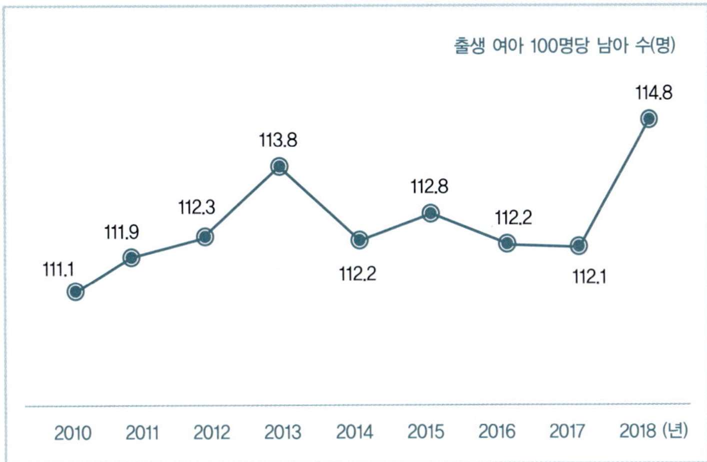

〈그림 9-3〉 베트남의 출생 성비 추이

출처 : General Statistics office of Vietnam(2018). Statistical Yearbook of Vietnam 2018.
* 2018년 통계는 잠정치.

베트남 사람들에게 가족은 매우 중요한 가치이자 대상이다. 특히 개인은 가족 혹은 가문의 일원으로서 생각하고 행동하는 경향이 강하다. 베트남 사람들의 사고방식은 비교적 개인적인 개성보다는 가족과 문중, 촌락과 국가 등의 공동체에서 영향을 많이 받고, 크고 작은 공동체 안에서 구성원으로서의 존재 의미가 매우 큰 편이다(김영순 · 응웬 반 히에우 외, 2013: 160).

따라서 부모에 대한 효도, 부모를 부양하고 봉양하는 것, 자녀를 위하여 부모가 희생을 감수하는 것을 당연하게 생각한다. 이러한 부모-자녀 사이의 바람직한 역할과 효행의 가치는 「혼인 및 가족법」에서 부모와 자녀의 의무 및 권리로서 명시되고 있다. 이 법에서 부모는 자녀를 "가족에게 효도하고 사회에 유익한 자로 만들 의무 및 권리"가 있고, 반대로 자녀는 부모를 "사랑하고 존경하고 은혜를 알고 효도하고 부모의 올바른 권고를 경청하고 가족의 명예, 아름다운 전통을 유지하여야 할 본분"이 있다고 규정하고 있다.

2) 혼인 및 이혼

베트남 사람들의 혼인은 예전에는 가문 간의 결연으로서 중매쟁이의 주선을 통하여 부모가 자녀의 결혼을 결정하는 방식으로 이루어졌으나 점차 젊은 세대를 중심으로 연애결혼을 선호하고 연애결혼이 확산되고 있는 추세이다. 그럼에도 불구하고 베트남 사람들에게 혼인은 개인 간의 결합만이 아니라 가족 간, 문중 간의 결합이기도 하기 때문에 부모나 집안 어른들의 의사가 크게 작용하는 편이다(김영순 · 응웬 반 히에우 외, 2013: 227).

현재 혼인이 가능한 연령은 남자는 20세 이상, 여성은 18세 이상이며, 3대 범위 친족 간에는 혼인이 금지되어 있는데, 여기서 3대 범위 일족은 같은 선조로부터 출생한 자들로서 부모가 1대, 형, 누나, 동생이 2대, 조카, 사촌, 이종, 형제자매가 3대이다.

베트남에서 혼인의 당사자인 부부는 상호 평등한 관계가 법적으로 보장되어 있다. 자녀양육 및 친권, 거주지 선택, 신앙 및 종교의 자유, 공동재산의 점유 및 사용권, 개별 재산을 가질 권리 등에서 상호 평등하다.

〈참고자료 9-5〉 베트남의 「혼인 및 가족법」의 주요 내용

제2조. 혼인 및 가족제도의 기본 원칙

1. 자원(自願), 진보, 일부일처, 부부평등 결혼
2. 각 민족, 각 종교에 속한 베트남 국민 간, 종교를 믿는 자와 믿지 않는 자 간, 베트남 국민과 외국인 간의 혼인은 존중을 받으며 법률로 보호를 받는다.
3. 부부는 인구정책 및 가족계획을 이행할 의무가 있다.
4. 부모는 자녀를 사회에 유익한 국민으로 만들기 위해 가르치고 기를 의무가 있으며 자녀는 부모를 존경하고 돌볼 의무가 있으며 손자는 할아버지, 할머니를 존경하고 봉양할 의무가 있으며 가족 내 구성원은 상호 관심을 가지고 돌볼 의무가 있다.
5. 국가 및 사회는 자녀 간, 아들과 딸 간, 친자와 양자 간, 결혼자녀와 혼외자녀 간의 차별대우를 승인하지 않는다.
6. 국가, 사회 및 가족은 부녀자, 어린이를 보호하고 어머니들이 어머니의 고귀한 직능을 잘 이행하도록 지원할 책임이 있다.

제19조. 부부간 의무 및 권리에 관한 평등
부부는 서로 평등하며 가족 내 모든 면에 관해 동등한 의무 및 권리가 있다.

제85조. 법원에 이혼해결 요구권
1. 처, 남편 또는 두 사람은 법원에 이혼해결 요구권이 있다.
2. 처가 임신 중이거나 또는 12개월 미만 어린이를 기르고 있는 경우 남편은 이혼신청 요구권이 없다.

출처: 베트남 혼인 및 가족법(2006). 주베트남대한민국대사관(http://vnm-hanoi.moga.go.kr).

전통적인 베트남의 결혼식은 신랑과 신랑의 가족들이 신부의 집으로 가서 신부의 조상에게 예를 올리고 나서 신부를 데리고 신랑의 집으로 와서 다시 신랑의 조상에게 제사를 올리는 것으로 시작한다(김영순 · 응웬 반 히에우 외, 2013: 229). 그다음에 혼인신고를 한 후 결혼식을 하는데, 결혼식에는 친척, 친구, 이웃 등 많은 사람을 초대하여 축하잔치를 한다.

요즈음은 호텔의 연회장이나 식당에서 결혼식을 많이 하는 추세이며, 결혼식에 초대받은 하객은 축의금이나 선물을 주는 것이 관례이다. 일반적으로 결혼 준비에서 신랑 측의 경제적인 부담이 크다. 신랑의 가족은 결혼 승낙을 받기 위한 지참금, 신부에게 주기 위한 예물 등을 준비해야 한다. 결혼 준비와 결혼식에 소요되는 비용도 점점 커지는 경향이 있으며, 이 비용의 상당 부분은 부모로부터 도움을 받는다.

한편, 베트남 사람들의 평균 결혼 연령은 남성은 20대 중반, 여성은 20대 초반이다. 여성의 평균 초혼 연령은 지난 20여 년간 크게 변화하지 않았으나 남성은 평균 초혼 연령이 조금씩 상승하는 추세를 보이고 있다.

〈표 9-5〉 베트남의 평균 초혼 연령

	2007	2009	2011	2013	2015	2017	2018 (잠정치)
전체	25.0	24.5	24.6	24.5	24.9	25.3	25.5
남성	26.6	26.2	26.4	26.4	26.9	27.4	27.6
여성	23.3	22.8	22.8	22.5	22.8	23.1	23.3

출처: General Statistics office of Vietnam(2019). Statistical Yearbook of Vietnam 2018.

베트남에서 이혼은 법적으로 보장되어 있지만 개인과 가족에게 불명예스러운 것으로 생각하여 이혼을 쉽게 선택하지 않는 경향이 있다. 그러나 최근 경제발전과 사회 변화로 도시 지역 부부들의 이혼에 대한 부정적인 인식은 많이 변화하고 있으며 이혼도 점차 증가하고 있다. 교육수준의 상승, 여성의 경제력 증가 등의 요인이 이혼에 대한 개방적인 의식을 확대시키고 있는 것으로 보인다.

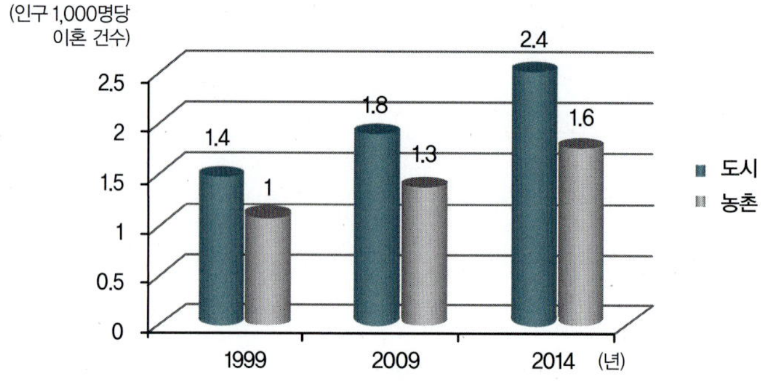

〈그림 9-4〉 베트남의 이혼 현황

출처: General Statistics office of Vietnam(2016). the 2014 Vietnam Intercensal Population and Housing Survey : migration and urbanization in Vietnam.

3) 가족통계

전통적으로 베트남 사람들의 가족생활(family life)은 조부모, 부모, 자녀가 함께 모여 사는 3세대 가족이 전형적인 가족으로서, 일가를 이루는 가문의 구성원들이 마을에 집락을 이루며 생활하는 것이 일반적이었다. 또한, 부계 중심의 가족구조에서 장남은 부모를 모시고 살면서 제사 등의 의무와 권리를 수행하고 장남 외의 다른 자녀들은 결혼 후 독립하여 분가를 이루었다. 재산 상속에 있어서도 장남이 우선시되고 딸보다는 아들을 우선순위에 두는 관습이 지배적이었다.

그러나 이러한 전통적인 가족생활 방식은 사회·경제 발전이 이루어지고, 특히 1986년 개혁·개방정책인 '도이모이(Đổi mới)' 정책이 시작되면서 변화되어 왔다. '도이모이' 추진 이후 하노이나 호치민 등을 중심으로 대도시가 발달하고, 도시적인 생활방식이 확산되면서 대가족 중심의 가족형태가 약화되고 있다. 관련통계를 보면, 1979년 가족규모는 평균 5.2명이었으나 2017년에는 3.7명으로 37년 동안 1.5명이 감소하였다. 가족 규모의 감소는 지난 50여 년간 출산억제 정책으로 인한 출산율 저하와 부부와 자녀 중심의 핵가족 증가로 인한 것으로 볼 수 있다.

〈표 9-6〉 베트남 가족 규모의 변화(1979~2017)

	1979	1988	1999	2009	2017
평균 가구원 수	5.2	4.8	4.6	3.8	3.7

출처: General Statistics office of Vietnam(2015, 2018). The 1/4/2014, 1/4/2017 Vietnam Intercensal Population and Housing Survey : major findings.

〈표 9-7〉 베트남 도시/농촌 가족 규모의 변화(2002~2017)

	2002	2002	2002	2002	2002	2002
도시(명)	4.5	4.4	4.3	4.1	3.9	3.6
농촌(명)	4.3	4.2	4.1	4.1	3.7	3.8

출처: Nguyen Thanh Binh(2011). "the trend of Vietnamses household size in recent years" (재인용), General Statistics office of Vietnam(2015). The 1/4/2014 Vietnam Intercensal Population and Housing Survey : major findings.
General Statistics office of Vietnam(2018). The 1/4/2017 Vietnam Intercensal Population and Housing Survey : major findings.

베트남에서 가족이 함께 모여 지내는 명절은 설날로 '뗏(tet)'이라고 하는데, 음력 12월 23일부터 음력 1월 7일까지 약 보름간 지속된다(김영순 · 응웬 빈 히에우 외, 2013: 203). 이때는 멀리 떨어져 있는 가족들이 함께 모여 지내게 되는데, 학교나 회사에서도 대부분 연휴로 쉬게 된다.

다음으로 음력 8월 15일은 중추절로 우리나라의 추석에 해당한다. '뗏쭝투(tet trung thu)' 라고 불리는 추석 명절은 공식적인 휴일은 아니지만 이날은 조상에게 제사상을 올리고 특히 아이들을 위한 선물과 음식을 준비한다. 사실상 어린이를 위한 명절로서, 별 모양의 등불을 달고 추석 음식인 월병을 사람들과 나누어 먹는다.

그러나 베트남에서 공식적인 어린이날은 6월 1일이다. 이날 역시 전국적으로 각 가정에서 부모는 아이들에게 선물을 주고 음식을 만들어 먹거나 외식을 한다. 또, 학교와 공공기관에서는 어린이를 위한 각종 행사가 열린다.

전통적인 행사로서 부모에게 감사의 뜻을 표시하는 의례로는 불교에서 유래한 '부란(LeVu Lan)'이 있다. 부란은 음력 7월 15일로, 이날은 염라대왕이 죽은 사람의 영혼에 복을 내리는 날로 여기기 때문에 조상에게 제사를 지낸다(김영순 · 응웬 반 히에우, 2013: 211). 또한, 조상과 돌아가신 부모의 은공을 기리는 의미를 지니고 있기도 하다.

현대적인 축일로는 3월 8일 '세계 여성의 날', 10월 20일 '베트남 여성의 날'이 있는데, 이날은 모든 여성을 위한 날이지만 특히 가정에서는 남편과 자녀들이 아내나 어머니를 위하여 꽃을 선물하고 선물을 준비한다.

일반적으로 베트남에서는 거의 모든 여성이 경제활동을 한다. 대체로 직장에서의 임금 수준이 낮기 때문에 맞벌이를 하지 않으면 안 된다. 따라서 자녀가 있는 가정에서는 아이들을 탁아소나 유치원에 보낸다. 탁아소는 3개월부터 2세까지 이용할 수 있고, 유치원은 3세 이상부터 6세까지 다닐 수 있으며 일을 해야 하는 부모들을 위해 종일반을 운영한다.

유치원은 공립과 사립이 있는데 최근 하노이나 호치민 시 같은 대도시에서는 유치원에 입학하고자 하는 학생 수가 크게 증가하고 있으나 이에 비하여 유치원

수가 부족한 현상이 심화되고 있다.

한편, 베트남의 가정에서는 아침 일찍부터 일과가 시작된다. 더운 날씨로 인하여 관공서와 학교는 보통 6시 30분~7시까지 출근이나 등교를 한다. 따라서 베트남 가정에서는 아침 식사를 집에서 해먹기보다는 길거리 노점이나 식당에서 빵이나 쌀국수를 주로 사먹는다.

어린아이들이 있는 가정의 경우 부모가 일터로 가면서 오토바이에 태우고 탁아소나 유치원, 초등학교에 데려다 준다. 중학생이나 고등학생은 자전거를 타고 등교하는 것이 일반적이다.

이른 아침부터 하루 일과를 시작하는 관계로 보통 11시에는 점심 식사를 하며 12시에서 오후 1시 30분 사이에는 낮잠을 자는 시간을 갖는다. 또 직장인의 경우 오후 5시면 보통 퇴근한다.

가족 중심적인 베트남 사람들은 자녀에 대한 교육열도 매우 높다. 부모가 갖은 고생을 하고 희생을 해서라도 자녀의 성공을 위해 노력하는 것을 당연하게 여긴다. 최근 베트남의 중산층 가정에서는 자녀들에게 영어학원을 보내는 등 사교육 비용도 증가하고 있는 추세이다.

4. 필리핀의 가족문화

1) 가족제도

필리핀의 가족제도는 동아시아 지역의 부계 중심적인 가족제도와는 달리 양계적인(bilateral) 특성을 지니고 있다. 부계 중심적인 가족제도를 지니고 있는 사회에서 개인은 아버지의 혈통을 따르게 되고, 이 혈통에 대한 소속감을 지니게 된다. "○○는 '김 씨 집안 사람'이야."와 같이 '내가 누구인가?' 또는 '내가 어디에 속하는가?' 에 대한 정체성의 문제에 있어 개인은 아버지의 혈통을 통해 자신을 인정받고 확인받는다.

그러나 양계적인 가족제도는 아버지와 어머니의 혈통이 동등하게 중요시된다.

필리핀에서는 부계인지 모계인지에 관계없이 친척들과의 유대와 정서적인 결합이 중시된다. 가족과 친척들 간에는 일상적으로 서로 돕고 긴밀한 교류와 유대관계를 맺는 것을 미덕으로 생각한다.

양계적인 가족제도의 특성은 이름의 성씨를 사용하는 문화에도 반영되어 있다. 필리핀 사람들의 성씨는 일반적으로 아버지 쪽을 따른다. 그러나 중간 이름은 보통 어머니 쪽을 따르는데, 아버지의 성을 따르는 것도 스페인의 영향을 받은 것이다(최영균, 2010: 241).

스페인 식민지 시기 이전에 필리핀은 지역별로 가문의 별칭이 존재했고, 이 별칭이 사람들의 이름에도 사용되었다. 부계의 성을 붙이기 시작한 것은 1849년 필리핀 총독이 스페인 가문의 성을 필리핀인들이 자유롭게 선택하여 사용할 수 있도록 칙령을 발표하면서부터이다(최영균, 2010: 241).

필리핀에서 재산 상속은 부부간에 공평하게 이루어진다. 가정 내에서 여성의 영향력과 권위가 낮은 것은 아니다. 이는 필리핀 여성의 생활력이 강하고 가족 부양에 대한 책임감이 크기 때문이기도 하지만, 사회적으로도 여성의 지위가 낮지 않은 것과 무관하지 않다.

필리핀은 아시아 지역에서 기업체 여성 임원 비율이나 의원 비율 등이 높은 편이며, 여성의 정치 · 경제적인 권한이 높은 편이다.

가톨릭 신자가 다수인 필리핀에서 많은 아이들이 대부(godfather), 대모(godmother)를 갖고 있으며, 대부모는 대자녀의 후견인으로서 생일, 결혼, 자녀의 출산 등 기쁜 일이 있을 때 선물을 하거나 조언하는 역할을 한다.

2) 혼인 및 이혼

필리핀의 가족법(the Family Code of the Philippines)에서 혼인은 남녀의 '영구적인 결합'을 위한 특수한 계약으로 간주되고 있다.

필리핀에서 혼인은 18세 이상이면 가능하다. 요즈음 필리핀 사람들은 여성의 경우 20~24세에, 남성은 25~29세에 가장 많이 결혼을 한다. 그다음이 여성은

25~29세, 남성은 20~24세에 주로 결혼을 한다. 한편, 2017년도의 혼인통계를 보면, 여성의 경우 10대에 결혼하는 비율도 7.5%로 비교적 높게 나타나는데, 이는 남성의 1.7%보다 약 4배가 높은 수치이다.

〈표 9-8〉 신랑/신부의 연령별 분포(2017)

연령	신부(%)	신랑(%)
전체	100.0	100.0
20세 미만	7.5	1.7
20~24세	31.6	21.6
25~29세	34.2	36.2
30~34세	15.7	21.9
35~39세	5.9	9.2
40~44세	2.3	3.8
45~49세	1.3	2.0
50~54세	0.8	1.2
55~59세	0.4	0.9
60세 이상	0.2	1.5

출처: Philippine Statistics Authority(2018). Marriage in the Philippines 2017.

필리핀 사람들은 여러 가지 방식으로 결혼식을 한다. 가톨릭교도가 다수인 나라인 만큼 대다수가 성당에서 결혼식을 치를 것이라고 예상하기 쉬우나 현재 필리핀 사람들이 가장 많이 선호하는 방식은 시민형 결혼식(civil wedding)이다.

시민형 결혼식은 가족과 친척을 결혼에 초대하는 것은 통상적인 결혼식과 같지만, 결혼식 장소는 시청의 결혼식장이나 법원의 회의실, 판사의 사무실 등에서 하며, 결혼 주례도 판사나 시장이 주로 맡게 된다. 판사나 영사, 시장 등의 주례로 결혼선서를 하고 결혼증명서에 서명을 하는 방식으로 간소하게 진행한다. 서민형 결혼식은 결혼 절차도 매우 간략하고 비용이 거의 들지 않아 성당에서 결혼식을 하기 원하지 않거나 결혼식 비용을 부담스러워하는 계층의 사람들에게 특히 선호된다.

〈표 9-9〉 필리핀의 결혼식 유형(2010, 2017)

유형	2010		2017	
	명	비율	명	비율
전체	482,480	100.0	434,932	100.0
교회식(Roman Catholic)	169,034	35.0	166,057	38.2
시민형(Civil Rites)	209,952	43.5	174,300	40.1
무슬림식(Muslim)	3,384	0.7	6,646	1.5
종족의 결혼방식(tribal)	3,242	0.7	2,473	0.6
다른 종교의례	96,673	20.0	85,445	19.7
알 수 없음	195	0.0	11	0.0

출처: Philippine Statistics Authority(2018). Marriage in the Philippines 2017.

필리핀에서 이혼은 사실상 가톨릭 교리와 법에 의해 금지되어 있다. 가정폭력 등 사실상 결혼생활의 지속이 어려운 예외적인 상황에 한하여서만 별거 등을 인정하고 있다.

〈참고자료 9-6〉 가톨릭 국가 '필리핀', 피임 허용 이어 이혼도?

베니뇨 아키노 3세 필리핀 대통령이 피임과 학교 내 성교육을 증진하는 법안에 서명했다는 사실이 공개됐다. 이로써 전통적인 가족주의를 수호하며 이 법안에 반대해 온 로마가톨릭교회의 반발이 예상된다. 찬성 진영은 거의 14년 넘게 묵혀 뒀던 법안에 서명함으로써 급증하는 인구를 조절할 중요한 전기를 맞게 됐다고 평가했다. 필리핀은 동남아에서 출산율이 가장 높다. ……반대 진영은 가족계획법(출산보건법)은 신앙심이 두터운 필리핀의 국론을 분열시킬 것이며, 가족계획법으로 일단 물꼬를 트면 결국은 이혼법도 통과될 것이라고 우려했다. 교계는 이혼법에도 반대하는 입장이다. ……가톨릭교도가 국민의 과반수 이상을 차지하는 필리핀은 바티칸을 제외하면 이혼을 허용하지 않는 유일한 국가다.

……가족계획법을 둘러싼 논쟁은 끝날 기미를 보이고 있지 않다. 필리핀 가족생활위원회 가톨릭주교협회는 본 법안이 "가족이 사회의 근간이라고 명시한 헌법에 위배된다."는 근거를 들어 가톨릭 변호인단을 통해 대법원에 상고할 예정이라고 밝혔다. ……많은 필리핀 국민은 인구증가와 빈곤감소를 해소하기 위한 아키노 행정부의 노력에 동조하고 있다. 마닐라 소재 여론조사단체인

'펄스 아시아' 가 2010년에 실시한 설문조사에 따르면 응답자의 69%가 본 법안에 찬성하는 것으로 나타났다. 하지만 아키노 대통령이 가족계획법안에 비공개적으로 서명한 것을 보면 아직까지 본 법안에 대해 뚜렷하게 찬성할 의지가 있다고 단언하기 힘들다.

출처: 〈Daily Tomorrow〉. 2013.3.20.

3) 가족생활

일반적으로 필리핀 사람들은 가족을 매우 중시한다. 개인의 삶의 목표나 계획에서 가족이 가장 많은 영향을 주고, 가족을 중심에 두는 경향이 강하다.

필리핀 사람들은 개인을 가족과 동일시하고, 가족원들의 유대를 매우 중요하게 생각한다.

따라서 개인의 성공은 가족의 성공으로 생각되고, 개인의 명예롭지 못한 평판은 가족 전체의 불명예로 받아들여진다. 가족원들의 유대와 협력을 중요시하다 보니 형제자매들이 서로 돕는 것을 당연시 여기고 암묵적으로는 의무처럼 받아들여진다. 출산율이 높은 필리핀에서는 보통 형제자매의 수가 많은 편이다. 평소에 손위의 오빠(형)와 언니(누나)가 동생들을 돌보고, 가족의 생계가 어려우면 가족을 부양하거나 동생들의 학비를 지원하는 것은 일종의 책무로 받아들여진다.

부모 부양에 있어서도 양계적인 가족제도를 가지고 있는 필리핀은 부계 중심의 가족제도를 가지고 있는 동아시아 지역과 다른 문화를 갖고 있다. 부모가 나이가 들거나 질병으로 아프게 되면 막내딸이 돌보고, 막내딸이 결혼을 하게 되면 부모를 모시고 사는 경우가 많다.

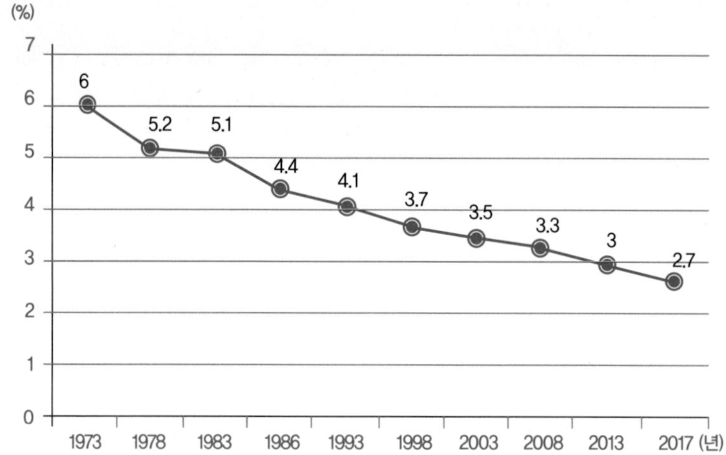

〈그림 9-5〉 필리핀의 합계출산율 변화

출처: Philippine Statistics Authority(2018). Philippines National Demographic and Health Survey 2017.

필리핀의 가족 규모(family size)는 점차 축소하고 있다. 필리핀 통계청에서 발간한 인구센서스 자료를 보면, 1970년대까지는 평균 가구원 수가 6명이 넘었으나 그 이후 계혹 감소하는 추세를 보이면서 2000년에는 5.0명, 2010년에는 4.6명, 2015년에는 4.4명으로 감소하였다.

필리핀의 가족 형태는 핵가족이 중심을 이루고 있으나 조부모, 부모, 자녀가 함께 모여 사는 확대가족도 흔한 편이다. 핵가족에서 가족 부양의 책임은 일차적으로 남성에게 주어져 있기는 하나 그렇다고 남성에게 일방적으로 가족 내에서 권위가 주어지지는 않는다. 오히려 필리핀에서는 여성들이 가계를 관리하는 역할을 할 뿐만 아니라 가족 내 의사결정에서 상당한 영향력을 행사한다. 오히려 가족 내에서 권위의 차이는 성별보다는 연령과 관련되며, 손윗사람의 말을 잘 따르고 존중하는 것을 당연하게 여긴다.

필리핀의 가족제도가 양계적이고 가족 내에 여성의 지위가 상대적으로 높은 것은 가족 호칭에서도 잘 나타난다. 일상생활에서 필리핀 사람들이 많이 사용하는 따갈로그어의 가족 호칭은 남성과 여성을 별도로 지칭하기보다는 남녀를 통칭하여 사용하는 것이 많다. 예를 들어 남편이나 아내는 모두 '아사와'라고 하고 남편의 경우 남자를 뜻하는 '라라끼', 아내는 여자를 뜻하는 '바바에'를 뒤에 붙인다. 딸과 아들도 자녀를 뜻하는 '아낙'에 '바바에'를 붙이면 딸, '라라끼'를 붙이면 아들이라는 뜻이 되는 식이다.

〈표 9-10〉 필리핀의 가족 호칭

호칭	따갈로그어
할아버지	Lolo(롤로)
할머니	Lola(롤라)
부모	Magulan(마굴랑)
아버지	Tatay(따따이)
어머니	Nanay(나나이)
자식	Anak(아낙)
딸	Anak na babae(아낙 나 바바에)
아들	Anak na lalaki(아낙 나 라라끼)
형제	Kuya(꾸야)
자매	Ate(아떼)
배우자	Asawa(아사와)
남편	Asawang lalaki(아사왕 라라끼)
아내	Asawang babae(아사왕 바바에)
손자	Apo(아뽀)
사촌	Pinsan(삔산)
처형, 처남, 형부	Bayaw(바야우)
사위/며느리	Manugang(마누깡)

출처: 개인블로그(http://blog.daum.net/lovephi/248)

가정 내에서 가사 일은 여성이 주로 하지만 자녀들 중 손위 형제자매들도 동생들을 돌보거나 가사 일을 분담하여 한다. 중산층 이상의 가정에서는 대다수가 가사 일과 아이를 돌보는 역할을 하는 '헬퍼(domestic helper)'와 '야야(Yaya)'를 고용한다. 헬퍼는 가사도우미로 청소, 세탁, 식사 준비 등의 일을 하고, 야야는 아이돌보미로서 빈곤한 가정 출신의 여성이 많다.

생각해 봅시다

1. 일반적으로 아시아 지역의 사회에서 강하게 나타나는 '가족중심주의'의 긍정적인 측면과 부정적인 측면을 생각해 보자.

2. 필리핀의 양계적인 가족제도가 우리나라의 부계 중심적인 가족제도와 비교하여 볼 때 어떤 장점들이 있는지 생각해 보자.

3. 남아선호사상으로 인한 출생 성비의 불균형이 오늘날 중국, 베트남의 결혼과 가족생활에 어떤 영향을 끼쳤으며 그 문제점은 무엇인지 생각해 보자.

더 볼거리

◈ 도서. 『**무연사회**』. NHK 무연사회 프로젝트 팀. 김범수 역. 용오름. 2012.
이 책은 2010년 일본 NHK가 스페셜 프로그램으로 방영한 〈무연사회: 무연사 3만 2천명의 충격〉의 내용을 엮은 책이다.

CHAPTER 10

프로그램으로서의 가족문화 1: 가족 여가문화의 변화

만약 1년이 내가 계속 놀 수 있는 휴일이었다면, 노는 것도 일과 마찬가지로 따분해져 버렸을 것이다.

윌리엄 셰익스피어, 『헨리 4세』 제1부 1막 1장

현대사회는 노동시간이 줄어들고 여가시간이 늘어나는 사회변화를 겪고 있다. 주5일 근무제와 주5일 수업제가 정착되었고 2020년에는 주 최대근로시간이 52시간을 넘지 못하는 새로운 근로기준법이 시행되었다. 이러한 사회환경의 변화로 인해 늘어난 여가생활을 어떻게 보낼 것인가와 '워라벨(Work and Life Balance)' 이 새로운 사회적 이슈로 떠오르고 있다. 특히 가족 단위의 여가에 대한 욕구나 활동이 증가할 것으로 예상된다. 따라서 이 장에서는 현대사회에서 여가가 강조되는 배경과 함께 가족 여가의 중요성과 한국 가족 여가의 실태와 특징 등을 살펴보도록 하겠다. 이를 바탕으로 새로운 여가공동체로서 가족이 나아가야 할 방향성을 모색해 보기로 한다.

1. 현대사회와 여가

1) 여가의 개념과 여가문화의 변화

21세기는 놀이하는 인간, 즉 호모루덴스(Homo Ludens)의 시대이며 놀이와 여가는 인간의 창의력과 심리적 잠재력을 발휘하고 문화를 창조해 낼 수 있는 삶의 영역이다(Huizinga,1993). 여가(leisure)란 일 또는 노동과 대칭되는 성격의 활동과 심리상태를 말한다(김사헌, 1997; 오순환, 1999; 최상진, 2002). 동서양을 막론하고 '일'이 배제된 '자유 시간'을 의미하는 것으로, 여기서 '자유'라는 의미는 노동시간의 상대적 개념이 아니라 어떠한 의무로부터 해방된 아무런 구속이 없는 상태를 말한다.

여가는 생활의 모든 의무와 책임 그리고 생활에 필요한 활동을 제외한 나머지 자유로운 시간인 동시에 자유로운 마음의 상태로서 자기 자신을 찾을 수 있는 기회가 된다. 인간은 여가활동을 통해 삶의 질을 향상시키는 것은 물론 자아성장, 건강증진, 스트레스 해소, 여유 있는 삶의 영위, 모험과 흥분, 도전정신의 만족감 부여, 자아존중감의 유지 같은 긍정적인 결과를 경험한다(이누미야 요시우키, 2003). 여가는 일과는 독립된 주체적이며 개인의 심리적 잠재력을 성장시킬 수 있는 삶의 독특한 영역으로(김정운 외, 2004) 생산활동을 촉진하기 위한 재충전 시간만이 아니라 삶의 질을 향상시키는 중요한 요소가 되었다(김영순 외, 2006).

여가의 내용과 활동은 시대와 문화역사적 맥락에 따라 변화하여 왔으며 2000년대 전후의 여가는 이전 시기와는 다른 특징적인 양상을 보이고 있다. 첫째, 여가활동의 선택과 내용이 개인의 가치관에 의한 선택적 여가활동으로 바뀌었다는 것이며 둘째, 과거의 여유시간 선용의 차원이 아니라 자기몰입적 · 전문적 여가활동으로 변했다는 것 셋째, 여가활동의 탈계층화, 탈성별화 및 대중화이다(최상진, 2003). 과거 여유 있는 사람이나 기회가 주어진 사람들이 행하는 활동으로 간주되어 왔던 여가활동이 이제는 남녀노소, 빈부, 지역의 차를 떠나 필수적인 것이 되었고, 삶의 질 향상의 한 요인으로 인식하게 되었으며 21세기의 중요한 키워드 중 하나로 정보 및 멀티미디어, 문화, 예술과 함께 여가와 놀이가 자리 잡게 된 것이다.

이러한 현대사회의 변화에 따른 여가 특성의 변화는 여가의 본질적인 면과 방향, 사회적 위치, 평가기준, 여가 실태, 향유계층, 일반적인 견해, 그에 따른 현상적인 특성 등 여러 국면에서 일어나게 되었는데 이는 〈표 10-1〉과 같이 정리할 수 있을 것이다.

〈표 10-1〉 사회변동과 여가 특성의 변동

여가 특성	산업사회	후기 산업사회
여가의 본질	수단적 가치	자기충족적 가치
여가의 방향	주지주의	쾌락주의
여가의 사회적 위치	노동의 대가	인간의 권리
여가의 평가기준	도덕적 · 사회적 가치 노동재생산적 여가 중시 지역, 집단의 공헌도	향락적 · 인간적 가치 창조적 · 자기실현적 여가 중시 개인적 성취에의 공헌도
여가 실태의 특징	전통적, 폐쇄적, 계급적 통제적, 권위주의적, 우월적 여가의 계급적 분화	개인적, 대중적 개방적, 자유방임적, 평등적, 자율적 오락적, 향락적 여가의 계급평준화
여가 향유계층	유한, 특권계급	일반대중
여가의 일반적 견해	부정적, 비판적 사회문제로서의 여가	긍정적, 낙관적 문화적 필요로서의 여가
여가 현상적 특징	계몽적 · 교육적 활동 신사, 숙녀형 여가 기대 여가활동공간의 협소 지역 중심의 여가활동 세대 간 격차의 존재 일종의 활동양식	향락적 · 자기지향적 활동 자기표현, 자기확인형 여가 여가활동공간의 광역화 가족 중심의 여가활동 세대 간 격차의 축소 일종의 생활양식

출처: 후쿠다(1982). 곽한병(2010). p. 215에서 재인용

우리나라의 경우 주 40시간 근무제가 도입된 이후 삶에 있어서 놀이 및 여가의 영역이 급격히 주목받기 시작하였으며 일상생활에서도 여가생활이 차지하는 비중이 시간적 · 경제적으로 점차 중요해지고 있다. 지난 10여 년 사이 교양 오락비

로 지출된 금액이 가계지출에서 차지하는 비중이 매년 증가하고 있는 것을 통해서도 알 수 있다. 그러나 이렇듯 여가의 비중이 늘어나고 그 중요성이 증가함에도 불구하고 여가시간의 활용이 실질적인 삶의 질 향상으로 연결되고 있는지의 여부는 분명하지 않다. 또한 여가를 즐길 수 없는 계층의 상대적인 박탈감 또한 새로운 사회문제로 떠오르고 있다. 따라서 다양한 사회계층의 다양한 여가 욕구를 만족시킬 수 있는 사회적 논의와 정책적 차원의 지원 등에 대해 다시 한 번 검토해야 할 시점이기도 하다.

〈표 10-2〉 도시 가계 월평균 문화 오락비 지출 추이

구분	1995	2000	2005	2010	2015	2019
문화 오락비 지출	65,000원	85,000원	101,000원	126,000원	151,588원	188,302원
가계 지출 중 점유율	5.30%	5.28%	5.40%	5.50%	4.40%	5.70%

출처: 통계청. 가계동향조사(각 년도).

2) 한국 여가문화의 특징

소득의 증대와 여가시간의 확대에도 불구하고 진정한 의미의 자아 찾기나 정체성 회복에 따른 의미 있는 여가문화를 누리지 못하고 TV 시청 등의 소극적이고 상호간의 교류가 부족한 여가활동에 치우쳐 있으며, 이것은 문화공백 현상과 삶의 질 저하를 가져올 수 있다. 실제로 통계청 사회조사 자료에 의하면 전 연령대에 걸쳐 TV 시청이 81.1% , 컴퓨터 게임, 인터넷 검색 등이 35.7%를 차지하고 있다(이정춘, 2017). 이렇듯 국민의 여가시간 구성에 커다란 영향력을 미치는 수동적인 매체의 영향력에 비해 참여매체들이 구성하는 문화적인 공간은 극히 부족한 것이 현실이다.

이러한 한국 현대사회의 여가문화의 특징을 정리해 보면 첫째, 상업화 둘째, 여가의 사사화 및 개별화 셋째, 온순화 경향 넷째, 국제화 현상이다. 여가의 상업화 현상은 과거 전통사회에서는 찾아볼 수 없는 새로운 현상으로 자본주의 논리에

따라 야기되는 노동의 상품화, 시간과 공간의 상품화와 일맥상통하며 이러한 상업주의적 성향은 상품화된 대중문화라는 요인에 의해 퇴폐성, 폭력성, 잔인성, 자극성으로 이어진다(이정춘, 1999).

여가의 사사화라는 것은 놀이문화를 함께했던 전통적인 여가문화와는 달리 TV, 라디오, 오디오, 컴퓨터 등 가정용, 개인용 기구들이 보급되면서 여가 경험의 중요한 장소가 가정 안으로 고립되었다는 의미이다. 여가의 온순화 경향이란 인간이 즐거움을 추구하는 방식이 원초적인 감정과 임의적 · 충동적 방식으로서가 아니라 통제되고 순화된 방식으로 지배되는 경향을 말한다. 이는 얼핏 보기에는 정제되고 순화된 방식으로 진화된 것으로 이해될 수 있지만 평상시 억압되고 간과되었던 감정을 표현하는 통로로서의 여가의 기능을 상실해 가는 것으로 보아야 하며 이에 대한 대리 행위로 TV를 통한 과장된 폭력물이나 에로물을 양산하는 데 기여할 수 있다. 여가의 국제화라는 것은 자본주의적 여가 상업화에 부수된 것으로 세계화라는 미명하에 자생적이고 전통적인 우리의 놀이문화가 사라지고 있다는 것이다.

2. 가족 여가

1) 가족 여가의 개념과 유형

여가사회로의 변화 속에서 가족은 특히 중요한 여가 집단으로 기능하고 있으며 실제로 많은 여가활동이 가족 단위로 이루어지고 있다(장윤희, 1991). 가족 여가란 일반적으로 가족구성원이 함께 참여하는 여가활동이나 시간을 이르는 개념이며, 여가활동의 대상이 가족이라는 점에서 개별적인 형태로 이루어지는 개인의 여가와 구별된다. 김외숙(1977)은 가족 여가에 핵가족 구성원뿐 아니라 동거 중인 남편과 아내의 부모 형제까지 포함하였으며, 홍성희(1996)는 가족 중의 다수나 가족원의 이해와 관심 유무 등이 여가활동 참여에 자원 또는 제약으로 작용할 수 있다는 점에서 핵가족 및 그와 동거하는 부모 형제 중 2인 이상이 참여하는 것으로 규정하였다.

자브리스키와 맥코믹(Zabriskie & McComick, 2001)은 가족 여가활동을 핵심 및 균형가족 여가활동으로 구분하였다. 먼저 핵심가족 여가활동은 매일 참여가 가능하고, 비용이 저렴하며, 접근이 쉽고, 가정에 기초한 활동으로 예를 들면 함께 TV 또는 비디오 보기, 보드게임하기, 정원에서 놀기 등이다. 균형가족 여가활동은 약간의 사전 계획이 필요하며 시간, 노력, 금전이 필요한 활동으로 핵심 여가활동보다 더 새로운 경험을 제공한다(노용구, 2005 재인용).

오스너(Orthner, 1974)는 여가활동을 가족원 간의 상호작용 정도에 따라 공유활동, 병행활동, 개별활동으로 나누는데, 공유활동은 활동을 성공적으로 수행하기 위해 높은 수준의 상호작용을 필요로 하고 의사소통을 개발할 뿐 아니라 이를 통해 역할의 상호변화를 증진시키는 활동을 말한다. 예를 들면 가족이 함께하는 게임, 친구 방문, 공원 나들이, 캠핑 등이다. 그에 비해 병행활동은 집단상황에서 최소한의 상호작용만 이루어지는 활동으로 개별활동 이상의 의미가 별로 없는 것을 말한다. 예를 들면 TV 시청, 낚시, 음악 감상 등이다(지영숙 외, 2001 재인용).

또한 여가는 상호작용의 정도에 따라 적극적 공유활동, 소극적 공유활동으로 나누어질 수 있으며, 지영숙 · 이태진(2001)은 도시가족의 가족 여가활동 유형을 참여 빈도, 가족 여가 장애, 가족 여가 동기, 시설만족도에 따라 교육체험 지향 활동, 취미 지향 활동, 사회친목활동, 가정 지향 활동으로 구분할 수 있다. 이외에도 야외 활동형, 문화적 활동형, 스포츠 활동형, 사회적 활동형, 취미 활동형, 대중매체형, 창조적 혹은 예술 추구형, 오락형으로 구분할 수 있으며 교양, 문화활동, 모험적 활동, 감상 · 관람 활동, 관광 행락 차원, 스포츠 활동, 오락 · 사교 활동 등으로 분류할 수 있다.

2) 가족 여가의 기능

가족의 테두리 안에서 이루어진 여가활동은 시대에 따라 변화해 왔다. 비교적 최근까지만 해도 가족 여가라는 말이 없었으며 과거 여가가 가능했던 시기에도 여가는 남성은 남성끼리, 여성은 여성끼리 보내는 것이 대부분이었다(Stanley

Parker, 1995). 약 1, 2세기 전에 이르러서야 가족 단위 여가가 가능해졌는데 소규모 지역사회에서 가족을 대상으로 한 연극공연이 이루어진 것이 그 최초라 할 수 있다. 그러나 그 이후 다양한 여가활동이 가족에 유입되었으며, 클락 빈센트(Clark Vincent)에 의하면 현재의 가족은 과거 50년에서 100년 사이 행해졌던 여가활동보다 더 많은 여가활동을 할 수 있는 가능성을 가지고 있다고 하였다. 여가활동을 소비하는 집단으로서의 가족의 기능은 그 어느 때보다 높아졌다고 할 수 있다.

가족은 사회화가 이루어지는 기초단위이므로 그 사회의 제도 및 관습에 대한 문화적 태도를 형성하는 데 일차적인 환경을 제공하게 된다. 여가 또한 그 사회의 독특한 문화라 할 수 있으므로 어린아이들은 가족 안에서 여가에 대한 태도를 형성하게 된다. 즉, 언제 어떻게 놀이를 하여야 하며 누구와 함께, 어떤 일을 할 것이며 무엇을 해서는 안 되는가 하는 것 등이다. 여러 연구를 통해서도 어떠한 특정 문화권 내의 전형적인 가족유형과 태도가 가족구성원의 특정 여가활동의 기능과 의미에 많은 영향을 미치고 있음이 밝혀지고 있다.

가족 여가가 가족의 기능과 친밀감 강화에 정말로 기여하는가에 대한 의문을 제기하기도 한다. 실제 일본의 경우 가족의 이혼율이 늘어났고 독일의 경우에도 늘어난 가족의 여가시간이 오히려 가족 내의 문제들을 불거지게 하여 이혼이 늘어난 사례도 보고되고 있다. 따라서 단순히 여가시간이 늘어났다고 해서 가족에게 좋은 일이라기보다 늘어난 여가시간을 어떻게 의미 있게 보내느냐가 관건이 된다. 작은 시간이라도 가족구성원들의 마음을 열고 서로 상호 소통하는 계기로 삼는다면 그것이 진정한 가족 여가의 의미를 찾는 일일 것이다. 이럴 때의 가족 여가는 가족의 유대를 강화시키고 결속력과 단합을 유지하는 데 도움을 주며 어린 세대들은 가정 내의 사소한 일들에 대한 책임감과 다른 가족구성원들에 대한 배려를 기를 수 있다. 특히 이것은 야외활동을 통해 그 효과가 커지는데, 기족생활주기의 초기 단계에서 그렇다. 이 시기에는 TV 시청 같은 소극적인 여가보다는 자녀와 함께하는 야외활동이나 역동적인 여가 프로그램이 훨씬 더 긍정적인 효과를 발휘한다.

3) 가족 여가의 중요성

미국의 속담에 "함께 놀이하는 가정은 흩어지지 않는다(The family that plays together stays together)"는 말이 있다. 이는 가족 여가가 단순한 놀이가 아니라 가족의 결속력에 영향을 미친다는 것을 강조한 말이다. 현대사회의 가족은 가장 중요한 여가집단으로 기능하며 이러한 가족단위의 여가생활은 가족의 심리적 만족, 가족의 안정성과 결속력, 결혼 안정성에 큰 영향을 미치고 가족들이 여가에 참여함으로써 가족 간의 친밀도가 높아진다(문숙재 외, 2005).

오스너(Orthner, 1975)는 부부가 여가활동에 함께 참여하고 상호작용하는 기회를 자주 갖게 될 때 효율적인 의사소통이 더욱 잘 이루어짐을 발견하였으며 홀맨과 에퍼손(Holman & Epperson, 1984) 역시 여가시간을 함께 즐기는 부부가 그렇지 않은 부부보다 결혼생활에 더 큰 만족을 얻었다는 연구결과를 보고하였다. 또한 Iso-Ahola와 Weesinger(1984)는 8세에서 11세 사이의 어린아이들이 만족스러운 여가활동을 경험하며 자라는 경우가 그렇지 못한 경우보다 20세 이후의 삶에 심리적인 적응성이 높다고 보고한 바 있다(최길례, 2003 재인용). 따라서 가족이 함께하는 여가시간을 많이 보낼수록 가족 간의 이해의 폭도 넓어지고 의사소통의 기회도 많아지며 자연히 가족구성원 간의 관계를 긍정적으로 재정립할 수 있게 되어 가족체계 내부의 안정성 강화에 기여할 뿐 아니라 개인의 심리적 성장에도 도움이 된다고 볼 수 있을 것이다.

가족 단위의 여가활동 참여는 가족의 심리적 만족, 가정의 안정성 및 부모-자녀 간의 결속력을 높이는 효과가 있다. 이는 현대사회가 직면하고 있는 가족 간의 유대 약화, 이혼, 가정폭력, 청소년 비행, 자녀양육 문제, 노부모 부양 문제, 세대 간 가치관 차이, 부모-자녀 간의 대화 단절 등을 해결할 수 있는 방법으로 의미가 크다고 할 수 있다. 또한 가족이 함께함으로써 신체적 · 정신적 건강 유지, 능력 개발, 자아실현 등 여가 본래의 기능 이외에 특유의 기능을 가지게 되며 개인적으로 추구하는 여가활동에 비해 다양한 경험을 제공할 수도 있다(지영숙 외, 1999).

켈리(Kelly, 1983)는 가족이 여가를 계획하고 즐기는 가운데 상호작용과 의사소통을 도와주며, 부모와 자녀가 함께하기 때문에 가정교육의 장이 되기도 한다고 하였으며, 장명옥(1991)은 신뢰와 소속감을 형성하고, 부모-자녀 사이의 교육적인 의미도 수반되며 건전한 방향으로 나아갈 수 있다고 하였다. 양영아(1996)는 가족 여가활동의 의의를 가족 간의 친밀감, 자녀의 교육, 가족의 즐거움, 가정생활의 활력소, 휴식, 가족의 건강 및 체력 증진, 문화적 경험에 의의를 두고 있다.

그러나 가족 여가의 이러한 긍정적인 여러 기능과 사회적 관심의 증폭에 비해 가족이 경험하는 가족 여가의 대부분은 소비적이고 수동적인 형태로 이루어지고 있다. 우리 현실에서 가족이 함께할 수 있는 여가활동을 살펴보면 가정 안에서의 TV 보기나 놀이가 대부분이고 휴일 등에는 밖으로의 나들이 정도이다. 개인의 여가활동에는 다양한 프로그램이 개발되어 질적인 변화가 이루어지고 있는 데 비해 가족 단위로 하는 여가활동은 아주 미흡한 실정이다. 여성가족부 가족실태조사(2005)에 의하면 가족이 함께 즐길 수 있는 여가활동의 다양성이나 관련 시설 및 프로그램은 매우 미흡한 실정으로 청소년 자녀가 부모님과 함께하는 일들은 쇼핑이나 물건 사기 정도이며 영화, 연극, 음악회 가기 같은 문화 여가생활은 거의 찾아볼 수 없었다. 가족과 함께하는 물리적 시간은 적지 않은 편이나 대부분의 가족들은 TV 시청 등 수동적인 여가시간을 보내고 있으며, 이는 우리의 가족 여가 콘텐츠가 그만큼 빈약하다는 것을 의미하고 있다.

3. 현대 가족의 여가 실태

1) 현대 가족 여가의 특징

현대 가족은 늘어나는 여가시간을 어떻게 보내야 할지에 대한 해답을 찾지 못하고 혼란에 빠져 있다. 현재 가족이 처한 상황은 가족구성원들의 연령이나 사회적인 상황에 따라 다양하지만 개인의 삶에서 점점 증가하고 있는 여가시간은 결과적으로 가족 영역에서 감당해야 할 역할이 증가하고 있는 것으로 나타나고 있다. 가족을 단위로 하는 창조적인 여가 즐기기가 현대 가족의 큰 숙제가 되고 있는 것이다(김영순 외, 2006).

현대 가족 여가의 특징들에 대해 살펴보자. 첫째, 가족 여가의 공유 정도가 높을수록 여가에 대한 만족도가 높다. 현대의 개인 중심적 가치관으로 본다면 가족 여가보다는 개별적인 여가를 선호할 것으로 예상되지만, 연구결과 여가 만족도에 있어서 가족 여가를 공유하는 가족일수록 여가에 대한 만족도가 높은 것으로 나타났다(김혜영, 2004).

둘째, 오늘날 가족이 경험하는 가족 여가의 대부분은 소비적인 활동에 초점을 맞추고 있다. 윤지환(2002)은 오늘날 여가의 특징을 상업화, 개인화, 다양화, 국제화로 규정하고 이를 대표하는 여가지표로 관광을 꼽고 있다. 다소 긴 시간을 투자해야 하는 여행이라는 여가의 형태를 상품화되고 일률적으로 짜인 관광상품으로 대체함으로써 여가를 마치 상품화된 소비로 변질시키고 있는 것이다. 다른 연구결과에서도 가족 여가활동은 '외식하기', '야외 나들이', '여행', '시장이나 백화점 나들이' 같은 대부분 소비적인 활동에 치중되어 있다.

셋째, 가족은 가족 여가를 위한 경제적 · 시간적 부담을 느끼고 있다. 설문조사에 의하면 가족 여가의 가장 큰 장애로 응답자들은 '시간 부족'과 '경제적 부담'을 지적하고 있다. 현실적으로 가족 여가를 공유하기 위해서는 가족구성원들의 의도적이고 적극적인 노력이 필요함을 보여주는 결과이기도 하다.

넷째, 가족 여가는 여가에 참여하는 구성원에 따라 여가와 반여가가 동시에 나타난다. 가족구성원의 성역할에 따라 차이가 있는데 여성의 경우 여가를 향유하는 주체이기보다 다른 가족구성원들의 여가를 위한 보조적 역할을 수행하게 된다. 그들에게 가족 여가는 여가라기보다 새로운 일로 인식되는 경향이 있다. 부부를 대상으로 한 실제 연구에서도 부부가 함께하는 가족 여가에 대해 이내와 남편이 매우 다른 의미를 부여하는 것으로 나타났다. 예를 들어 '가족과 나들이, 여행가기', '외식하기', 'TV나 비디오 보기'는 남편과 아내가 모두 자발적인 선택을 하는 여가활동으로 조사되었지만 '가족과 대화, 놀아주기'는 아내는 일로, 남편들은 여가로 받아들였다. 그러나 '시장이나 백화점 가기'와 '드라이브'는 아내들은 여가로 느끼는 반면 남편들은 일로 느끼고 있었다(문숙재 외, 2005).

2) 현대 가족 여가의 문제점

현재 한국 가족의 여가문화를 한마디로 말한다면 "가족 여가는 있으나 가족 여가문화는 없다."는 것이다(김영순 외, 2006). 단순 오락적인 현대 한국의 여가문화는 가족에게도 영향을 미쳐 가족 여가의 공간이 '가정' 안으로 제한됨에 따라 가족원이 보다 적극적인 공유활동을 할 기회가 줄어들었고 내용 면에서도 긍정적인 가족가치나 사회가치를 지향하는 의미 있는 활동보다 상업적 · 과소비적인 활동에 치우치게 하였다. 이는 가족 여가의 계층적인 불균형을 초래하고 바람직한 가족문화 확립에 큰 걸림돌이 될 수 있다.

현대사회 가족 여가의 문제점을 정리해 보면 다음과 같다(김영순 외, 2006). 첫째, 현대사회의 가족 여가는 소비지향적인 특징을 가고 있다. 현대사회를 지배하고 있는 개인 중심적인 가치관은 가족 여가에도 영향을 미쳐 가족구성원들의 자기만족과 자기실현욕구가 목표가 되며, 이런 가족 여가는 자본주의 구조와 결합하여 쉽게 상품화되는 경향을 보이고 있는 것이다. 가족 여가를 평가하는 기준이 가족외식이나 여행의 빈도, 문화체험의 기회 등으로 한정되다 보니 현실적인 면만을 반영하고 가족 여가의 문제점을 인식하고 창조적인 가족 여가의 가능성을 모색하는 것을 근원적으로 차단하고 있다는 것이다.

둘째, 현대사회는 시대적인 요구에 부합하는 바람직한 가족 여가의 모델을 제시하지 못하고 있다. 여가에 대한 관심이 커지고 자리하고 있는 비중이 커지는 만큼 이러한 가족 여가가 삶에서 어떤 의미를 가지는지, 어떤 것이 바람직한 것인지에 대한 고민이 충분히 이루어지지 않고 있는 것이다, 이는 기존의 여가에 대한 논의가 현상적인 여가의 소비에 초점을 맞추고 있기 때문이며 여기에는 여가가 즐김과 소비의 대상이라는 전제가 깔려 있기 때문이다. 따라서 삶의 질을 높일 수 있는 가족 여가의 모델이 제시되어야 할 것이다.

셋째, 현대사회의 가족 여가는 건강한 가치관과 목표를 가지고 있지 못하다. 가족이 추구하는 가치와 목표가 가족 내부의 화합이나 구성원의 인격적인 성숙이 아니라 외적이고 물질적인 성취에 초점이 맞추어지고 있다. 가족 여가의 궁극적인 목표는 가족구성원 각자가 가지고 있는 아름다운 본성을 실현할 수 있는 장이 되어야 하는 것이다, 그러나 오늘날의 가족은 정서적인 공동체의 역할을 수행하지만 이러한 궁극적인 목표를 실현하고 확장시키는 데 기여하지 못하고 있다.

이러한 가족 여가에서 드러나는 문제점들은 현대사회의 가족 여가의 내용적 한계에서 비롯된 것이며 대부분이 소비적인 활동으로 구성되어 있기 때문이라 할 수 있다. 이는 가족 여가에서 구성원 각자가 주체적인 경험과 적극적인 여가의 주인공이 되지 못하는 결과를 가져온다. 오히려 여가 자체가 대상화하게 되고 여가 활동의 적극적인 향유자가 되기보다는 상품화된 여가 형태에 의존하는 경향이 나타나게 되는 것이다(김영순 외, 2006). 따라서 이러한 부정적인 영향을 최소화하고 가족 여가의 긍정적인 기능을 극대화시키기 위해서라도 건전한 가족 여가문화 프로그램의 보급이 활성화되어야 할 것이다.

4. 한국 가족 여가의 전망

1) 새로운 가족 여가 모델

현대사회에서 가족 여가의 의미는 단순히 가족이 공유하는 여가시간을 소비하는 것 이상의 의미를 가지고 있다. 가족이 어떤 가족 여가를 추구하는가에 따라 가족구성원들의 삶의 방식이 달라질 것이며 시대를 지배하는 개인의 삶의 가치와 가족관을 변화시키기 때문이다(김영순 외, 2006).

산업사회가 확대됨에 따라 농경사회에서 가족이 갖고 있던 생산공동체의 기능은 크게 쇠퇴하여 가족구성원들은 일터나 학교에서 대부분의 시간을 보내다가 퇴근 후 잠깐 휴식을 취하는 장소로 변모되어 버렸으며 함께할 수 있는 시간도 급격히 줄어들었다. 산업사회에서 개인은 일하는 존재, 노동력을 가지고 있는 존재로서 가치를 평가받았으나 정보화, 지식기반 사회로 변모하는 사회구조 속에서는 노동의 수요가 점차 축소되고 노동 후에 발생하는 여가를 어떻게 보내야 할 것인지에 대한 관심이 증대하고 있다. 그러나 여가 중심의 사회로 변화해 감에 따라 가족은 과거 생산공동체로 기능하였던 것처럼 미래의 가족은 여가공동체로서 그 중요성을 가지게 될 것이다.

전통사회에서 가족관은 전체로서의 기족에 대한 이해를 중심으로 하고 있었다. 가족과 가족구성원의 분리 · 독립이 허용되지 않는 집단중심주의가 지배하고 있었다. 그러므로 가족구성원은 가족을 위해 개인적인 희생을 강요받기도 했으며 스스로 가족을 위한 희생을 선택하는 것을 마땅하게 받아들였다(이현지, 2004). 이러한 전통사회의 가족관은 가족여가 자체를 생각할 수 없게 했으며 가족을 평가하는 기준은 오로지 노동력이었다. 근대 이후 이러한 가족관은 가족구성원들의 행복과 이익을 추구하는 것에 가치를 두는 것으로 빠르게 변화했으며 이로써 가족은 생산공동체가 아니라 개인들의 집합체의 성격을 띠게 되었다. 가족은 소비공동체의 기능만을 갖게 된 것이다.

소비공동체로서의 가족은 소비활동을 통한 욕구충족이 만족도의 중요한 관건이 되며 가족의 소비기준이 가족을 평가하는 기준으로 작동한다. 가족 여가의 소비지향적인 특징도 이에 따라 나타나게 된 것이다. 미래사회의 가족관은 집단 중심적이고 개인 중심적인 세계관의 한계를 극복하는 통일체적 세계관에 토대를 두어야 한다(이현지, 2006). 가족은 각자가 자신의 개성을 가진 자유로운 존재임과 동시에 개별적으로 분리되어 있는 것이 아니라 모두가 하나라고 느끼는 가족이며 서로의 주체성을 존중하는 가운데 깊은 사랑으로 맺어진 관계여야 할 것이다. 가족관계를 통해 각자의 인격이 성숙해 가는 수행공동체가 미래 가족 여가의 바탕이 되어야 할 것이다.

2) 가족 여가의 실천

나쉬(Nash, 1960)는 한 나라의 여가문화는 그 나라 사람들의 여가시간을 어떻게 사용하고 있는가에 따라 결정된다고 하였다. 즉 창조적인 참여가 많을수록 그 나라는 높은 수준의 여가문화를 나타내는 것이며 반면에 여가시간을 단순히 오락이나 시간 때우기, 반사회적인 행동 등 수동적이고 주변적인 참여가 많을수록 그 나라는 매우 낮은 수준의 여가문화를 나타낸다고 할 수 있다(김영순 외, 2006 재인용). 한 개인이나 가족도 마찬가지로 여가활동에 따라 그 사회의 여가문화 수준이 결정된다고 볼 수 있을 것이다.

늘어난 가족의 여가시간을 단순한 소비나 향락에 치중하지 않고 개인 나아가 가족구성원 전체의 삶의 질을 높이고 성찰할 수 있는 시간으로 활용한다면 보다 창조적인 변화를 이루는 원동력이 될 수 있을 것이다. 탈소비적 · 탈현대적 · 미래지향적 가족 여가 모델을 구축하는 것이 목표가 되어야 할 것이다. 이를 위한 실천방법의 하나로 평등한 가족 여가문화의 지향하는 One Up, Both Up 원칙을 소개한다. 여가가 가족 단위로 이루어질 때 가족 내에서의 성역할이 동등하지 않으면 불균형의 문제가 발생하게 되므로 한 사람이 일하는 동안 다른 사람이 앉아서 쉬는 것은 불공정하다는 의미이다. 즉, One Up, Both Up 원칙은 한 사람이 일어나면 다른 사람도 일어나야 한다는 원칙이다. 이외에도 보다 긍정적이고 바람직한 가족 여가문화를 만들기 위한 원칙들을 만들고 이를 합의해 나가는 것이 미래의 가족 문화를 위한 우리의 과제가 될 것이다.

〈참고자료 10-1〉 행복한 가족을 만들기 위한 가족 여가 실천 방법

하나, 가족이 가장 즐거워하는 일을 조사하자.

내가 가장 즐거워하는 일과 다른 가족원이 원하는 일들을 기록하고 목록으로 적어 본다면 가족 공통의 관심거리를 찾아 낼 수 있을 것이다.

둘, 가족을 하나의 동호회로 만들자.

가족이 공통적으로 좋아하는 활동을 찾아 동호회처럼 하고 기록을 남기자. 마음에 드는 이름도 지어 보고 정기적인 모임 날짜나 구체적인 활동내용도 적어 보자.

셋, 가족끼리 의사소통을 잘하는 방법을 익히자.

'나-전달법'과 경청 등 가족 간의 원활한 의사소통 기술을 배우자. 이는 가족 여가활동을 결정하고 계획하는 단계에서부터 구체적인 실행을 할 때까지 생기는 갈등을 최소화하고 만족감을 높일 수 있다는 점에서 매우 중요하다.

넷, 상대방의 눈높이에 맞추자.

자녀들의 연령이 많아지면서 부모와 함께 여가활동을 하지 않으려는 경향이 있다. 이는 부모와 자녀의 여가에 대한 눈높이가 다르고 자녀가 좋아하는 여가활동을 부모가 이해하지 못하기 때문이다. 부모가 무조건 하지 못하게 하는 것은 서로의 관심사를 멀게 하는 결과만 초래한다.

다섯, 생색내지 마라.

자신이 가족을 위해 한 일을 스스로 자랑하고 상대방이 알아주길 요구할 때 갈등이 생길 수 있다. 가족이 함께 즐거운 시간을 마련하고 나 역시 행복해지는 시간은 누구 탓도 아니고 강제로 이루어지는 것도 아닐 것이다.

여섯, '따로 또 같이' 노는 것도 가족 여가이다.

가족원 각자 자유 시간을 즐길 수 있는 여유를 인정해야 한다. 또한 가족관계의 평등성은 어떠한지, 강제성과 구속성의 정도는 어떠한지 살펴보아야 한다.

일곱, 집에서 뒹구는 것도 여가활동이다.

여가를 가족끼리 어디엔가 꼭 가서 무슨 활동을 반드시 해야 한다는 강박관념에서 벗어나야 한다. 가족들이 의견이 모아지고 스스로 하기 원하는 활동이라면 집에서 하루 종일 텔레비전을 보거나 낮잠을 즐기는 것도 훌륭한 여가활동이 된다.

여덟, 여가생활 가계부를 가족이 함께 쓰자.

여가생활에 들어간 비용이 있다면 반드시 기록하고 정리하는 방법이 필요한데, 이것을 가족이 함께할 필요가 있다.

아홉, 함께하기의 원칙을 반드시 세우자.

함께하기의 원칙은 평등한 가족관계와 연관이 있다. 가족이 함께 여가생활을 행복하게 즐기기 위한 전제조건은 가족이 함께 집안일이나 아동에 대해 책임을 나누어 갖는 것이다.

열, 사회적 여가에 눈을 돌리자.

자칫 가족 단위의 여가가 여가활동만 강조하다 보면 사회의 다른 구성원들을 외면하게 되는 경우가 생길 수 있다. 가족이 함께 봉사활동을 하면 공동체가 살고, 공동체가 살면 가정이 함께 잘 살게 된다. 가족이기주의, 나-중심주의에서 벗어난 여가문화를 가꾸어 가는 노력이 필요하다.

출처: 문숙재 외(2005), **여가문화와 가족**. p. 247-255.

생각해 봅시다

1. 가족과 함께한 여가활동 중에서 가장 기억에 남는 것은 어떤 활동이었으며, 그것이 자신에게 어떤 의미인지 생각해 보자.

2. 한국 여가문화의 특징과 문제점을 정리해 보고 다른 나라의 여가문화와 어떠한 차이점이 있는지 알아보자.

3. 바람직하고 건강한 가족 여가문화를 만들기 위한 실천 방법은 어떤 것이 있을지 토론해 보자.

더 볼거리

여가와 가족에 관해 좀 더 깊은 학문적 탐구를 원한다면 아래의 책들을 읽어보자. 놀이, 여가의 기원과 여가에의 몰입을 통해 얻을 수 있는 행복감 그리고 여가와 문화에 대한 진지한 논의를 만날 수 있다.

◈ 호이징하(J. Huizinga, 1993). **놀이와 문화에 관한 한 연구: 호모루덴스**. 김윤수 역. 서울: 까치.

◈ 미하이 칙센트미하이(Mihaly Csikszentmihalyi, 2005). **몰입-미치도록 행복한 나를 만난다**. 최인수 역. 서울: 한울림.

◈ 로버트 스테빈스(Robert A. Stebbins, 2012). **진지한 여가**. 최석호 · 이미경 역. 여가경영.

◈ 크리스 로젝(Cris Rojek, 2011). **여가와 문화**. 김영선 외 역. 서울: 리체레.

CHAPTER 11

프로그램으로서의 가족문화 2: 가족지원 전달체계

앞장에서 살펴본 바처럼 이제 가족은 생산공동체나 소비공동체가 아닌 놀이를 통해 성장하는 여가공동체로 탈바꿈하고 있다. 그렇다면 보다 성공적인 여가공동체를 위해 경제적 · 시간적 부담 없이 여가를 즐길 수 있는 방법은 없을까? 가족이 서로의 주체성을 존중하는 가운데 창조적인 놀이문화를 만들어 갈 방법은 없을까? 이 장에서는 가족지원 전달체계를 통한 공공 분야의 가족 여가 프로그램에서 그 해답을 찾고자 한다.

1. 가족 여가 프로그램의 필요성

가족 여가의 중요성에도 불구하고 가족이 경험하는 가족 여가는 대부분 소비적인 활동에 초점을 맞추고 있는 것이 사실이다. 여가에 대한 욕구는 증대하지만 가족 여가를 즐길 수 있는 다양한 프로그램이 부재한 탓이다. 이러한 현상으로 인해 과시적이고 전시적인 가족 여가활동이나 계층적인 여가소외를 낳기도 한다. 2017년 통계청의 사회조사 결과를 보면 주말이나 휴일의 여가활동을 가족과 함께 보내는 사람의 비율이 55.3%로 가장 높은 비율을 차지함에도 불구하고 가장 많이 참여한 여가활동 유형은 TV 시청, 휴식, 컴퓨터 게임, 인터넷 검색 등 대부분이 소극적이고 수동적인 여가의 특징을 그대로 나타내고 있다.

〈참고자료 11-1〉 여가활동 대상은 주로 '가족', 여가활용 방법은 'TV시청'

○ 여가시간은 주중과 주말 모두 TV시청, 휴식, 컴퓨터 게임이나 인터넷 검색 등의 순으로 많이 활용하는 것으로 나타남

○ 주중에는 주말보다 TV시청, 컴퓨터 게임이나 인터넷 검색 등을 활용하는 사람이 많고, 주말에는 문화예술 관람과 관광활동을 하는 사람이 많음

○ 여가 활용

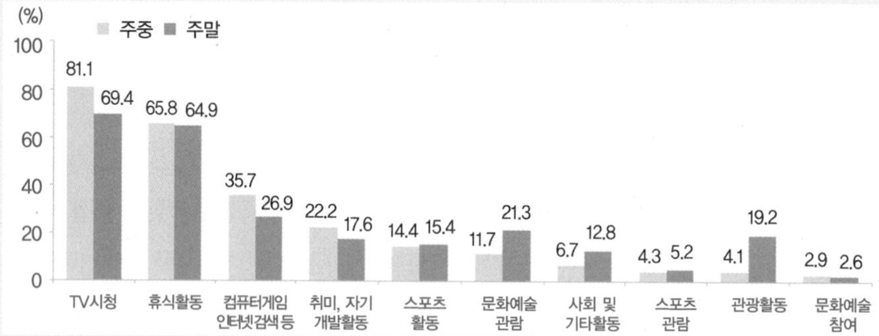

○ 여가시간 활용에 대하여 '만족' 하는 사람의 비율은 27.2%, '불만족' 은 26.2%로 나타남

○ 여가생활에 만족하지 못하는 이유는 대부분 경제적부담(54.2%)과 시간부족(24.4%)이었음

출처: 통계청. 2017년 사회조사.

또 다른 조사 자료에 의하면 여가활동 시 가장 많이 이용하는 공공여가시설로는 근린공원, 생활체육공원, 국민체육센터, 산림욕장 순으로 나타났으며, 특히 여성이나 60대 이상 연령의 경우는 지역의 복지관을 많이 이용하고 있었다. 그러나 시설 이용의 만족도에 있어서는 주민자치센터나 종합사회복지관의 만족도가 높게 나타나고 있어 여가시설에 제공되는 구체적인 프로그램의 요구도가 높은 것을 알 수 있다. 여기에서 나타난 여가생활 관련 문제점으로 저렴하게 이용할 수 있는 여가시설이나 프로그램이 부족을 가장 많이 지적하고 있었으며, 여가생활 활성화를 위해 다양한 여가시설 확충 및 개방, 건전한 여가프로그램 개발 및 보급을 가장 원하는 것으로 나타났다. 그리고 향후 정부에서 생활권 내에 여가시설을 건립하고자 할 때 가장 우선적으로 복지시설과 국공립 여가시설 확충을 고려해 줄 것을 요구하고 있었다.

주 5일 근무제 실시 집단과 비실시 집단을 비교한 김현주 · 이창현 · 박소라(2002)의 연구를 보면 주말 여가활동을 즐기지 못하는 이유로 '무엇을 해야 할지 몰라서' '제대로 된 여가 콘텐츠가 없어서' 가 실시 집단에서는 30% 이상, 비실시 집단에서도 13.6%를 차지하고 있으며 이호경(1994)의 연구에서도 가족 여가활동의 장애요인으로 '시간의 부족(50.7%)' 다음으로 '가족 여가 프로그램의 부족(13.6%)'으로 나타나 가족 여가 프로그램의 필요성에 대해 확인해 주고 있다. 이러한 결과들을 종합해 보면 시간이 허락하고 가족과 함께하고픈 욕구가 있음에도 불구하고 여가 비용과 여가 시설, 프로그램 부재 등의 제약 요인으로 인해 가족의 여가는 수동적인 태도를 보이고 있음을 알 수 있다. 따라서 가족생활주기에 맞는 다양한 여가 요구를 수용하면서도 다양하고 저렴한 공공기관에 의한 가족 여가 프로그램의 개발과 제공이 필수적이라 할 수 있을 것이다. 다음에서는 가족 여가 프로그램을 개발할 때 가장 중요하게 고려해야 할 가족생애주기별 특징에 대해 살펴보고 공공기관 중에서도 가족지원체계와 가장 밀접한 연관성이 있는 건강가정지원센터와 다문화가족지원센터의 프로그램 지원체계와 현황에 대해 알아보도록 한다.

2. 가족 생애주기별 가족 여가 프로그램

1) 유아기 자녀와 가족 여가 프로그램

청소년기 이전의 어린아이들에게 여가는 아무런 의무 없이 행해지는 활동을 묘사하는 '놀이' 라는 말과 구분 없이 사용되며 아동들의 여가시간은 놀이로 채워진다. 아동기 여가를 설명하기 위해서는 여가는 신체적, 생물학적 그리고 심리학적 이론으로 설명될 수 있다. 특히 생물학적 이론에 근거한 주장들과 심리학적 이론들은 아동기 여가의 중요성을 잘 설명해 주고 있다. Karl Groos는 놀이를 성인생활에 필요한 생존을 위한 본능적인 예비행위로서 '일반화된 충동' 의 개념으로 받아들이며, 따라서 놀이를 매우 목적이 강한 행위로 받아들인다(Stanley Paker, 1976, 재인용).

프로이트(Freud)와 피아제(Piaget)는 심리학적 이론에 근거하여 아동기 여가에 대해 설명하고 있다. 프로이트는 놀이를 2가지 주요 기능이 있는 것으로 보았는데 하나는 불유쾌한 경험을 극복하기 위하여 이를 반복하는 행위이고, 다른 하나는 자기가 하고 싶은 것을 놀이 속에서 가상으로 달성하는 행위이다. 피아제는 놀이를 학습과 모방의 행위와 유사한 것으로 보았으며 그 특징을 동화의 과정에서 찾았다. 즉, 어린아이들은 문화적 실재와 기호들을 자신의 것으로 만들기 위하여 이를 흡수하고 통합한다는 것이다(Stanley Paker, 1976, 재인용). 아동기 여가에 큰 영향을 미치는 변수로는 성과 연령, 사회계층, 문화 등이 있다. 아동의 성별에 따른 여가 유형은 과거에 비해 그 차이의 폭이 좁혀지고 있으며, 이는 사회변화에 따라 여성의 여가활동 범위가 확대된 결과라고 볼 수 있을 것이다.

연령에 따라 아동들은 다른 유형의 여가, 즉 육체적 놀이(경기의 기술), 창조적 놀이, 상상적 놀이를 즐기는 경향을 보이는데 여자아이들의 경우는 연령에 관계없이 이 세 가지 놀이를 모두 즐기는 것으로 나타났다. 남자아이들의 경우는 연령에 관계없이 육체적 놀이를 즐기며 다음으로 창조적 놀이, 세 번째로 상상적 놀이를 즐긴다.

사회계층 또한 아이들의 놀이에 큰 영향을 미치는데, 특히 놀이공간과 양육의 방식이 많은 영향을 미친다(Stanley Paker, 1976). 특히 양육방식이나 사회화 방식은 아동들의 놀이에 큰 영향을 미치는데, 양육방식은 시간에 따라 변화하지만 대개 어린이들은 부모들이 좋아하는 여가 유형에 영향을 받는다. 아동들의 놀이 유형을 결정하는 또 다른 요인으로 아동들의 성장문화에 의한 차이를 들 수 있는데, 로버트(Robert)와 서튼 스미스(Sutton Smith)에 의하면 성공을 중요한 목표로 강조하는 사회에서 성장하는 아이들은 육체적 기술이 요구되는 놀이를 즐기며 놀이 속에서 달성적 욕구를 충족하려고 한다. 이 경우 놀이에의 참여는 사회화 과정에서 일어나는 내부의 긴장으로부터 이완을 의미하기도 한다(Stanley Paker, 1976, 재인용).

〈참고자료 11-2〉 주말 가족 여가 프로그램의 예시

○ 유치원에서의 주말 가족 여가 프로그램 예시

회기	주말 가족 여가 프로그램 활동 내용	
	독서활동 및 예술활동	텃밭활동 및 신체활동
1	- 동화책에서 아름다운 말 찾기 - 유아에게 동화책 들려주는 방법	- 텃밭 둘러보기 - 씨감자 심기 및 땅 고르기 - 신체활동 및 요가
2	- 가족과 함께하는 북아트 - 동화를 들려준 후 가족과 함께할 수 있는 다양한 활동 소개	- 모종 심기 - 신체활동 및 요가
3	- 가족과 함께하는 즐거운 운동회 - 신체활동 및 요가	
4	- 가족과 함께하는 미술관 관람	
5	- 가족과 함께하는 즐거운 요리 - 동화를 들려줄 때의 상호작용하는 법	- 가족과 함께 상추, 방울토마토, 오이 수확해서 김밥 만들기 - 신체활동 및 요가
6	- 시화 그리기 및 동시 짓기	- 감자 수확하기 - 신체활동 및 요가
7	- 가족과 함께하는 동시, 동화, 동극 발표 - 동화 듣기 및 독서 퀴즈	- 가족과 사진 촬영 - 신체활동 및 요가
8	- 가족과 함께 자연을 즐기며 배우는 '숲 체험활동'	
9	- 가족과 함께하는 신나는 전통놀이 - 신체활동 및 요가	
10	- 입체영화 관람	- 신체활동 및 요가

○ 가정에서의 주말 가족 여가 프로그램 활동 내용

회기	활동 내용
1	- 내 몸으로 옮겨요
2	- 엄마, 아빠와 공원을 산책해요
3	- 부모님 발 씻겨드리는 날
4	- 가족과 함께 수건 체조를 해요
5	- 데굴데굴 공 전달하기
6	- 가족과 함께 스포츠 관람하고 응원하기
7	- 우리 가족 난타연주
8	- 깡통 볼링게임
9	- 우리 집 욕실은 미술관
10	- 색종이로 만드는 바다 속 세상

출처: 홍순옥 · 김수현(2011). 주말가족여가 프로그램과 부모의 양육태도, 부모-자녀 의사소통 및 부모의 만족도. 142-145.

2) 청소년기 자녀와 가족 여가 프로그램

청소년기는 아동에서 성인으로 옮겨가는 과도기적 · 사회적 위치로 인하여 역할 갈등, 장래에 대한 부담과 불안, 과중한 학업 부담 등 일상생활에서 많은 사회적 · 신체적 부적응을 경험하는 시기이다. 청소년기 가족 여가활동의 실제를 보면 청소년들은 가정 지향 활동을 가장 많이 하고 있었고 교육체험 지향, 사회친목 지향, 취미 지향 활동 순으로 하고 있었으며 여학생보다 남학생이, 형제자매 순위가 첫째일수록, 소득이 높을수록, 아버지의 연령이 낮으며 교육수준은 높을 때, 아버지의 직업이 관리직 및 전문직일 경우, 어머니의 근무 형태가 주 5일제 및 격주 휴무제일 때 가족 여가활동을 더 많이 하고 있는 것으로 나타났다.

청소년기 자녀와 관련한 가족 여가의 긍정적인 측면을 살펴보면 다음과 같다.

첫째, 가족 여가는 가족관계의 유대를 증진시키는 효과가 있다. 가족원들이 여가활동에 함께 참여함으로써 상호이해와 친밀감을 증진시켜 가족 결속의 근원이 된다. 또한 가족 여가 유형은 부모와 자녀 사이에 정서적 역동성 및 관계의 질에 영향을 미친다고 한다.

둘째, 능동적이고 적극적인 여가활동에의 참여는 삶의 질적인 향상을 가져다줌으로써 가족구성원의 심리적 안정에 영향을 미치게 된다.

셋째, 가족이 여가를 함께 보내므로 청소년들의 비행을 줄일 수 있다. Robertson(1999)은 가족이 여가시간을 함께 보내지 않을 때 청소년들의 비행이 발생하는 경향이 있음을 발견하고 부모와 비행 청소년들이 여가시간을 공유하기를 권장하며, 부모가 자녀들의 여가 역할 모델로서 역할의 중요함을 강조하였다(한상금, 2006, 재인용).

넷째, 부모들은 가족 여가를 아동발달 및 학습을 위한 기회로 인식하고 있으며 가족 간의 여행이나 도시 근교의 소풍 등은 자녀의 학습활동과 사회생활의 습득 기회로 활용할 수 있다.

다섯째, 가족 여가는 청소년 자녀와의 의사소통에 긍정적인 효과가 있다. 가족 여가는 가족이 함께 여가를 계획하고 즐기는 가운데 상호작용과 의사소통을 도와주며 여가에 관한 가족구성원 간의 의사소통은 다른 주제에 관한 의사소통보다 더 개방적이고 덜 위협적인 것으로 인식되어 의사소통 기술을 강화하는 기회가 될 수 있다.

이외에도 가족 여가는 부모에게 자녀와 함께하는 여가활동을 통해 자녀와의 관계를 발전시키고, 자녀에게 긍정적인 역할 모델을 제공하며, 자녀의 재능과 흥미를 북돋아 주고, 일상생활의 걱정과 스트레스로부터 해방되는 경험을 하게 해 준다.

사회계층의 관점에서 볼 때 노동계층보다 중간계층의 경우 청소년기가 길다고 할 수 있다. 스미스가 제시하는 청소년기를 이해하는 세 가지 관점은 청소년기의 여가를 이해하는 데 유용하다. 첫째는 사회화 과정의 시기이며 이 기간 동안에는 부모의 지식과 태도에 적합한 행동이 내재화된다고 한다. 다른 하나는 역할과 지위의 이동이 이루어지는 시기이며, 또 다른 하나는 청년문화의 시기이다. 이 시기 청소년은 어른들의 가치와 상충되는 자신들만의 문화를 가지려고 한다. 또한 가정 혹은 다른 사회제도들을 통해 여가 관행과 태도를 사회화시킨다. 따라서 청소년기의 여가는 앞으로 삶에서의 여가 태도와 행동을 고착화시킬 수 있는 중요한 시기라고 할 수 있을 것이다. 한편 청소년기 여가를 보는 전환기적 관점은 생활과 여가의 경향에서 나타나는 실질적인 변화에 더욱 많은 관심을 두고 있다.

청년문화의 관점에서 여가를 볼 때는 이들의 여가는 어른들의 여가와는 차별화된 그들만의 문화가 만들어지는 시기이다. 특히 대중매체의 발달은 실질적인 조직 없이도 이들의 상징적인 단합을 가능하게 했다. 이러한 이들만의 단합과 문화가 만들어지는 반면에 이 시기는 가족들과 생활하는 시간이 상대적으로 적은 시기이며, 그들의 여가를 보내는 데 있어서 부모보다는 같은 또래의 의견을 많이 반영하고 있는 것이 특징이라 할 수 있다. 따라서 청소년기 자녀를 둔 가족의 여가는 이러한 서로 상충하는 여가 태도와 행동을 조율하며 서로의 공통적인 관심사를 찾는 과정과 소원해지기 쉬운 부모-자녀관계의 회복을 도모하는 것이 이 시기의 가장 중요한 과제라 할 것이다.

〈참고자료 11-3〉 청소년기 자녀와 함께하는 가족 여가 프로그램(예시)

○ 프로그램 상위목표 및 하위목표

1) 상위목표

가족이 함께하는 여가활동을 통해 가족관계를 강화한다.

2) 하위목표

① 가족이 함께 일상에서 벗어나 마음의 여유를 갖는다.
② 가족의 의사소통 능력을 향상시킨다.
③ 놀이를 통해 가족 간 이해를 증진시킨다.
④ 건전한 가족 여가문화를 창조한다.

○ 구성안 및 회기별 구성

구성단계	목 표	회기 제목	주요 내용
I	마음의 여유 갖기	Don't worry be happy!	○프로그램 소개 및 래포 형성 ○가족관계 진단 ○가족 여가의 이해

Ⅱ	의사소통 능력 향상	비폭력 대화법 배우기	○관찰하기 ○느낌 표현하기 ○욕구, 가치관, 소망 찾기 ○상대방에게 부탁하기 ○공감하기
Ⅲ	놀이를 통한 상호 이해 증진	Play, Play, Let's Play!	○Shall we dance? ○가족 모빌 만들기 ○찰흙 인물상 만들기
Ⅵ	건전한 가족 여가문화 창조	신나는 가족 난장	○즐거운 활동 브레인스토밍 ○가족 미션 수행 ○가족별 놀이 진행

3) 노년기의 여가

건강과 이동성은 노인이 가질 수 있는 여가시간의 양과 질을 결정하는 중요한 요소이다(Stanley Paker, 1976). 건강이 양호한 노인들에게 은퇴는 더 많은 자유시간과 다양한 여가를 즐길 수 있는 새로운 기회를 의미할 수 있지만, 건강이 좋지 않은 노인들은 종종 많은 시간에 비해 신체적 제약으로 인한 좌절감을 경험할 수 있다. 은퇴 후 노년기 여가에서의 중요한 점은 늘어난 여가시간을 어떻게 활용할 것인가의 문제이다. 특히 남성노인의 경우가 더욱 심각한 것으로 알려져 있다. 중년부터 시작된 여가활동의 감소현상이 노년에도 계속되는 경향이 있다. 이는 변화된 경제상황에 기인하는 경우가 많다. 50세 이후 취미활동이 증가하는 경향이 있다고 하나 70대 초반 이후에는 감각기관의 노화로 다시 줄어든다.

이러한 신체적 제약 이외에도 한국 노인들의 여가는 여가에 대한 부정적인 가치관으로 인해 더욱 활성화되고 있지 못한 경향을 보인다. 경제적으로 어려운 시기에 성장하고 가족을 꾸려온 노인들에게 여가생활을 일종의 사치로 여기는 전통적인 가치관과 체념적이고 수동적인 한국 노인들의 성향 또한 어려움으로 작용한다. 그리고 젊은 세대 위주로 형성된 여가문화에서 노인들은 여가를 즐길 지적 · 신체적 능력이 없다는 근거 없는 사회적 통념에 의해 소외되고 있는 것이다(이장영 외, 2004).

노인에게 있어 여가의 개념은 재생산 능력을 높이기 위한 수단이나 심신의 피로회복 등을 목적으로 하는 젊은이들의 여가와는 근본적으로 다른 형태와 목적을 가져야 한다(이장영 외, 2004). 노년기 여가활동의 순기능으로는 ① 건강증진 ② 사회적 접촉과 사귐의 증진 ③ 일상생활의 사기와 생활만족감 증진 ④ 신체적 및 정신적 자신감 증진 ⑤ 자기가치성과 자기유용성의 확대 ⑥ 자립성 향상 등이다(Leitner, M. J. 외, 1985). 이러한 노년기 여가의 중요성을 인식한다면 노인정, 노인대학, 복지관 등에서 이루어지는 천편일률적인 여가 프로그램을 지양하고 민간과 정부 차원의 다양한 프로그램 개발과 제공, 정책적 지원이 이루어져야 할 것이다.

3. 가족 여가 프로그램 현황–가족지원기관을 중심으로

기존 가족 여가와 관련한 프로그램들을 실시하고 있는 지역의 공공기관으로는 건강가정지원센터, 다문화가족지원센터, 문화의 집, 문화원, 문화예술회관, 사회복지관 등이 있다. 그 외에 비영리 사회단체, 여성단체 등에서도 가족 여가문화에 대한 인식도가 점점 높아지면서 그 범위를 확대해 나가고 있는 추세이다. 특히 건강자족지원센터와 다문화가족지원센터는 가족지원전문기관으로서 다양한 가족대상 프로그램 개발과 운영에 주력하고 있다.

1) 지역사회복지관

먼저 지역사회복지관은 지역사회 내에서 일정한 시설과 전문 인력을 갖추고 지역사회의 인적 · 물적 자원을 동원하여 지역사회 복지를 중심으로 종합적인 사회복지사업을 수행하는 사회복지시설로, 우리나라의 대표적인 사회복지서비스

기관이다(주윤정, 2005). 2013년 현재 전국에 400여 개가 운영되고 있는 사회복지관은 설립 초기에 주로 저소득가구 밀집 지역을 중심으로 설립되어 왔으며, 현재는 영구임대 지역이나 저소득 가구 밀집지역뿐 아니라 중산층지역, 혼합지역 등 다양한 지역에 사회복지관이 설치 운영되고 있다.

우리나라 복지관의 가족지원서비스는 그동안 다양한 형태로 지역사회 내에 많이 제공되고 있었지만 통합적인 전체로서의 가족 개입에 한계가 있으며, 사후관리적 서비스가 절반 이상이 될 만큼 취약가족 중심이다. 그러나 2005년 사회복지관 운영지침에는 기존의 대상별 지침을 제공했던 것과는 달리 가족 기능 강화, 지역사회 보호, 지역사회 조직, 교육문화의 4대 사업으로 분류되어 가족 단위의 복지서비스 제공의 필요성을 강화하고 있으며, 특히 사회복지관의 사업 영역 중 가족 기능 강화 영역은 가족복지, 가족지원서비스라는 이름으로 관련 프로그램들이 운영되고 있다. 그러나 아동 방과 후 프로그램, 장애인 프로그램, 아동 기능교육 프로그램, 노인 프로그램 등 특정 연령층이나 대상별 서비스에 국한되어 있는 것이 단점이라 할 수 있다.

사회복지관의 프로그램들은 이용자들의 가족관계 영역 요구도가 높음에도 불구하고 실제로는 취미나 부업 강좌, 자격증 취득 등 개인의 욕구 충족 차원에 치우쳐 있다. 사회복지관은 지역 주민의 복지와 문화 형성에 있어 최전방의 일익을 담당하는 기관으로 주민의 요구를 다양한 프로그램들을 통해 효과적으로 수렴하여야 할 것이며, 그중 가족 기능 강화사업과 교육문화사업 영역에 포함되어 있는 가족 여가 프로그램을 통한 바람직한 가족문화 창출 또한 간과해서는 안 될 지역복지관의 역할이라 할 수 있을 것이다.

〈참고자료 11-4〉 지역사회복지관 가족 여가 프로그램

구 분	내 용	
청소년 기능교육	아동 · 청소년 대상 공부방	• 수업과외, 컴퓨터, 피아노, 미술, 태권도, 서예 등
성인 기능교육	기능 습득 목적	• 성인 사회교육, 자격증 취득, 꽃꽂이, 서예, 독서지도, 종이접기 등
어르신 여가 · 문화사업	어르신 대상으로 제공되는 각종 사회교육 및 취미교실	• 건강운동교실(생활체육, 단전호흡, 수영), 여가 프로그램(노래교실, 댄스교실), 교양 프로그램(노인대학, 컴퓨터, 한글교육), 경로당 지원 사업
문화복지 사업	일반 주민 대상 여가 · 오락 프로그램, 문화 소외집단 대상 문화 프로그램, 각종 지역문화 행사	• 일반 주민 프로그램, 소외집단 프로그램(청소년 캠프, 청소년 동아리, 장애인 문화체험), 주민 문화 프로그램(영화 상영, 댄스페스티벌, 음악회)

출처: 한국사회복지관협회(www.kaswc.or.kr).

2) 건강가정지원센터, 다문화가족지원센터

공공기관으로서 지역주민과의 근접성과 만족도 면에서 우위를 차지하고 있는 사회복지관이 그동안 축적된 경험을 바탕으로 다양한 가족복지사업을 운영하고 있으며, 그중의 한 방식으로 가족 여가문화 프로그램을 실시하고 있는 반면 가족 단위의 통합적 복지서비스 체계 구축과 가족 문제의 선예방을 목표로 하고 있는 건강가정지원센터는 가족문화라는 독립된 사업 영역 안에서 가족 여가 프로그램을 운영하고 있다. 건강가정지원센터는 가정 중심의 통합적 서비스를 제공하기 위해 법적 · 제도적 기반 마련의 필요성으로 설립된 정부 차원의 가족서비스기관이다. 건강가정지원센터의 정신과 이념을 정리하여 기본방향을 살펴보면 건강가정 기능 강화, 가정의 잠재력 개발, 가족 공동체문화 조성, 다양한 가정의 요구 충족, 가정과 사회의 통합이라고 할 수 있다(송혜림 · 장진경, 2004).

건강가정지원센터는 2004년 이후 세 곳의 시범센터를 운영하여 그 모델로 삼고 있으며 지금은 전국 219개소에 이르는 규모를 이루었다. 사업 내용을 살펴보면 크게 가정생활상담과 가정생활교육, 가정생활문화 등으로 나눌 수 있으며 그중 가족여가와 가장 밀접하게 관련되어 있는 가정생활문화팀의 구체적 사업 내용은 가족여가문화, 양성평등한 가족문화, 가족봉사단 활동, 건강한 의식주생활문화, 합리적인 소비문화, 지역사회 공동체문화 등을 포함하고 있다(김명자 외, 2005).

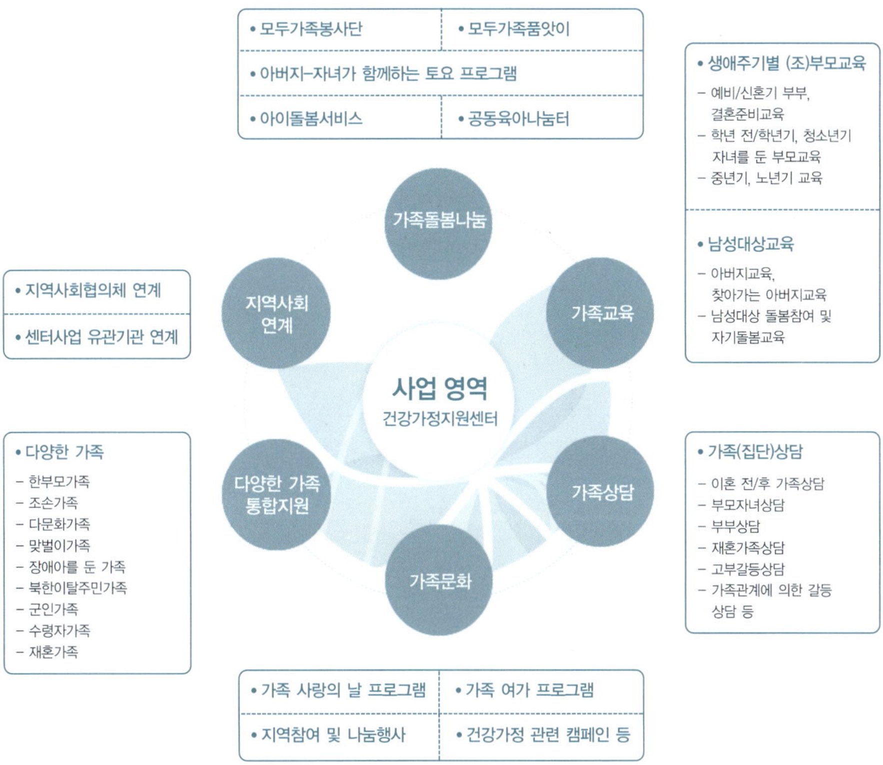

〈그림 11-1〉 건강가정지원센터의 사업 영역

출처: 건강가정지원센터 홈페이지.

〈그림 11-1〉에서와 같이 현재 전국에 분포하고 있는 건강가정지원센터는 가족교육, 가족상담, 가족문화, 가족돌봄 나눔사업, 다양한 가족 통합지원, 지역사회 연계사업 등의 다양한 사업으로 운영되고 있는데, 그중 가족 여가와 관련이 있는 영역은 가족교육사업의 일부와 가족문화사업이라 할 수 있다. 건강가정지원센터의 가족문화사업은 가족이 함께 많은 시간을 보냄으로써 서로를 이해할 수 있는 폭을 넓히고, 가족 기능을 강화하기 위한 목적으로 가족 단위로 참여할 수 있는 프로그램을 제공하고 있다.

또한 가족문화에 대한 인식 개선 및 지역 단위로까지 확장하기 위해 노력하고 있다. 작게는 가족이 함께 식사하기 캠페인, 가족이 함께 여가를 보낼 수 있는 프로그램들을 제공하고, 크게는 가족봉사단활동, 가족합창제 등 가족 단위로 지역 내에서 할 수 있는 활동을 도모하고 있다. 이러한 가족 여가 프로그램은 가족 내의 문제들을 교육이나 상담으로 해결하기 어려울 때 가족들이 가족 단위 여가활동이나 센터 내의 가족문화 프로그램을 통해 보다 쉽게 접근하는 기회를 제공하기도 한다. 또한 가족문화사업 참여를 통해 지역 내의 비슷한 목적을 가진 가족들 간에 네트워크를 원활히 하기도 하며, 부모와 아이가 함께할 수 있는 가족 단위 여가 프로그램의 제공 등을 통해 가족과 이웃이 보다 친밀하게 소통하게 만들며, 이를 통해 가족 문제를 예방하고자 하는 것이 가족문화사업의 목적이다.

센터별로 주말이나 명절 전후 매달 1~2회 가족이 함께할 수 있는 다양한 프로그램이 있으며, 가족문화 프로그램은 5월 가정의 달을 기해 기획된 다양한 프로그램이 집중되어 있기도 하다. 특히 양성평등한 가정문화를 만들기 위한 '아버지와 함께하는 요리교실' 등은 최근 인기가 높은 프로그램, 가족 서바이벌게임, 가족 영화제 등은 건강가정지원센터의 가족 여가 프로그램 중 인기가 많은 프로그램이다. 또한 매주 수요일을 '가족 사랑의 날'로 지정하여 이를 통해 가족들은 '가족사랑 실천 약속'에, 직장에서는 '알찬 일과, 정시퇴근 일터 만들기'에 참여하여 가족 사랑을 실천할 수 있는 사회 분위기를 조성하고자 노력하고 있다. 이 밖에도 가족

체험활동, 가족여행(캠프) 등의 프로그램과 가족 관련 영화 상영 및 음악회, 사진촬영 및 전시, 다양한 수기공모 등으로 구성되는 가족축제 등 기족 여가 프로그램이 제공된다.

다문화가족지원센터는 2000년 이후 한국사회에 급격히 증가한 이주노동자 및 결혼이주여성과 그가 속한 다문화가족들의 성공적인 사회 적응과 서로 다른 사회 배경을 가지고 있는 가족 간의 소통을 위해 설립되었다. 다문화가족을 위한 가족 교육 · 상담 · 문화 프로그램 등 서비스 제공을 통해 다문화가족의 안정적인 가족 생활을 지원하고 있다. 다문화가족지원센터에서 진행되고 있는 가족 여가 프로그램은 센터의 많은 사업 영역 중의 하나로 다루어지고 있으나 아직은 다문화가족들의 사회 적응에 초점을 맞춘 나머지 한국의 전통예절 등의 소개나 체험, 피상적인 각 나라의 전통문화 소개 위주인 프로그램이 주로 이루어지고 있는 실정이다. 또한 각 지방자치단체에서 유행처럼 번지고 있는 지역 축제나 다문화 축제에 다문화가족들이 단순한 흥밋거리나 필수 메뉴처럼 소개되는 정도에 그치고 있어 가족의 기능 강화나 가족 내의 의사소통 증진 같은 가족 여가의 본질적인 목표를 달성하고 있지는 못하고 있는 것으로 보인다. 또한 가족과 지역민들과의 소통이 이루어질 수 있는 질 높은 가족 여가 프로그램은 제공되지 못하고 있어 앞으로 해결해야 할 과제로 남아 있다.

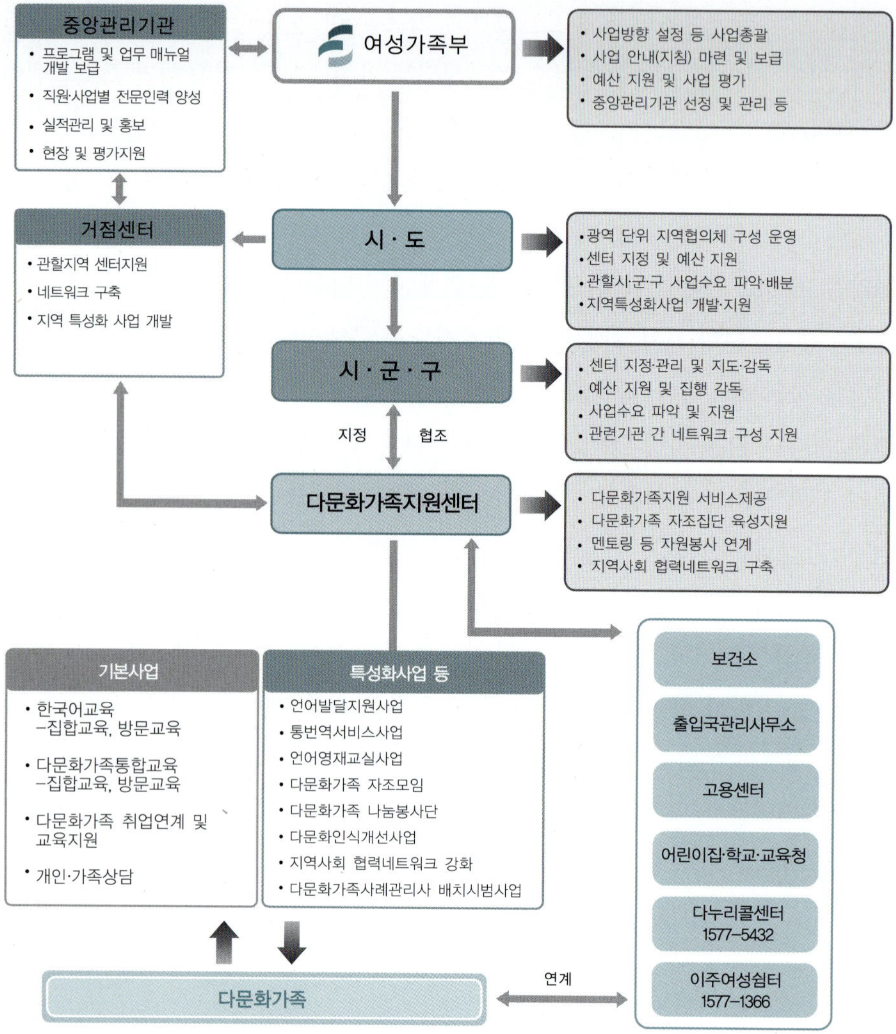

〈그림 11-2〉 다문화가족지원센터 지원체계도

출처 : 다문화가족지원 포털 다누리 홈페이지.

〈참고자료 11-5〉

○ 건강가정지원센터 프로그램 예시 - 가족 성장 아카데미 프로그램

순서	회기명
1	몸매 가꾸듯 가정도 가꾸어요.
2	우리 가정, 건강한가? 컨설팅 해 봐요.
3	부부 행복지수 높이기
4	부모와 자녀, 함께하는 행복한 가족을 위하여
5	부모 코치 되기
6	부모 코칭에도 기술이 필요하다
7	우리 가족문화, 현명한 의식주 소비생활로 지키기
8	나는 내 생활의 CEO- 시간, 여가자원관리
9	일과 가정, 둘 다 소중해요.
10	다양한 가족, 당당한 삶
11	가족과 함께하는 나눔의 행복, 가족자원봉사

출처: 건강가정지원센터 홈페이지.

4. 행복한 가족 여가 프로그램을 위한 제언

오늘날의 사회를 흔히 '대중여가사회' 라고 한다. 신분이나 계층에 관계없이 누구나 여가를 향유하며 여가에 필요한 상품과 서비스가 시장을 통해 대량으로 공급되는 사회를 말하는 것이다. 그러나 이것만으로는 오늘날의 여가 현상을 충분히 설명할 수 없으며, 여가는 이제 소비행위의 영역이나 유행하는 행동의 범주를 넘어 하나의 사회제도로서 이해되어야 한다. 사회제도로서 여가의 존재 의미와 가치에 대한 원초적인 반성을 필요로 하며, 단지 잔여시간의 개념이 아닌 자유의 지의 개념으로서 그 존재 의미를 찾아야 한다. 동시대의 여가는 여가시장과 정책을 통한 사회적 해결을 필요로 한다(김정운, 2010).

가족 여가 프로그램의 경우에도 마찬가지로 가족 내의 문제로만 다룰 것이 아니라 보다 적극적인 사회의식 개선과 국가 차원에서의 정책적 지원이 요구된다.

가족 여가 프로그램의 현황을 분석한 선행연구에 의하면(석영미, 2008) 첫째, 가족 여가문화 프로그램은 각 기관 담당자들의 필요성 공감과 참여자들의 높은 호응도에도 불구하고 활성화되어 있지 못하다. 활성화되지 못한 원인으로는 프로그램 담당자의 교육 및 전문성의 부재와 전담인력 부족, 과중한 업무량과 같은 기관 내적인 요인과 예산의 부족, 참여자 인식의 부족, 지역사회의 연계 부족 등 외적인 요인을 들 수 있을 것이다. 기관 내적인 요인을 해결하기 위해서는 담당자의 필요성 공감뿐 아니라 기관 전체의 사업 방향에 있어서도 가족 전체의 복지와 기능성 강화 차원에 대한 인식 전환이 요구될 것이며 기관 외적인 문제들은 보다 광범위한 사회정책적인 접근이 필요할 것이다.

둘째, 가족 여가 프로그램의 내용은 기관의 여러 특성과 대상의 다양한 요구를 반영하지 못하며 그나마 지속적인 제공이 아니라 일회적이고 단기적인 프로그램에 그친다는 것이다. 요구도 조사를 하고는 있지만 실제 프로그램에 있어서는 기관별 특색이 별로 없이 체험이나 나들이 위주의 일회성 행사로 진행되는 경우가 많고, 다양한 가족을 대상으로 하는 프로그램보다 일반 가족 대상 프로그램이 다수를 차지하고 있다. 이러한 가족 여가문화 프로그램의 실태는 운영기관과 담당자들의 가족 여가문화에 대한 인식뿐 아니라 프로그램 철학의 부재에도 그 원인이 있다고 하겠다.

셋째, 가족 여가문화 프로그램의 지역적 불균형이다. 저소득계층이 밀집한 지역에는 참여자 확보의 어려움, 일차적인 생활 문제의 해결, 인식 부족 등의 이유로 가족 여가문화 프로그램의 활성화가 더딘 반면 비교적 중산층 중심의 아파트 밀집지역 같은 경우는 학령기 아동 층의 부모들을 중심으로 활성화되고 있다. 실제 가족 여가문화 프로그램이 필요한 대상이 누구인지에 대한 논의가 있어야 할 것이다.

그렇다면 성공적인 가족 여가문화를 위한 프로그램들은 어떠한 방향으로 제공되어야 할 것인가? 첫째, 가족 여가문화 프로그램에 대한 정확한 요구도 반영을 통한 다양한 프로그램의 개발이 필요하다. 기관별로 요구도 조사를 하고는 있으나 그 비율이 저조하고 또 한다 하더라도 가족 여가 분야에 대한 조사는 그 비중이 적어 가족의 다양한 요구를 반영하고 있지 않다.

둘째, 기관별로 차별적이고 독특하며 다양한 프로그램을 개발해 나가야 한다. 프로그램 계획 시 면밀한 검토나 전문적 지식보다는 단순한 전년도의 답습이나 타 기관 프로그램을 반영하는 데 치중하다 보니 기관별로 특색 있는 프로그램이 아니라 서로 비슷비슷한 나들이나 캠프, 영화제 같은 보편적인 프로그램이 양산되고 있다. 각 기관의 입지나 지역민의 특성을 반영한 창의적이고 다양한 프로그램 개발이 요구된다.

셋째, 지속적이고 선택 가능한 다양한 프로그램의 개발을 위해 담당자의 전문교육, 인력 확충이 필요하다. 프로그램 기획을 맡고 있는 담당자들은 대체적으로 가족 여가 업무에 임한 기간이 짧으며 그나마 다른 업무와 겹쳐 가족 여가문화 프로그램에 대한 전문성이 결여되어 있으며 전문적인 교육도 절대적으로 부족한 현실에서 좋은 효과를 내는 프로그램을 기대하기는 어렵다.

넷째, 체험이나 나들이 위주의 프로그램보다는 문화예술적 접근과 가족가치를 지닌 내용성을 지향해야 하며 부모-자녀 위주의 프로그램보다는 부부 대상, 중년기, 노년기, 신혼기 같은 가족생활주기를 반영한 다양한 프로그램이 개발되어야 한다.

다섯째, 가족 여가 프로그램의 보다 높은 효과성을 위해 가족 단위에서 아버지 참여율을 높일 수 있는 방안을 적극적으로 고민해 보아야 한다. 선행연구에 따르면 남성보다 여성이 시간과 경제적 · 정신적 제약을 받아 여가생활을 제대로 누리지 못하는 반면 남성은 개인적 여가에 치중하는 경우가 많다. 대다수 프로그램들이 아버지의 참여가 저조해 가족 프로그램이 아니라 모녀 · 모자 프로그램으로 전락되는 경우가 많았다. 따라서 프로그램 효과성 제고를 위한 아버지 참여율을 높이기 위한 고민이 필요하다.

여섯째, 가족 여가에 대한 인식전환을 위한 교육이 선행되어야 한다. 여가에 대한 인식 전환 없이는 가족 여가에 대한 프로그램의 참여도를 높이기가 불가능하다. 따라서 교육이 필요하고, 경제적 · 시간적 여건보다 마음의 여유를 내는 것이 중요하다는 것을 강조할 필요가 있다. 유아기 자녀의 여가 태도가 성인이 될 때까지 이어지며, 이것은 결국 여가와 문화를 즐길 수 없었던 저소득층의 가난과 마음의 궁핍함이 대를 이어지면 경제적 차이가 문화적 차이로 이어지는 결과를 낳게 된다. 빈익빈 부익부 현상이 되풀이되는 것이다. 가족에게 여가가 필요하다는 것을 저소득층에게도 강조하고 인식시켜야 한다.

일곱째, 각 기관 사이의 역할 분담과 네트워크 형성이 필요하다. 건강가정지원센터나 다문화가족지원센터가 전문 인력을 확보하여 전문성을 구축하고 있지만 아직은 그 수가 많은 가족들의 여가 요구를 충족시키기에 충분하지 못하다. 따라서 지역의 사회복지관이나 관련 문화기관들, 비영리단체들과의 적극적인 네트워크를 통해 역할 분담 및 전문적이고 다양한 프로그램 개발에 힘써야 할 것이다.

덧붙여 국민을 행복하게 해 줄 국가에 일차적인 책임이 있다. 국가는 보다 많은 가족이 가족 여가를 누릴 수 있도록 정책적 지원을 늘려야 한다. 한부모가족, 조부모가족, 노인가족 등 경제적으로 소외받는 가족들이 가족 여가에서조차 소외받지 않도록 하는 여가복지 정책의 마련이 필요하다. 가족 여가 복지정책의 마련은 가족 기능을 강화하고 가족의 건강성을 지키는 예방복지적 차원에서 매우 중요하며, 단순히 노는 시간이 늘어났다고 가족 모두가 함께 즐겁게 잘살 것이라는 환상은 버려야 한다. 여가정책, 여가문화는 국가의 경쟁력이다. 잘 노는 사회가 건강한 사회이다. '놀이'에 대한 문화적 · 사회적 · 정책적 담론이 존재하는 사회가 잘 노는 사회(김정운, 2011)이며, 이제 가족 여가문화의 향수는 인권의 문제이다. 저소득층에게 여가를 누릴 수 있는 여건을 조성하도록 정부의 정책지원과 인식의 전환이 무엇보다 절실히 요구된다.

〈참고자료 11-6〉 가족 여가 프로그램을 위한 활동지

○ 프로그램 명: 즐겁지 않은 일을 하지 마라! 우리 인생을 즐거운 놀이로 사는 방법

1단계

자신의 삶에서 싫어도 억지로 하는 일, 스스로 해야만 한다고 생각하는 일 리스트 만들기

① 나는 ______________________________ 를(을) 해야 한다.
② 나는 ______________________________ 를(을) 해야 한다.
③ 나는 ______________________________ 를(을) 해야 한다.
④ 나는 ______________________________ 를(을) 해야 한다.
⑤ 나는 ______________________________ 를(을) 해야 한다.

2단계

위의 항목마다 "나는 ~을 하기로 선택한다."로 토를 달기

① 나는 ____________________________ 를(을) 하기로 선택한다.
② 나는 ____________________________ 를(을) 하기로 선택한다.
③ 나는 ____________________________ 를(을) 하기로 선택한다.
④ 나는 ____________________________ 를(을) 하기로 선택한다.
⑤ 나는 ____________________________ 를(을) 하기로 선택한다.

3단계

위의 각 항목을 아래와 같이 다시 쓰기

① 나는 _________ 를(을) 원하기 때문에 _________ 를(을) 하기로 선택한다.
② 나는 _________ 를(을) 원하기 때문에 _________ 를(을) 하기로 선택한다.
③ 나는 _________ 를(을) 원하기 때문에 _________ 를(을) 하기로 선택한다.
④ 나는 _________ 를(을) 원하기 때문에 _________ 를(을) 하기로 선택한다.
⑤ 나는 _________ 를(을) 원하기 때문에 _________ 를(을) 하기로 선택한다.

〈참고자료 11-7〉 가족과의 1시간: 새로운 세상의 시작

가족과 함께 보내는 시간이 많으면 많을수록 좋지만 현실적으로 가족이 다 같이 모일 수 있는 시간을 내기가 대단히 힘들다. 그래서 현실과 타협한 시간이 1시간이다. 1시간만으로도 충분한 소통을 가질 수 있다. 중요한 것은 언제 얼마만큼 갖느냐보다 가족이 시간을 한마음으로 함께한다는 것이 중요한 것이다.

▶ 어떻게 1시간을 만들어 낼 것인가?

1단계: 1시간에 대한 필요성을 공유하고 구성원들의 합의를 이끌어 낸다.
첫째, 가족구성원이 서로의 처지에 대해 깊이 이해하기
둘째, 서로의 욕구(needs)에 대한 진솔한 대화하기
셋째, 부모보다 자녀들로부터 아래로부터 욕구가 일어나도록 할 것

2단계: 가족 상호간에 시간을 분석한다.
첫째, 가족 모두가 모여 최근 몇 주간 자신이 수행한 일과 시간들의 목록을 적고 공통된 5개 정도의 키워드로 구분하여 그루핑(Grouping)을 한다.
둘째, 함께 시간표를 보면서 필요한 시간과 불필요한 시간들을 구분하며 공통적으로 확보할 수 있는 시간을 만들어 낸다.

3단계: 즐거움에 대해 탐색하라. 탐색 과정 자체를 이벤트로 만들고, 가급적이면 이제까지 서로 안 해 보던 것을 추구하며 과제를 적절히 배분하라(단기과제와 장기과제 등).

4단계: 서로간의 격려와 관리가 필요하다.

5단계: 사랑스러운 흔적을 남겨라. 가족 간의 시간을 통해 성장할 수 있다는 것을 눈으로 볼 수 있게 뭔가를 남기는 작업을 하라.

6단계: 가족의 범위를 넓혀서 다른 가족이나 다른 가족의 구성원과 함께하는 활동으로 확대하라.

▶ 1시간 동안 무엇을 함께할 것인가?

1단계: 가시적인 성과가 남는 1시간을 위한 테마들
- 가족문집, 가족 블로그, 가족 신문, 가족화보, 사진첩 만들기
- 가족 음반 또는 가족 콘서트
- 가족공방 꾸리기
- 기타 다채로운 흔적 만들기(초크아트, 포슬린 페인팅, 캘리그라피, 윈도 페인팅 등)

2단계: 발전의 모습이 남는 1시간을 위한 테마들
- 가족과 함께 자격증에 도전하라
- 가족과 함께하는 경쟁 속에 스코어가 높아진다(영어, 일어, 중국어 등 어학 시험에 도전)

3단계: 나눔과 베풂이 있는 1시간을 위한 테마들
- 배운 내용을 활용한 함께 나누는 가족 여가: 음악, 미술 등을 다른 누군가를 위해 사용하기
- 남을 사랑하는 따스한 마음가짐을 함께 나누는 가족 여가: 봉사활동
- 가족의 범위 확대를 통해 함께 나누는 가족 여가: 자녀의 친구들과 함께 떠나는 캠핑 등

출처: 신인철(2012), **가족과 1시간**. 한스미디어.

생각해 봅시다

1. 이 장에 소개된 기관 외에 다른 공공기관에서 실시되고 있는 다양한 가족 여가 프로그램을 조사해 보자.

2. 나는 지금 어떤 가족생활주기에 속해 있는가? 가족과 함께할 수 있는 나만의 창의적인 가족 여가 프로그램을 만들어 보자.

3. 가족 여가 프로그램의 확대와 향유를 위한 또 다른 방안에 대해 의견을 나누어 보자.

더 볼거리

가족 여가 프로그램이 진행되고 있는 각종 기관의 홈페이지를 소개한다. 홈페이지를 통해 가족이 함께할 수 있는 다양한 여가 정보를 접할 수 있을 뿐 아니라 무료 또는 저렴한 비용으로 가족 여가 프로그램을 이용할 수 있는 기회를 얻을 수 있다.

- 건강가정지원센터 www.familynet.or.kr
- 다문화가족지원 포털 다누리 www.liveinkorea.kr
- 한국사회복지관협회 www.kaswc.or.kr
- 국립공원관리공단 http://www.knps.or.kr
- 국공립박물관 홈페이지
- 서울의 공원 parks.seoul.go.kr
- 한국관광공사 홈페이지
- 평생학습관 홈페이지
- 전국 주민자치센터 박람회

CHAPTER 12

새로운 가족문화

앞선 장에서 가족과 문화를 키워드로 하여 다양한 영역에서 가족문화를 살펴보았다. 가족문화란 무엇인가에 대한 원론적 고찰부터 가족문화의 역사적인 이해와 가족의례의 종류들, 발달적 측면에서의 가족문화, 다문화사회에 접어든 최근의 가족문화, 프로그램으로서의 가족문화 등을 세부적으로 고찰하였다. 우리는 지속적으로 가족이 변화하고 있음과 가족의 변화는 사회적 변동과 연동되어 있으며, 그 속에서 가족문화가 형성되어 시대를 거쳐 가면서 변화하는 속성과 동시에 유지되는 본질적 특성이 있음을 알게 되었다.

자본주의와 산업화를 기반으로 하는 현대사회에서 농경문화를 바탕으로 형성된 절기문화를 포함한 집단적 의례문화는 현격히 약화되고 있으며, 소비에 기반을 둔 개인주의적 기념일로 의례가 굳어지는 경향을 확인하였다. 가족생활주기적 관점에서 중요한 관혼상제문화 역시 이러한 경향에서 멀지 않아 가족발달주기와 사회적 요구를 고려한 새로운 문화 만들기가 필요함을 알 수 있다. 부모-자녀관계에서 아버지 역할의 강화, 평균수명의 연장으로 인한 노인문화의 형성, 세대 간 가족문화의 재창조 등으로 요약할 수 있을 것이다. 이 외에도 최근 이주민의 증가로 나타난 사회적 요구도 크다. 인종적 · 민족적 문화 차이에 대한 이해와 수용의 확산 없이는 한국사회가 다문화사회로 진입하기 어려울 것이라는 점인데, 이러한 문화적 요구는 가족 내의 실천과 건강가정기본법에 근거한 건강가정사업 전달체계로서 건강가정지원센터의 프로그램 실시라는 제도화를 통해가능할 것이다. 한편 여전히 남아 있는 한국 가족의 가부장적 특성인 성평등 요구에 대해 지속적으로 관심을 기울여야 할 것이다.

본 장에서는 지금까지 살펴본 가족문화에 대한 이해를 바탕으로 빠른 속도로 변화하고 있는 시대에 가족의 요구와 시대적 요청을 함께 아우를 수 있는 새로운 가족문화란 무엇인가에 대해 살펴보고자 한다.

1. 가족의 변화와 다양성의 확대

1) 변화하는 가족 그리고 문화

가족은 지속적으로 변화하고 있다. 근대화, 산업화, 정보화라는 현대사회의 특징 속에서 한국의 가족은 전통적인 가족구조에서 커다란 변화를 가져오게 되었다. 최근 30여 년간 가족의 변화를 살펴보자면, 1세대 가구의 증가(1975년 6.7% → 2018년 18.0%), 2세대 가구의 감소(1975년 68.9% → 2018년 46.5%), 3세대 · 4세대 가구의 감소(1975년 20.1% → 2018년 4.5%), 1인 단독 가구의 증가(1975년 0.9% → 2018년 29.3%) 등을 볼 수 있다.

그리고 누구와 함께 사는가 하는 측면에서뿐 아니라 가족을 둘러싼 가치관의 변화도 크게 나타났는데, 결혼에 대한 태도, 여성 취업에 대한 태도, 노부모 부양에 대한 태도 등에서의 변화와 남녀의 생각 차이가 두드러진다. 이러한 변화와 차이를 통해 태어나면 누구나 반드시 따라가야 했던 제도화된 가족을 벗어나 개인의 자발적인 선택에 초점이 맞춰져 있음과 여성이 변화의 방향을 주도하고 있음을 알 수 있다. 즉 가족 내부에서도 어린이 양육이나 노인 수발과 같은 전통적인 가족 기능이 약화되고 친밀성과 정서적 기능이 강화되는 변화가 급속히 일어나고 있다(박해숙, 2011).

그리 길지 않은 시간 동안 가족 변화가 광범위하게 이루어지다 보니 한국사회의 가족은 전근대적 현상에서 탈근대적 현상까지 비동시적인 것이 동시에 존재하는 특성이 있다. 가족의 층위도 기존의 가족구조나 행동, 가치 등으로 파악하기 힘들 정도로 제도로서의 가족, 관념 · 이념으로서의 가족, 개인적 경험수준의 가족 등이 혼재되어 있다(김홍주, 2008). 급속한 사회경제적 발전 속에서 '압축적 근대화'를 경험하고 있는 개인은 제반 사회적 · 역사적 · 문화적 조건들을 매우 상이한 방식으로 구조화해 왔고 판이하게 다른 가치관과 의식구조, 행동유형을 가진 개인들이 공생해야 하는 '비동시성의 동시적 공존'이라는 삶의 조건 앞에 놓여 있다(최유정 · 최샛별 · 이명진, 2011). 이러한 '비동시성의 동시적 공존'은 가족 형태와 가족관계에서도 드러난다. 따라서 부부와 미혼의 자녀로 구성된 보편적인 핵가족의 비율이 전체의 절반에도 못 미치는 현실에서 특정한 가족 형태, 즉 전형적인 핵가족을 보편적인 것으로 간주하는 것은 이상에 불과하다. 오히려 현실세계에서는 다양한 형태의 가족들, 즉 법적 제도로부터 벗어난 가족, 혈연(혈통)으로부터 벗어난 가족, 부계 중심성으로부터 벗어난 가족 등과 같은 비정형가족(non-traditional families)이 보다 친밀하고 평등한 관계를 형성하며 이전 가족관계에서 볼 수 없었던 새로운 가족문화를 만들어 나가고 있다(참고자료 12-1 참조).

〈참고자료 12-1〉 가족 이후에 무엇이 오는가?

개인화 과정의 진행 속에서 부분적으로 자기만의 독자적인 삶에 대한 요구가 있지만 한편으로는 결합과 친밀함, 공동체에 대한 동경 두 가지 모두가 만들어진다. 가족들이 다양하게 변화하고 있는 현대사회에서 "가족 이후에는 무엇이 오는가?"라는 질문에 대한 대답은 간단하다. **바로 가족이다!** 이제 가족 집단은 약해지고 조정의 시도들이 실패하는 곳에서, 붕괴의 위험에 처하게 되는 곳에서 사람들은 계속 결합해서 살아가지만, 이 결합은 그 크기나 책임의 성격이나 지속성에서 이제 다른 종류의 것이 되었다.

혼인증명서가 없거나 자녀가 없는 관계, 홀부모들, 계속된 결혼으로 형성된 가족 혹은 동성의 파트너, 주말을 함께 보내는 관계와 생애 한 시기의 동반자 관계, 여러 가계와 함께하는 생활 혹은 여러 도시 사이에서의 생활과 같이 더 많은 중간 형태와 부차적인 변형들, 초기 형태들과 후기 형태들이 생겨나고 있다. 이것이 '전통 가족 이후에 오는 가족 형태'의 윤곽들이다. 결혼 사슬과 이혼 사슬들, 연속적 결혼, 다부모가정, 패치워크 가족 등 이 모든 것이 새로운 가족 형태를 설명하기 위한 새로운 개념들이다. 여기서 가장 결정적인 특징은 누가 가족에 속하는지가 더 이상 분명치 않다는 사실이다. 통일적인 개념 정의는 더 이상 존재하지 않는다.

출처: 엘리자베스 벡-게른스하임(1998). 『가족 이후에 무엇이 오는가?』 일부 요약. 박은주 옮김(2005). 새물결.

이러한 변화들을 광범위한 가족해체의 신호이자 사회의 안녕을 위협하는 심각한 문제 상황으로 해석하여 '가족의 종언'을 경고하는 담론들이 나오기도 했으나 최근 들어 가족 자체의 위기이기보다는 특정 형태로 이념화된 '정상 가족 내지 전형적 가족의 위기', '부계가족'의 위기일 뿐이라는 주장이 점차 설득력을 얻고 있다(조은, 2002; 최유정 · 최샛별 · 이명진, 2011). 또한 가족 내부에서 진행되고 있는 가치관의 변화나 가족관계, 친족관계의 질적 변화 또한 가족의 약화라기보다는 친밀성과 개인의 존중에 기반을 둔 가족상이 새롭게 정립되어 가는 '과정'일 수 있다고 본다. 결국 가족의 변화와 맞물려 위기의식 담론으로 나타나고 있는 가부장적 가족문화의 위기는 일면 가구의 소규모화로 '대 잇기'의 종언을 맞이하게 되었으며, 이혼 · 재혼가족의 증가는 부계 혈통주의의 위기를 가져왔다. 성비 불균형으로 인한 다문화가족의 증가는 '단일민족'의 신화에 종언을 고하였으며 노인인구의 증가로 인한 노인부양 부담의 증가는 여성에게 효와 관련된 갈등적 상황을 가져왔다(조은, 2002). 이러한 다양한 가족의 등장은 필연적으로 다양성을 인정하는 가족문화를 요구한다.

2) 다양성을 인정하는 가족문화

가족 관련 정체성에 대한 믿음과 인식은 가족에 대한 하나의 진실체제(regime of truth)를 구성하고, 그것은 개인과 사회에 대한 자기인식과 더불어 행동양식에까지 영향을 미치게 된다(최유정 · 최샛별 · 이명진, 2011). 가령 비정형 가족 정체성에 대한 부정적 이미지는 그것의 사실 여부를 떠나 이들에 대한 태도나 행동의 중요한 잣대가 되고 이들을 가족과 사회에서 주변화시키는 폭력적인 무기가 될 수 있는 것이다. 정치철학자 한나 아렌트(Hannah Arendt, 1958)도 이러한 문제를 언급하고 있다. 아렌트는 고대에 가족이 사적 영역에서 담당했던 경제의 문제가 근대에 들어와 사회적 영역으로 나오게 되면서 친밀성의 공간으로서 가족에 대한 담론은 사회의 평준화 경향, 순응주의 경향을 겨냥하고 있다고 지적한다. 즉 근대에 들어와 가족이 (사회적 영역으로) 해체되기 이전에는 가장이 공동의 이익과 일치된 (것으로 간주되는) 의견을 대변하였으며, 가장은 그것에 맞게 가족구성원을 지배하고 그들 사이의 가능한 분열을 억제하였던 것처럼, 이제는 사회가 언제나 그 구성원이 하나의 의견과 이해만을 가질 수 있는 거대한 가족의 구성원인 것처럼 행위 하기를 요구한다고 본다. 한국사회가 핵가족만을 이상적인 가족으로 보고 비정형 가족들을 비정상적인 가족으로 간주하는 것에 순응하게 된다면 우리 주변의 다양한 가족들에 대해 차별이라는 폭력을 행사하는 것이 될 것이다. 따라서 다양한 가족의 내적 변화와 실체가 인정받을 때 비로소 다양성이 존중받고 공존의 가치가 강조되는 건전한 가족문화가 정착될 수 있을 것이다(참고자료 12-2 참조).

〈참고자료 12-2〉 "레즈비언 부부의 혼인은 혼인이 아니다"… 혼인신고 4시간만에 받아든 통지서

5월 7일 서울 종로구청에서는 소란이 일었다. 결혼한 지 1년 된 신혼부부가 혼인신고를 하려 하자 구청이 '접수' 할 수가 없다고 막았기 때문이다. 혼인신고서를 받은 공무원은 놀라 법원에 전화했고 급기야 고위직 공무원들이 차례로 내려왔다. 소동의 이유는 혼인신고를 하고자 한 부부가 모두 '여성' 이었기 때문이었다. 이날 혼인신고서를 들고 간 사람은 지난해 5월 뉴욕에서 혼인신고를 마치고 11월 한국에서 결혼식까지 올린 김규진(30) 씨였다. 그는 결혼 1주년을 맞아 구청에 혼인신고를 해 보기로 마음먹었다. (중략) 법원의 판단으로 김 씨의 혼인신고서는 구청이 접수했다. 그러나 현행법을 들어 불수리 됐다. 그때 규진 씨가 받아 든 불수리 통지서에 적힌 사유는 '김규진과 ○○○는 현행법상 동성이기 때문에 결혼이 어렵다' 였다.

출처 : 〈여성신문〉 2020.5.10

위 〈참조자료 12-2〉의 동성애가족뿐 아니라 최근 한국사회에 증가하기 시작한 다문화가족도 부정적 이미지의 가족 정체성을 갖는 경우가 많다. 다문화가족 실태조사(여성가족부, 2018)에 따르면 결혼이민자와 귀화자들이 "한국 생활을 하면서 외국인이라는 이유로 차별이나 무시를 당한 경험이 있다."고 답한 결혼이민자는 2018년 30.9%로 나타났다. 이는 이주민과 함께 살아가야 하는 다문화사회 시민으로서의 자세에 대한 교육을 받아본 적이 없는 데서 기인하는 한계라 하겠다. 한편 다문화가족은 일상생활의 기초적인 단위이자 가장 사적인 공간인 '가정'에서 문화적인 차이를 체감하고, 서로 간에 적응을 해야 하는 문제에 직면한다. 일상생활 방식에는 식습관, 옷 입는 방식, 자녀양육, 가족행사 등 의례, 의사소통 방식 등이 다양하게 관계된다. 이러한 과제는 다문화가족만 갖는 것이 아니다. 주류집단으로서 한국인 가족들은 다문화가족이 갖는 부담만큼은 아니겠으나 다문화사회는 한국인 가족들인 선주민과 다문화가족인 이주민들이 더불어 살아야 하는 공간이기 때문에 다문화사회의 과제는 양 집단 모두에게 해당되는 것이다. 따라서 선주민인 한국인에게 다문화사회 시민으로서의 자세와 역할에 대한 교육이 이루어져야 할 것이다. 〈참고자료 12-3〉은 다문화사회에서 주류사회가 다른 문화권의 가족문화를 이해하지 못했을 때 발생할 수 있는 가장 나쁜 상황을 질 보여주는 사례이다.

〈참고자료 12-3〉 리아의 가족이 겪은 불운

1980년을 전후해 라오스에서 미국으로 이주한 몽족에 대한 9년간 탐구의 기록인 『리아의 나라』는 간질을 앓는 리아의 이야기가 중심이다. 저자는 서구의 합리주의와 비서구 민족인 몽족의 문화적 차이가 가져온 불운과 그 속에서 존재하는 권력의 한 단면을 보여준다.

리아의 가족들은 리아가 3개월 되던 때 언니가 함부로 닫아버린 문소리에 놀란 리아가 '코 다 페이'('영혼에게 붙들리면 쓰러진다'는 뜻으로, '간질'을 의미)에 걸렸다고 보았다. 몽족의 간질 환자는 흔히 치 넹(샤먼)이 된다. 그들의 발작은 남들이 볼 수 없는 것을 볼 수 있다는 증거로 여겨진다. 또한 자신이 아파봤기 때문에 다른 사람의 고통을 직관적으로 공감할 수 있으며, 따라서 치유자로서 신뢰를 받기도 쉽다. 즉 몽족에게 간질은 영예로운 병이었다. 리아의 발작을 바라보는 부모의 태도에는 걱정과 자부심이 뒤섞여 있었다.

> 몽족은 아이들에게 자상한 것으로 유명하다. 독일인 민속학자 후고 아돌프 베르나칙은 몽족이 아이를 "사람이 가질 수 있는 가장 값진 보물 다루듯" 한다고 기록했다. 어린아이를 학대하는 일은 거의 없으며, 아이를 막 다루는 모습을 보면 필요 없는 아이인가 싶어 '다(악귀)'가 데려갈지도 모른다고 믿었다.
>
> 이후 리아의 발작은 간헐적으로 반복되었고 치료를 위해 가족들이 미국의 병원을 찾았을 때, 리아의 증상을 제대로 전달할 수 있거나 병원의 처방을 리아 부모에게 알려줄 수 있는 통역자는 존재하지 않았다. 더욱이 몽족에게 비전되는 전통적인 치료술에 의존하는 문화적 전통을 전혀 이해하지 못하는 미국 의료인들과의 부딪힘으로 리아는 결국 '완벽한 식물'처럼 살아가게 되었다.
>
> 출처: 앤 패디먼(1997). 『리아의 나라』 일부 요약. 이한중 옮김(2010). 윌북.

다양한 가족의 등장은 가족문화에서의 변화를 동반한다. 단순히 과거로부터 이어져 온 전통을 유지하고 답습하는 데서 나아가 새로운 가족문화의 창출로 연결될 때 다양한 비정형가족들이 소외와 배제, 차별을 경험하지 않고 행복한 가족(families) 생활을 영위할 수 있게 될 것이다.

2. 형식적 가족문화에서 공동체문화로

1) 가족문화의 형식성

문화는 한 세대에서 다음 세대로 전달되며, 주어진 사회환경 속에서 어떤 삶을 영위해 나갈 것인가에 대한 적응방식을 말한다. 가족문화란 가족이 만들어 내는 문화로, 일상생활(의식주생활문화와 가족관계의 유지)의 욕구충족을 위한 과업 수행에 내재된 가치, 규범, 상징을 포함하고 있다(박진규, 2003; 계선자, 2012: 207 재인용). 즉, 한 가족이 그 가족이 처한 사회환경 속에서 가족을 형성하고 가족관계 유지를 위한 활동과 가치, 규범, 상징을 포함하고 있는 것이 가족문화이다. 가족문화의 대표적인 예가 가족의례(family rituals)라 할 수 있다. 과거의 관혼상제(冠婚喪祭)와 돌잔치, 회갑연 같은 가족의례는 진행과정이 복잡하고 비용이 발생하는 측면이 있으나 의례를 수행하면서 가족이 더 많은 연대의식과 기억을 공유하는 기회를 가지기 때문에 가족관계를 유지하는 데 상당히 중요한 의미를 갖는다.

현대사회에서 가족의례 과정이 일부 생략되거나 현대적 감각에 맞게 재구성되기도 하지만 현재에도 유지되고 있는 의례들은 그 내용이나 의미보다는 형식에 초점이 있는 경우가 많다. 특히 현대에서도 굳건히 자리를 지키고 있는 혼례, 상례, 제례 등의 가족의례는 절차와 형식이 매우 중요한 의례로 인식되고 있다. 그러다 보니 의례의 절차와 형식이 내용과 의미를 압도하게 되는 경우도 많다.

협동적 공동체가 중요했던 시기에는 집단적 활동을 중심으로 하는 문화가 주류를 이루었으나 개인의 노동을 임금으로 교환하는 자본주의 사회에서는 공동체에 기반을 둔 문화보다는 지극히 개인적인 것을 기념하는 사적 기념행사가 주류를 이루고 있다. 특히 관혼상제를 포함한 가족의례를 가족 내의 행사로 치르지 않고 외부로 공개해 함께 나누고자 하는 것은 인간의 삶이 홀로 살아가는 것이 아니며 가족 또한 사회 속의 한 하위체제이기에 개인, 가족, 사회가 공동체로 살아가는 존재의 확인일 터이다. 이러한 가족문화의 공유는 타인의 절대적 현존을 필요로 하는 인간 존재로서 여러 사람과 희로애락을 나누면서 공동체의식을 다져온 삶의 조건이 되었을 것이다. 그러나 최근 들어 공동체의식이 점차 약화되고 익명적인 도시의 삶에 매몰된 현대인들에게 직계가족의 범위를 넘어서는 친인척의 가족행사나 지인들의 가족행사는 부담만을 안겨주는 것으로 인식하는 경향이 강화되고 있다.

기원과 의미가 무의미해진 절기문화는 가족문화로서 역할을 거의 상실하였다. 겨우 명맥을 유지하고 있는 설날과 추석의 경우도 멀고 가까운 친척들이 함께 모이는 기회가 되기보다는 긴 휴가 기간으로 생각하고 이를 활용하는 경우가 많다. 2000년대 초반에는 "미혼이어서 명절 제사 등을 의식할 필요가 없기 때문에 모처럼의 황금연휴를 해외 테마여행 기회로" 살리려는 20~30대 직장여성들이 명절 휴가를 이용하여 해외여행을 하는 경우가 있었으나(문화일보 2006.9.1), 최근 들어 명절을 이용한 가족 단위 해외여행이 증가하고 있다(참고자료 12-4 참조).

〈참고자료 12-4〉 "설날이 연차 붙이기 최적이죠"… 6년 사이 '명절 해외여행' 3배↑

경기 시흥시에 거주하는 성모 씨(54)는 '명절 여행' 4년차다. 이번엔 딸 셋과 함께 일본 후쿠오카로 2박 3일 여행 계획을 잡았다. 그는 "자녀들이 하나 둘 취업을 하다 보니 연휴가 아니면 가족 모두가 일정을 맞추기란 하늘의 별따기"라고 한다.

명절에 해외여행을 떠나는 사람들은 2013년부터 급격히 증가하는 추세다. 법무부에 따르면 지난해 설 연휴(2월 4~6일)에 해외로 여행을 떠난 이들은 총 24만 299명이다. 6년 전인 2013년 설 연휴(2월 13~15일)의 해외여행객 8만 8,929명에 비해 3배 정도 늘어난 수치다. 가장 많이 해외로 나가는 연령대는 40대다. 2019년 기준 '명절 여행'을 떠난 40대는 총 4만 3,726명으로 전체의 18.1%에 해당한다. 그 뒤로는 50대(3만 9,477명 · 16.4%), 50대(3만 9,242명 · 16.3%) 순이었다.

'명절 해외여행'의 급증 현상이 나타난 데에는 '감소하는 차례상 수'가 한 몫한 것으로 풀이된다.

출처 : 〈머니투데이〉. 2020.1.27

2) 공동체의식을 키우는 가족문화

사회변화에 따른 가족제도의 변화와 새로운 가족문화의 형성은 필연적이다. 가령 정보화 사회의 정보통신기술의 발전이 가져온 가족의 모습은 이전의 세대는 상상조차 할 수 없는 모습일 것이다. 일을 하러 나간 어머니는 스마트폰에 깔아둔 자녀보호 어플리케이션을 통해 하루 종일 자녀의 동선을 확인할 수 있으며, 자녀들은 책상 앞에 앉아 공부 대신 친구와 온라인상의 대화를 지속할 수 있다. 멀리 떨어져 있는 가족 간에도 언제든지 얼굴을 보며 대화할 수 있는 장비가 개인마다 있다. 이런 방식의 기술 사용은 가족구성원 간의 의사소통을 증진하여 가족 간 친밀성을 강화하기도 하지만 한편으로 가족 내 개별화를 촉진하기도 한다. 정보화는 관계 맺기의 방식을 직접적인 대면관계를 필요로 하지 않으면서도 즉각적으로 관계를 이어주기 때문이다.

이렇게 변화하고 있는 사회에서 전통적으로 이어져 오고 있는 가족의례와 절기문화는 어떤 방식으로 새롭게 가족문화를 형성할 수 있는지 그 가능성을 사례를 통해 살펴보자.

〈참고자료 12-5〉 장례식 간소화하고 조의금 기부

'이○○ 님께서 숙환으로 유명을 달리하셨습니다. 코로나 사태로 조문은 정중히 사양합니다. 조의금은 굿네이버스에 기부해 주시면 감사하겠습니다.'

이 모(47) 씨가 지난 3월 지인들에게 보낸 문자 메시지다. 그는 신종 코로나바이러스 감염증(코로나19)이 확산하는 상황에서 아버지가 갑작스럽게 세상을 떠나자 고민이 생겼다. 통상적인 장례를 치르기 어려웠기 때문이다. 이 씨는 장례 절차를 간소화하고, 조의금은 기부하기로 결정했다. 조문을 원하는 지인들에겐 조의금 계좌 대신 본인이 8년간 기부하고 있던 비영리단체의 후원계좌를 안내했다. 이렇게 모인 아버지의 조의금은 위기가정 아동 2명의 집을 고쳐주고, 생활필수품을 지원하는 데 사용됐다.

출처: 〈중앙일보〉. 2020.5.29

가족의례와 맞물려 있는 부조문화는 낸 사람과 받을 사람의 시간 차이가 있기 때문에 이미 부조를 낸 사람들이 동시에 앞으로 받을 부조를 거절하는 운동이 일어나지 않는 이상 없어지기는 어려운 상황이다. 그렇다고 법을 제정해 국가가 강제로 통제할 수도 없는 일이다. 이럴 경우 개인적 차원에서 가족문화의 틀을 지켜내며 가족의례를 공동체와 함께 나누었던 그 의미를 살릴 수 있는 방법으로 위 사례(참고자료 12-5)와 같은 선택을 할 수 있을 것이다. 가족의 개인적인 행사에 대한 일방적 축하 의무의 부담에서 벗어나 공동체를 함께 생각하는 방식으로 가족문화가 전유될 수 있기 때문이다.

물론 이것은 쉽지 않은 결정이 될 것이다. 한 결혼정보회사가 축의금 기부에 대해 평범한 미혼남녀의 의견을 물어봤더니, 미혼남녀의 대다수인 81.3%는 "축의금을 기부할 생각이 없다"고 답했다(한국경제 2012.4.25). "일부를 기부하겠다"는 응답은 14.2%를 차지했으며, "전액을 기부하겠다"는 응답은 4.5%에 불과했다. 또한 "결혼식 축의금을 기부하지 않는 이유"에 대해 질문했다. 절반에 해당하는 50.4%가 "신혼 집 마련과 결혼 준비에 많은 비용을 사용했기 때문"이라고 하는 현실적인 응답이 차지했다. 톱스타들의 결혼식 축의금 기부가 일반인들에게 긍정적인 영향을 미치기는 하지만 실천으로 이어지는 데는 어려움이 있다는 것을 보여준다.

한편 가족 및 친족공동체, 지역공동체와 함께해 왔던 많은 절기문화들도 현재는 거의 사라진 상태이다. 절기문화는 과거 농경사회의 시간적 흐름에 맞춘 절기라는 특성이 있기는 하나 그 속에는 공동체가 공유해야 할 가치가 포함되어 있는 것이 사실이다. 현대사회에서 문화의 형식 속에 녹아들어 있는 가치나 규범의 문제를 생각하지 않고 '행사'로만 받아들이게 되어 그러한 문화들이 점차 사라져 가고 있는 것이다. 따라서 현재에도 여전히 의미 있는 절기는 살릴 필요가 있을 것이다. 이미 '긴 연휴' 정도로 그 의미가 퇴색하고 있는 설 명절과 추석 명절의 의미는 재고되어야 할 것이다. 가부장적 가족문화로 인해 '명절증후군'이라는 현상을 낳기도 하지만, 긍정적인 의미를 살펴보자면 설과 추석으로 대표되는 한국의 절기문화는 '나'를 중심으로 하는 직계가족을 넘어 친척과의 교류를 가능하게 하여 확장된 가족공동체를 형성할 기반을 제공하기도 한다. 물론 설과 추석이 의미 있는 절기가 되기 위해서는 부계 중심주의의 전통에서 벗어나 부계와 처계 간의 가족모임이 균형을 갖추고 이루어질 수 있도록 하고, 가족모임은 가족구성원들을 격려하고 지지하고 공감하는 시간이라는 인식의 공유가 전제되어야 할 것이다.

결국 지나치게 형식적인 면을 줄여 나간다면 가족의례를 통해 가족 간의 친밀감과 결속력을 쌓는 계기도 되고, 상징적 차원에서도 가족의례와 절기문화에 담긴 의미와 정신을 함께 나누는 기회가 될 것이므로 의의가 크다 하겠다.

3. 소비하는 가족문화에서 창조하는 가족문화로

1) 소비하는 가족문화

가족관계의 불안정성이 증가하는 현대사회에서 가족이 함께하는 여가활동을 통해 가족의 문제들을 극복할 수 있다는 선행연구가 있다(양영아, 1996; 지영숙, 1999; Kelly, 1983; Orthner & Mancini, 1990: 여성가족부, 2010 재인용). 실제 가족들의 관심사도 가족과 함께 시간을 보내는 여가문화가 차지하는 비중이 높다. 그러나 〈표 12-1〉에서 보는 바와 같이 평일에 가족이 가장 많이 함께하는 여가활동은 TV 또는 비디오 관람(84.1%)이 압도적으로 높아 별다른 여가문화가 없는 것을 알 수 있다. 휴일 역시 평일에 비해 다소 낮기는 하지만 TV 또는 비디오관람(50.9%)이 높아 가족과 함께 즐기는 여가문화가 없는 것을 보여 준다.

〈표 12-1〉 가족과 함께 가장 많이 참여한 여가활동 (단위: %)

구분	평일	휴일
TV 또는 비디오관람	84.1	50.9
문화예술관람	1.4	5.9
게임	2.4	2.3
쇼핑	1.6	6.4
놀이공원가기	0.1	1.6
산책	3.8	5.5
스포츠활동	1.9	3.4
스포츠 경기관람	0.2	0.5
등산	0.6	4.2
여행	0.3	4.1
종교생활	1	9.5
주말농장	0.1	0.6
목욕/사우나/찜질방	0.9	3.9
자원봉사활동	0.1	0.1
기타	1.4	1.1
전체	100	100

출처: 여성가족부(2015). 가족 실태조사.

셀턴(Shelton, 1992; 김혜영, 2004 재인용)은 '가정'과 '사전 선택'이라는 두 가지 축을 기준으로 여가활동을 능동적 여가와 수동적 여가로 구분하였는데, 가정 밖에서 미리 계획하여 보내는 여가를 '능동적 여가'라 하였다. 셀턴의 분류에 의하면 한국사회의 가족문화는 주로 집안에서 이루어지는 비계획적 활동이라는 점에서 수동적인 가족 여가라 할 수 있다. 이러한 수동적인 가족 여가는 가족 단위의 활동을 위한 인프라가 제대로 구축되어 있지 않은 환경에서 비롯되었다. 즉 지역사회에서 개인 및 가족집단이 여가를 즐길 만한 시설이나 프로그램이 갖추어져 있지 않은 상태에서 그나마 여가를 즐기고자 한다면 시장에서 유료로 제공되는 오락거리를 구매하는 방식이 대부분을 차지하게 되어 결과적으로 가족들의 여가문화는 소비자본주의의 통제 속에서 구매가 가능한 범위 내에서만 매우 소극적이고 수동적인 가족문화를 형성하게 되는 것이다. 가령, "실내에서 놀아볼까? 아이와 함께 체험하는 체험형 패밀리 엔터테인먼트몰 ○○○주목" 기사(아시아경제, 2020.2.28)에서 '아이들을 위한 키즈 업종의 상업시설은 강력한 키테넌트로 자리잡고 있다. 키즈 타겟 업종이 잘 형성돼 있는 경우 아이들을 위해 매 주말마다 가족이 방문해 아이들은 키즈시설에, 부모는 식사나 쇼핑, 문화까지 편리하게 원스톱으로 즐길 수 있다.' 고 소개하고 있다. 이렇듯 가족문화가 주로 구매를 통해 이루어지다 보니 소비를 중심으로 한 가족문화가 당연한 것으로 받아들여지기도 한다(참고자료 12-6 참조).

〈참고자료 12-6〉 한 명의 아이에게 여섯 명이 지갑을 연다

서울에 거주하는 안모(40·남) 씨는 지난주 7살 난 외동딸의 생일을 맞아 부모님과 함께 장난감 전문 매장 〈토이저러스〉에 방문했다. 손녀의 생일선물을 직접 사주고 싶다는 부모님의 뜻에 따라 3세대가 모두 함께 이동하게 된 것이다. 20만 원을 훌쩍 넘는 커다란 로보트 모형 앞에 멈춰 서 눈을 떼지 못하는 손녀의 모습에 정 모(82·여) 할머니는 망설임 없이 지갑을 꺼낸다. 세상에서 가장 행복한 생일을 맞은 딸의 발에는 명품 브랜드 L사의 신발이 신겨져 있다. 외조부모님과 어머니로부터는 두둑한 용돈까지 받는다. 저녁에는 유료 키즈 채널을 마음껏 시청할 수 있다는 허락을 받았다.

> 극심한 경제 불황 속에 대부분의 산업은 고전을 면치 못하고 있다. 한편 〈엔젤 비즈니스〉 라고도 불리는 〈키즈 산업〉 만은 불황의 영향권 밖에 위치한 것으로 보인다. 영유아에서 초등학생까지를 대상으로 하는 키즈 산업은 2002년 8조에서 시작하여 2017년 40조에 이르는 엄청난 시장 규모를 형성할 때까지 탄탄한 성장세를 그려 왔다.
>
> 출처 : 〈서울경제〉. 2020.4.20.

본 교재의 1장에서 살펴본 바와 같이 소비자본주의 사회를 살고 있는 현대 가족문화는 개인화와 탈가정화를 특징으로 한다. 개인화와 탈가정화는 익명성을 바탕으로 하는 개인주의 사회의 출현과 소비자본주의의 확장이라는 사회적 변화와 더불어 나타난 현상으로, 이전의 가족 단위 의례가 점점 개인 의례로 바뀜과 아울러 이마저 의례의 상품화 경향으로 인해 의례의 진행을 전문업체에 맡기고 의례를 소비하는 형태가 된 것이다. 이러한 변화가 일면 불가피한 부분이 있다 하더라도 가족이라는 공동체가 함께 나누는 가족의례를 포함한 가족문화는 가족 가치를 전달하고 가족유대를 강화하며, 가족 치유의 기능과 가족구성원의 성장을 촉진하는 등 긍정적인 효과가 있음을 고려할 때 바람직한 가족문화의 형성과 유지 · 발전은 반드시 필요하다 하겠다.

2) 탈소비화를 통한 생산적인 가족문화

소비 중심 가족문화의 변화 가능성이 전혀 없는 것은 아니다. 사회조사(통계청, 2019)에 따르면 '향후 자원봉사활동 의사가 있다.' 고 응답한 사람은 33.4%로 나타났다. 이들을 자원봉사 경험 유무에 따라 분석한 결과 '자원봉사 유경험자' 의 81.6%, '자원봉사 무경험자' 의 24.2%가 향후 자원봉사 의사가 있는 것으로 확인되어 자원봉사 경험이 향후 선택에 영향을 미침을 알 수 있다. 어린 자녀가 있는 가족들이 자원봉사 경험을 할 수 있도록 적절한 프로그램과 인프라만 제공된다면 여가를 통한 가족문화의 변화 가능성이 존재한다고 하겠다.

최근 들어 증가하기 시작한 가족 자원봉사활동은 가족을 하나의 단위로 하여 봉사활동에 참여함으로써 가족들이 지역사회에 적극적인 관심을 갖도록 하여 개인주의 또는 가족이기주의에서 탈피하여 지역사회의 일원으로서 소속감과 연대의식을 증진시키고, 공동체 의식을 함양하게 하여 지역사회에서 발생하는 제반 문제를 예방하고 해결하는 데 유용한 사회적 자원으로 기능한다(박경애, 2011)는 점에서 의미 있는 가족문화가 될 수 있을 것으로 보인다.

이런 점에서 각 시 · 군 · 구별로 설치되어 있는 건강가정지원센터(2020년 현재 219개소)에서 운영하고 있는 가족봉사단은 의미 있는 활동이라 하겠다. 건강가정지원센터는 건강가정기본법에 의거하여 설치된 가족정책 전달체계로, 법령에서 국가 및 지방자치단체가 '가족단위 자원봉사활동'을 지원하여야 한다고 명시(건강가정기본법 제28조 2항 1호)하고 있어 각 건강가정지원센터에서는 지역의 실정을 고려한 다양한 프로그램을 운영하고 있다. 가족봉사단은 자원봉사활동 자체의 의미보다 가족 단위의 활동을 통해 새로운 가족문화를 창출하고 가족원들 간의 친밀감과 유대감 증진, 가족 공유문화 형성, 가족공동체와 지역사회공동체 문화형성이라는 부가적인 목적을 갖고 있다(정영금, 2006). 실제로 가족 봉사활동에 참여하는 가족들은 지역사회 연대의식이 높아졌으며, 가족을 이해하고, 가족 응집력이 형성되고, 긍정적인 가족관계를 새롭게 재구성하게 되었다(박경애, 2011). 또한 가족 여가문화가 형성되기 어려운 시간적 · 활동적 · 경제적 여건을 극복하고 가족이 함께 즐기고 비용부담을 갖지 않으며 보람과 정신적 풍요로움을 동시에 느끼게 되는 계기가 되었으며, 낯선 사람들과 소통하는 즐거움을 경험하게 되었고, 이기적이고 현실에 안주하려고 하는 데서 벗어나 자기성장의 기회를 갖게 되었다. 봉사활동을 하면서 만난 사람들의 힘겹지만 당당하게 생활하는 모습을 보고 자신이 놓여 있는 현실과 가족이 처해 있는 상황, 지역사회에 대해 긍정적인 사고로 전환하는 계기가 되기도 했다.

〈참고자료 12-7〉 가족봉사단 경험

요양원의 할머니, 할아버지와 행복하게 대화하는 엄마를 보며 배워요-채린이네 가족

거동이 불편하신 할머니의 식사 수발을 해 드릴 때, 비로소 봉사의 즐거움이 무엇인지를 깨달았다는 채린이. 할머니의 수발을 들어 드리면서 점점 친해지고, 갈 때마다 할머니께서 알아봐 주시는 게 기뻤다고 합니다. 친할아버지, 친할머니를 만나는 기분으로 요양원으로 향한다는 채린이. 정말 가족 같다는 생각에 봉사활동을 하러 가는 게 아니라 진짜 가족을 만나러 시골길을 향하는 기분이 든다고 해요. 채린이는 봉사활동을 하는 만큼 할아버지, 할머니께 많은 행복을 드릴 수 있다고 생각해서 뿌듯하다고 말합니다.

Q. 채린이네 가족에게 봉사란?
A. 오작교입니다. 가족과 다른 가족을 이어주기 때문이지요.

가족 모두 화도 잘 안 내고 더 행복해졌어요. '봉사'는 공부예요-대훈이네 가족

지금 계속 만남을 이어가는 할아버지, 할머니를 생각하면 토요일이 너무 기다려져 못 참겠다고 말할 만큼 봉사가 행복하다고 말하는 대훈이. 봉사의 또 다른 매력은 새로운 사람들과 만나 이야기를 나누고 친해지는 것이라고. 또 할머니와 할아버지가 손자처럼 생각해 주시고 좋아하는 모습을 보는 것이 큰 기쁨이라고 해요. 봉사활동을 시작한 후로 가족끼리 서로 화내는 일도 줄어들고 더 행복해졌다고 합니다.

Q. 대훈이네 가족에게 봉사란?
A. 공부는 공부인데, 즐거운 공부라고 합니다.^^

출처: 화성시 공식 블로그(http://blog.hscity.net/1515).

가족 자원봉사 같은 활동을 통해 연대의식과 공동체의식을 자연스럽게 익힐 기회를 가지게 되면 더불어 사는 사회에서 개인과 가족의 역할에 대한 의식도 함께 성장할 것이다. 사회적 차원에서 보자면 가족친화적인 환경 조성이나 가족친화 마을 만들기의 목표를 달성하는 데 도움이 될 것이다. 즉 가족의 여가시간을 단순한 소비나 향락에 치중하지 않고 가족구성원 개인과 가족 전체의 삶의 질을 높이고 성찰할 수 있는 시간으로 활용하여야 할 것이다. 그렇게 하기 위해 소비 중심의 문화에서 벗어나 모두가 즐길 수 있으며, 이를 통해 가족이 성장할 수 있는 미래지향적 가족 여가 모델을 구축하여야 할 것이다.

4. 균형 잡힌 시간 나누기를 통한 성평등 가족문화 만들기

1) 가부장적 가족과 불균등한 시간 분배

한국의 문화를 다섯 가지로 분류한 후 다시 각각 하위분류를 두어 각 문화에 대한 개인적 경험과 그에 대한 단상을 밝힌 『한국 문화에 대한 체험적 의문 99』(유순한, 1998)라는 책이 있다. 한국 문화 중에서 의문 나는 문화들을 '이기문화군', '허위문화군', '허세문화군', '조급문화군', '트릿문화군'(분명하지 않고 흐릿한 문화), '모강문화군'(사대주의적 문화), '폭력문화군'으로 나눈 저자는 가족과 관련된 대부분의 현상들을 '폭력문화군'으로 분류해 두었다. 가령, 부자문화(父子文化), 부부문화, 고부문화, 노인문화, 청첩장문화 등이 그것이다(결혼문화는 '허세문화군'으로 분류되어 있다). 책이 나온 지 꽤 오래되었고, 학문적 고찰에 따른 정교한 분석이 아니며 개인적 소회에 기반하였다 할지라도 분석의 결과 한국의 가족문화 대부분이 '폭력적'이라고 여겨진다는 점은 눈여겨볼 만하다.

현대 한국사회에서도 가족문화가 여전히 폭력적인가 하는 문제는 의견이 다를 수 있겠으나 가부장적 가족문화에 기반을 둔 한국의 가족관계가 폭력성이 있었음을 부인하기는 어려울 것이다. 과거에 비해 사회 전반에서 성평등성이 높아지고 있으며 가족 영역 역시 예외는 아니어서 과거와는 다른 가족관계를 형성하고 있다. 호주제의 폐지와 양계화의 영향으로 인한 남아선호사상의 약화와 딸 선호 경향 증가(한국일보 2010.1.12. 젊은 부부들 "아들보다 딸이 좋아") 등이 대표적인 현상이라 하겠다.

그렇다면 가부장적 가족관계에 기반을 둔 위계적인 가족질서, 불평등한 가사분담, 누군가의 희생으로 유지되는 가족의 모습은 한국 가족에서 사라졌을까? 여러 통계나 자료에 따르면 한국 가족의 모습이 그리 행복한 편은 아닌 것 같다. 가령 최근 친족관계에서 양계화 경향이 두드러지고 있는데, 강력한 부계 중심적 응집력을 지녔던 친족관계가 양계적으로 상호 교류하는 형태로 변화하는 양계화 경향이 두드러지고 있으나 시부모의 권력은 여전히 공고하고, 육아나 가사를 통해 일방적인 시혜자로서 장모의 권력성은 시부모나 장인에 크게 미치지 못한다. 아직까지 한국사회의 친족관계는 부계 가부장제의 틀이 해체되기보다는 '부계' 쪽으로 치우쳐 있던 가족질서가 처가 쪽 남성 연장자의 권력이 추가되는 방식으로 재편성되는 단계에 머물러 있다(최유정 · 최샛별 · 이명진, 2011). 또한 여성가족부가 매년 발표하는 국가성평등지수에 따르면 완전한 성평등 상태를 100으로 가정할 때 2018년 한국의 성평등 점수는 72.9점으로 여전히 성평등성의 정도가 낮았는데, 특히 가족은 60.5점으로 가족 내 성평등 정도가 열악한 수준임을 알 수 있다. 성평등 가족제도의 구현으로 가족생활에서 성평등 수준이 지속적으로 개선되고 있지만 제도 및 정책적 진전이 성별에 따른 편견 관행 사회환경과 시스템, 가족 일상생활 등에서의 변화까지 이르지 못하는 것을 보여주고 있다.

현대 한국 가족 내 불평등한 가족문화의 문제는 다양한 측면에서 분석될 수 있으나 여기에서는 시간과 관련된 문제를 살펴보겠다. 시간은 단순히 존재하는 물리적 현상이 아니라 그 시간을 어떻게 사용할 것인가를 결정하는 가치와 규범의 문제가 함께하는 현상이므로 여기에서도 시간 사용에 관한 규범과 가치를 함께 논하게 될 것이다.

시간은 크게 일하는 시간과 여가시간이 있다. 인간의 기본적인 생활시간은 수면, 노동, 식사, 여가생활, 가사노동 등으로 구성된다. 임금노동을 하는 공적 영역과 그 외 가족생활을 중심으로 하는 사적 영역이 엄격하게 구분된 현대사회에서는 성인에게 노동시간을 제외한 모든 생활시간이 넓게 보아 가족과 관련된 시간이라 할 수 있다. 이렇게 공사 영역을 나누어 놓고 보면 일하는 시간의 사용은 공적 영역에서 이루어지며, 사적 영역은 여가와 관련된 활동으로 구성되는 것으로 받아들여지기 쉽다. 그러나 개인의 삶과 가족생활을 유지하기 위해 가정에서도 '일'은 이루어지고 있으며 개인과 가족의 삶이 지속되기 위한 노동을 누가 할 것인가의 문제가 발생한다.

1990년대 말 국제구제금융(IMF) 시기 이후 한국은 노동시장 유연화로 인한 고용 불안정이 일상화되어 있다. 남성가장 1인이 담당하던 생계부양자의 역할은 더 이상 지속 가능한 모델이 되지 못하고 여성 노동이 필연적으로 요구되는 이인생계부양자 모델(dual earner model)로 들어서게 되었다. 시간의 차이는 존재하지만 이런 상황은 일찌감치 산업화된 사회에서 공통적으로 발생하는 현상이다. 이에 서구 복지선진국에서는 여성의 노동권을 보장하기 위해 여성의 경제활동 참여를 당연시하면서 국가적으로 여성 노동을 가능하게 하는 지원정책을 펼치고, 남성의 부모권 확보를 통해 양육과 가사노동 참여 기회를 확대할 수 있도록 하는 정책을 수행한 반면 우리 사회가 한편으로는 가족의 적극적 가치를 인정하면서 이를 보호·지원하지만 다른 한편으로는 취약한 국가의 사회안전망을 가족부양체계를 통해 보완하고자 하는 정책이 동시에 이루어져 '이중적'인 대응을 보였다. 이런 이중적 개입은 사적 영역에서 나타나는 '돌봄 노동의 공백' 같은 새로운 사회적 위험(new social risks)에 대한 진단의 차이에서 비롯되었다(김홍주, 2008). 즉 이전의 남성 생계부양자 모델 하에서 여성이 가사노동 전담자가 되었던 엄격한 공사 영역 구분이 이제는 효력을 상실하였지만, 우리 사회에서는 여전히 여성을 가사노동 전담자로 보는 가부장적 규범을 유지하고 있는 것이다.

〈표 12-2〉 맞벌이·외벌이 가구별 가사시간 (단위: 시간:분)

구 분	맞벌이가구 (Dual-income Family)		외벌이가구 (Single Earner Family)	
	아내	남편	아내	남편
2004	3:29	0:32	6:25	0:31
2009	3:20	0:37	6:19	0:39
2014	3:13	0:41	(남편 외벌이) 6:00	0:46
			(아내 외벌이) 2:39	1:39
2019	3:07	0:54	(남편 외벌이) 5:41	0:53
			(아내 외벌이) 2:36	1:59

출처: 통계청. 생활시간조사(각 년도).

〈표 12-2〉에서 보는 바와 같이 맞벌이로 인한 여성 노동시간의 증가에도 불구하고 맞벌이가구 남편의 가사시간은 외벌이가구의 남성에 비해 거의 증가하지 않거나(2004년, 2019년) 심지어 더 줄어들기도(2009년, 2014년) 한다. 외벌이 부부 중 누가 소득활동을 하는가를 세분화하여 조사한 2014년 자료에서는 아내 혼자 소득활동을 할 때도 아내의 가사노동 시간이 남편에 비해 1시간 가량 더 많은 것으로 나타났다. 즉, 맞벌이 여부에 상관없이 성별 분업에 따른 남녀 간의 불평등이 나타나고 있음을 알 수 있다.

일하는 시간에서만 불균형이 발생하는 것은 아니다. 가족 내 가사의 불균등한 배분은 가사노동 외의 시간 확보를 통해 이루어지는 여가에서의 불균형으로 이어지게 된다. 가족은 매우 이질적인 구성원들의 집합으로 이루어진 조직이다. 성별로는 남성과 여성, 연령별로는 성인과 미성년이 함께 거주하며 생활하고 있다. 따라서 가족생활에서는 성과 연령의 위계로 발생하는 가족의 긴장과 갈등이 필연적으로 발생하는데, 이러한 긴장을 완화시킬 수 있는 장치가 가족 여가이다(김혜영, 2004). 그렇기 때문에 가족 여가에서 양성의 균형과 상호배려는 매우 중요한 요소이다. 가족 여가를 통해 개인적으로는 휴식과 자기성찰의 시간을, 가족관계에서는 가족의 친밀성을 복원 또는 강화하는 가족 안정장치가 될 수 있다.

주 5일제 근무 도입 이전인 2000년 통계청 조사에 따르면 주 5일제 근무가 도입될 경우 여가시간을 "가족과 함께하고 싶다"고 응답한 경우가 조사대상자의 43%에 달해 가족 여가의 욕구가 매우 높은 것으로 드러났지만, 실제로 주 5일제 근무 도입 이후 실제로 가족 여가시간이 늘지 않았음을 확인할 수 있다(표 12-3 참조). 결국 단순히 시간이 주어진다고 관계를 위한 여가시간이 늘어나는 것은 아님을 알 수 있다.

〈표 12-3〉 가족 여가시간의 변화 (단위: %)

구분(가구원)	더 많아짐	변화 없음	더 적어짐	잘 모르겠음
휴대폰/인터넷 사용에 따른 배우자와 함께하는 여가시간	5.2	64.1	21.0	9.7
휴대폰/인터넷 사용에 따른 부모-자녀가 함께하는 여가시간	3.7	55.1	31.0	10.2
주 40시간 근무제로 인한 배우자와 함께하는 여가시간	13.8	60.4	16.4	9.4
주 40시간 근무제로 인한 부모-자녀가 함께하는 여가시간	10.8	55.0	22.6	11.6

출처: 여성가족부. 가족 실태조사(2010).

한국은 여전히 OECD 국가 중 노동시간이 가장 긴 국가(2017년 기준 한국 연 2,024시간, OECD 회원국 평균 1,759시간)이지만, 지속적으로 총 노동시간은 줄고 있는 상황이며, 노동시간의 감소에 따른 여가시간의 증가는 자기개발을 위한 재투자의 시간과 여가를 위한 시간을 많이 활용될 것으로 예측된다. 그러나 주 5일제 근무가 시작되기 전인 1999년 요일평균 여가시간은 4시간 49분이었는데, 주 5일제 근무가 자리 잡은 2009년도의 요일평균 여가시간은 4시간 42분으로 나타나 오히려 주 5일제 근무로 바뀌면서 전반적으로 여가시간은 줄어든 것으로 나타났다(생활시간조사, 통계청). 또한 가족과 함께 사용하는 시간도 더 늘지 않은 것으로 조사되었다. 주 40시간 근무제나 주 5일 수업제 실시에 따라 부부간의 여가시간이 더 적어졌다고 답한 경우(16.4%)가 더 많아졌다고 답한 경우(13.8%)보다 많았으며 대부분은 변화가 없다(60.4%)고 답하였다. 부모-자녀 여가시간의 변화는 특히 더 적어졌다고 응답한 경우(22.6%)가 더 많아졌다고 응답한 경우(10.8%)보다 훨씬 많았다. 주 5일제 수업 이후 자녀들이 학원 수강 등 사교육을 받는 시간이 더 늘어나 오히려 가족 여가활동 시간을 줄이는 결과를 가져온 것으로 볼 수 있다(가족 실태조사, 2010).

전반적으로 가족이 함께 여가를 즐기는 시간이 매우 부족한 편인데, 그 시간마저 정보화 기기의 등장으로 가족구성원은 자기만의 공간 속으로 들어가 버려 개별화·파편화하고 있으며, 경쟁적인 사회 속에서 늘어난 시간을 다시 경쟁을 위한 준비에 재투입하고 있는 실정이다. 즉, 가족 내 여가시간의 불균등이라는 문제와 가족이 함께하는 여가의 부족, 여가 내용의 문제가 중층적으로 나타나고 있는 것이다.

2) 성평등 가족문화로의 전환을 위하여

가족 내 생활시간의 배분을 중심으로 가족문화의 문제점을 살펴보았다. 이를 해결하기 위한 방법은 가족들이 '함께 쉬고 함께 일하는' 민주적인 가족관계의 정착이 가장 우선되는데(김혜영, 2004), 함께 일하고 함께 쉬는 가족문화의 바람직한 사례 몇 가지를 통해 그 가능성을 알아보자.

먼저, 남성의 가사 및 육아 참여와 관련된 사례이다. 남성의 가사 및 육아 참여는 가족 내 시간의 불균형성 극복을 위한 필수적 과정이다. 이제껏 가족이 수행하였던 각종 돌봄 노동이 사회화하는 방향으로 변화하고 있지만, 돌봄 노동 전체가 가족 밖에서 이루어질 수는 없다. 따라서 기본적으로 가족 내에서 수행되어야 할 필수 노동은 가족구성원들이 함께 수행해야 한다.

이런 점에서 독일 폴크스바겐사의 사례는 시사하는 바가 크다. 폴크스바겐사는 경영 위기 타개와 노동자의 1/3을 감축해야 하는 구조조정 상황에서 전체 근로자의 근로시간을 20% 단축하는 방안을 선택하여 노사 모두가 위기를 잘 극복하게 되었다. 이후 근로시간이 줄어든 노동자들의 가족생활의 변화를 조사한 자료에 따르면 전통적인 가부장적인 가족과 현대적인 민주적 가정에서 각기 다른 효과가 나타났다(최균호 외, 2006). 가부장적 가정의 가장은 단축된 근로시간을 가사노동을 하기보다 자신의 취미와 개인적인 여가활동을 늘리는 데 주로 사용하였다. 이와 달리 민주적 가정에서는 가장의 근로시간이 줄어 그 결과 늘어난 여가시간을 가사노동과 육아에 사용하며, 시간적 여유를 갖게 된 여성이 새롭게 직업활동에 참여하게 되어 결과적으로 남편의 근로시간 단축은 부부 상호 존중과 평등함을 구체적으로 실현하는 중요한 요소로 작용하여 부부 모두 긍정적으로 평가하고 가족구성원의 삶의 질 향상에 기여한 것으로 받아들여진다.

가족발달주기에 따르면 가족생활을 위한 필수시간 증가가 이루어지는 시기가 있다. 자녀의 출산과 양육으로 인한 자녀양육기가 이에 해당하는데, 이 시기 가족의 양육부담을 완화하기 위한 육아휴직제도가 있다. 육아휴직제도는 근로자라면 남성과 여성 공히 이용할 수 있어 남성의 육아 참여도 가능하지만 현실적으로 육아휴직을 한 남성이 점차 증가하고 있으나 여전히 10명 중 2명에 못 미친다(표 12-4 참조).

〈표 12-4〉 육아휴직 현황

[단위 : 명(%)]

육아휴직자	2010	2013	2016	2019
전체	41,733(100)	69,618(100)	89,795(100)	220,858(100)
여성	40,914(98.0)	67,325(96.7)	82,179(91.5)	184,462(83.5)
남성	819(2.0)	2,293(3.3)	7,616(8.5)	36,396(16.5)

출처: 한국고용정보원. 고용보험통계연보(각 년도).

주어진 시간을 어떻게 사용할 것인가는 다소 복잡한 경로를 거쳐 결정된다. 주어진 시간을 가족과 함께 시간을 쓰게 하기 위해서는 가족과 시간을 쓰는 것의 즐거움을 경험할 기회가 제공되어야 할 것이다. 특히 가족 돌봄 및 가족 여가에 대한 남성의 경험은 여성들에 비해 현저히 떨어지는 점을 고려할 때 남성이 자신의 시간을 할애하여 가족과의 친밀감 있는 접촉을 할 기회를 제공하는 것이 무엇보다 필요하다. 따라서 육아휴직의 아버지 할당제 같은 제도가 절실하게 요구된다. 이미 스웨덴, 독일 등 서구 복지선진국에서 실시하고 제도이다. 육아휴직의 일정기간을 반드시 남편이 사용(스웨덴은 480일의 부모 휴가기간 중 60일 이상)하도록 하고 있으며, 실제로 스웨덴의 전체 육아휴직자 가운데 여성과 남성의 비중이 각각 56%, 44%로 거의 비슷하다(서울경제신문 2013.7.11).

장시간 노동과 불안정한 노동시장, 경쟁적인 사회환경에 살고 있는 한국인들이 질 높은 가족관계를 형성하거나 유지하기란 매우 어려운 일이다. 그런 점에서 아버지 할당제 외에도 노동시간 단축, 불안정한 노동시장에 대응하는 복지체계의 구축 등과 같은 제도가 병행 실시되어야 하지만, 아버지의 육아 참여 기회를 통해 성평등 가족문화 형성의 첫걸음으로 아버지 할당제를 제안한다.

다음으로 '가족친화제도'를 들 수 있다. '가족친화 사회환경의 조성 촉진에 관한 법률'에 따르면 가족친화제도에는 탄력적 근무제도(시차출퇴근제, 재택근무제, 시간제 근무 등), 자녀의 출산 · 양육 및 교육 지원제도(배우자 출산휴가제, 육아휴직제, 직장보육 지원, 자녀 교육지원 프로그램 등), 부양가족 지원제도(부모 돌봄 서비스, 가족간호휴직제 등), 근로자 지원제도(근로자 건강 · 교육 · 상담 프로그램 등) 등이 있다. 이러한 제도를 운영하고 있는 기업을 '가족친화 직장'이라고 할 수 있는데, 단순하게 이러한 제도가 있다는 것만으로 가족친화적 환경이 완성되지는 않는다. 가족친화적 조직 분위기는 가족과 관련된 근로자의 요구에 대한 기업 내의 지지와 반응 정도가 결정한다고 할 수 있다(Mauno et al., 2005; 이숙현 · 권영인, 2009 재인용). 기업이 근로자들의 근무시간을 줄이고 가족을 배려하고 지지하는 차원으로 조직의 분위기를 바꿔 주기만 해도 근로자들이 큰 어려움이 없이 직장과 가정을 양립하는 일이 가능해지고 점점 요구가 증대되고 있는 자녀양육에도 남성의 참여가 더 많아지게 된다.

농림어업에 종사하는 가족을 위한 프로그램도 찾아볼 수 있다. 여성농업인(1,144,841명)은 전체 농업인(2,244,783명)의 51%에 해당하나(통계청, 농림어업조사, 2019), 농가경영주는 25.4%, 공동경영주는 13%, 유급 가족종사자 2.3%, 무급 가족종사자 59.3%인 것으로 조사되었다(농림축산식품부, 여성농업인실태조사, 2018). 이는 대부분의 여성 농어업인이 소규모 가족농 중심의 농업에 종사하거나 농업과 가사의 이중노동을 수행하면서 전문농업인으로 성장할 기회를 갖지 못한 결과라 할 수 있다.

'가족경영협약 프로그램'은 농업에 종사하는 부부간의 평등성을 확보하는 데 유용한 또 다른 사례이다(허미영, 2009). 프로그램은 독일과 일본의 사례를 모델로 해서 농가에서 여성의 역할과 불평등한 여성농업인에 대한 의식교육, 농업경영 및 농가에서 자신의 역할과 성과 확인, 이러한 현실인식을 토대로 경영목표, 경영계획의 수립, 역할분담, 근로조건, 이익분배, 경영이양, 기타 생활부분으로 구성된 가족경영협약을 구상하고 체결하는 방식으로 이루어졌다. 2004년 농업진흥청의 지원으로 가족경영협약에 관한 프로그램이 만들어져 시범운영한 후 농림부 후원으로 진행된 사업이다. 농가 부부의 요구사항에는 가사분담, 자녀교육, 일상생활 등 가족생활과 관련된 경우와 농사 관련 의사결정, 노동대가나 자산분배 같은 농가경영에 관한 것이 있었다. 가부장적 문화가 지배적인 농촌의 가족문화에서 여성의 불만이 많은 것으로 나타났다. 요구사항 중 대체로 일상생활에 대한 요구, 의사결정 공유 등에 대해서는 협약이 잘 이루어진 반면 노동보수 및 자산분배 문제에서는 협약이 잘 이루어지지 않았다. 그럼에도 협약농가에 대한 심층인터뷰를 통해 요구의 상당 부분이 실천되고 있는 것을 확인할 수 있었다. 가족경영협약은 특히 가족문화 측면에서 긍정적인 효과가 있었다. 중요한 일을 부부가 의논하여 결정하게 된 점과 부인에 대한 배려가 늘어난 점, 그에 따라 여성의 자율성 증가와 가족의 민주화가 증진되고 여행 등 여가활동을 포함한 사회활동이 증가하였다.

가족경영협약 프로그램은 서로의 역할에 대해 논의하고 자율적으로 협약한 후 그것을 지켜 나가는 과정에서 부부간 성평등성뿐 아니라 자신의 노동에 대해서도 책임감이 증대되는 등 가족적 · 사회적 역할에서 긍정적인 효과를 가져왔다. 이를 부부교육이나 가족교육에 적극적으로 활용하여 가족문화의 변화를 꾀할 수 있을 것이다.

한국사회가 고도의 경제 성장을 이룰 수 있었던 것은 가족의 희생에 빚진 바가 크다. 사회적 안전망으로서 가족의 역할은 국가의 부담을 가볍게 하였으며, 그 결과 국가는 성장이라는 열매를 맺을 수 있었다. 그러나 이제 남편은 생계부양자, 아내는 가사전담자로서의 성별분업이라는 전통적 역할을 가족에게 요구하거나 기대할 수 없다. 한국 사회에서는 이인생계부양자라는 모델이 보편적 현상으로 자리 잡고 있으며, 그 결과 남녀 모두에게 일과 가족의 양립이 불가피한 과제가 되고 있다. 일과 가족의 양립이 불가능한 사회 속에서 가족관계의 친밀성이나 안정성을 찾을 수는 없는 일이며, 일과 가족의 양립을 위해서는 국가, 노동시장, 가족의 전 영역에서 변화가 필요하다. 즉 가족의 결속력을 더 튼튼하게 하며 평등하고 의미 있는 가치와 행동양식을 다음 세대로 전달할 수 있는 가족문화를 만들기 위해서는 가족과 가족구성원의 노력에만 기대서는 안 된다. 그것은 가족과 시장, 국가가 각각 균형 있는 역할을 수행할 때만 가능해질 것이다.

생각해 봅시다

1. 사회의 변화에 따라 가족의 형태와 기능, 가치관, 규범 등 모든 것이 변한다. 그럼에도 가족에게 고유하게 유지되고 있는 문화적 특성이 있다면 무엇인지 논의해 보라.

2. 현대사회는 고도 소비자본주의 사회이다. 가족문화 역시 시장에서 구매하는 형태(외식 문화, 전문업체에서 치르는 각종 경조사, 위락시설을 갖춘 곳으로 떠나는 가족휴가 등)로 이루어지는 경우가 많다. 소비에 얽매인 가족문화에서 벗어날 수 있는 방법을 찾아보자.

3. 사회가 변화하고 과거보다 성평등 사회로 변화하고 있으나 한국 가족에게는 여전히 가부장적 가족문화가 남아 있다. 자신의 가족 속에 남아 있는 가부장적 모습을 찾아보고, 그것을 어떻게 바꿀 수 있을지 고민해 보라.

더 볼거리

◈ 도서. 『**리아의 나라**』. 앤 패디먼. 이한중 옮김. 월북. 2010.
다문화사회에서 각 민족의 가족문화가 어떻게 존중되어야 하며, 상호공존이 왜 필요한지를 흥미롭게 보여주는 책이다.

◈ 도서. 『**기획된 가족**』. 조주은. 서해문집. 2013.
전일제로 근무하는 취업주부가 일과 가정이라는 '이중부담' 상황에 놓여 있는 상황에서 가정을 꾸리고 중산층을 기획하는 여성의 삶을 중심으로 중산층의 다소 암울한 가족문화를 들여다본다.

◈ 도서. 『**여자 둘이 살고 있습니다**』. 김하나 · 황선우. 위즈덤하우스. 2019.
'정상가족'을 넘어 새로운 형태의 가족인 '조립식 가족'을 이루어 한 집에 사는 두 여자의 이야기. 트위터에서 만나 이야기를 나누다 취향을 알아가면서 자주 만나게 되고 공동체를 이루면서 겪는 현실적인 일상을 담고 있다.

참고문헌

1장

계선자 외(2012). **가족과 문화**. 신정.

고용복 편(1996). **현대사회론**. 사회문화연구소.

유태용(1999). **문화란 무엇인가**. 학연문화사.

유팔무(1996). **현대사회의 이데올로기와 문화**.

이규태(1991). **한국인의 의식구조 1**. 신원문화사.

이기숙 외(2009). **현대가족관계론**. 파란마음.

이중구(1998). **여가문화와 놀이**. 도서출판 대경.

임희섭 외(2002). **한국의 문화변동과 가치관**. 나남출판.

전경수(1994). **문화의 이해**. 일지사.

조은(2002). 한국인의 가치형성과 가부장적 가족문화의 위기. **한국의 문화변동과 가치관**. 임희섭 외. 나남출판. 95-110.

한국여성사회연구회 편(1998). **한국가족문화의 현재와 미래**. 사회문화연구소.

Kaplan, D. & Robert A. M.(1972). *Culture Theory*. N. J.: Prentice-Hall Inc. 최협 역(1994). **인류학의 문화이론**. 나남출판.

통일부 어린이기자단 블로그(http://kidnews.unikorea.go.kr)

한국전통예절문화원 홈페이지(http://cafe.daum.net/ktgmc)

2장

권순형(2006). 고려의 혼인제와 여성의 삶. 혜안.
김영미 외(2009). 고려 시대의 일상 문화. 이화여자대학교출판부.
김용욱 · 이기숙(1977). 韓國의 姑婦關係. 청림각.
김혜경 외(2014). 가족과 친밀성의 사회학. 다산출판사
이광규(1998). 한국가족의 사회인류학. 집문당.
이이효재(2003). 조선조 사회와 가족. 한울아카데미.
田汝康 지음(1988). 공자의 이름으로 죽은 여인들. 이재정 옮김(1999). 예문서원.
최재석(2009). 한국의 가족과 사회. 경인문화사.
한국여성연구소 여성사연구실(1999). 우리 여성의 역사. 청년사.
한희숙(1994). 양반사회와 여성의 지위. 한국사 시민강좌. 이기백 외. 일조각.
경향신문(2013.8.30). 조주은의 가족이야기. "친정과 시댁? 말부터 바꿔보자".
한국일보(2020.5.13.). 우리말 톺아보기. "상처난 말이 주는 상처".

3장

고려대학교 민족연구소(1970). 한국문화사대계 Ⅳ(한국풍속과 예술사). 고려대출판부.
김광억(2000). 문화실천의 공간으로서의 죽음의 의례: 영남인의 상례와 제사. 영남대학교 민족문화연구소. 민족문화논총 제22집: 1-80.
소황옥 · 정혜린(2004). 한국 전통 상복과 현대의 상복 변화에 관한 연구. 한복문화학회. 한복문화 제7권 3호; 17-26.
안혜숙 · 주영애 · 김인애(2002). 한국가정의 의례와 세시풍속. 신정.
유권종(2004). 유교의 상례와 죽음의 의미. 중앙대학교 중앙철학연구소, 철학탐구 제16집: 5-32.
이기숙(2003). 가족의례: 한국인의 죽음의례 과정을 중심으로. 신라대학교사회과학연구소. 사회과학연구 제6호: 175-208.
이기숙 외(2009). 현대가족관계론. 파란마음.
장칠수(1995). 한국의 관혼상제. 집문당.
장하열 · 강성경(2000). 한국의 전통상례와 죽음관 연구(1)- 임종을 전후한 죽음의 인식. 한국종교교육학회. 종교교육학연구 제 10권 1호: 265-283.
장현섭(1996). 현대 한국인의 상례관행과 개선방안. 한국가족학회. 가족학논집 제8집.
전희식 · 김정임(2008). 똥꽃. 그물코출판사.
허용호(2000). 전통 상례를 통해 본 죽음. 한국고전연구학회. 한국고전연구 6집: 307-333.
Dorherty, W. J.(1997). *The Intentional Family*. N. Y.: Addison-Wesley Publising Company, Inc.

Fiese, B. H., Hooker, K. A., Kotary, L. & Schwagler, J.(1993). Family rituals in the early stages of parenthood. *Journal of Marriage and the Family* 55: 633-642.

4장

안혜숙 · 주영애 · 김인옥(2002). **한국가정의 의례와 세시풍속**. 신정.
이기숙 외(2009). **현대가족관계론**. 파란마음.
전희식 · 김정임(2008). **똥꽃**. 그물코출판사.
최운식 외(1998). **한국민속학 개론**. 민속원.
Burr, W. R., Day, R. D. e Burr, K. S.(1993). *Family Science*. CA: Wadsworth, Inc. 최연실 외 옮김(2004). **새로 보는 가족관계학**. 하우.
Dorherty, W. J.(1997). *The Intentional Family*. N. Y.: Addison-Wesley Publising Company, Inc.
Gottman, J. M., Gottman J. S. & DeClair J.(2006). *10 Lessons to transform your marriage*. Brockman, Inc. 정준희 역(2007). **부부를 위한 사랑의 기술**. 해냄.
Fiese, B. H., Hooker, K. A., Kotary, L. & Schwagler, J.(1993). Family rituals in the early stages of parenthood. *Journal of Marriage and the Family*, 55, 633-642.
Fiese, B. H. & Kline, C. A.(1993). Development of family ritual questionaire. *Journal of Family Psychology*, 6(3).
Wolin, S. J. & Bennett, L. A.(1984). Family rituals. *Family Process*, 23, 401-420.
조선일보(2013.9.14). 명절 상차림-너무 형식에 매이지 마라.

5장

김광호 외(2000). **식생활과 문화**. 광문각.
김도연(2005). 한 · 중 · 일 가족관계에 따른 전통 주거공간 비교 연구. 한국가정관리학회. **한국가정관리학회지 제23권 3호**: 169-183.
김선희 · 안현숙 · 이해영(1996). **의생활과 패션**. 경춘사.
김숙희 외(1998). **식생활의 문화적 이해**. 신광출판사.
김양희 외(2012). **가족과 생활문화**. 양서원.
김윤선 · 이영종(2010). **한국인의 체질에 맞는 약선밥상**. 모아북스.
김자경(2007). **자연을 담은 집**. 시공문화사.
박명희 외(2003). **생각하는 소비문화**. 교문사.
백희영 외(2004). **건강한 미래를 위한 식생활 길라잡이**. 산광출판사.
보건복지가족부(2009). **한국인을 위한 식생활 지침**.

브리태니커백과사전 편찬위원회(2009). 브리태니커.
안옥희 · 윤재웅 · 배정인(1997). 주거학의 이해. 교문당.
유송옥 · 이은영 · 황성진(2008). 복식문화. 교문사.
이규태(1991). 한국인의 의식구조 Ⅰ. 신원문화사.
이연숙(2005). 유니버설디자인. 연세대학교출판부.
전봉희 · 권용찬(2012). 한옥과 한국주택의 역사. 동녘.
주거학연구회(2005). 넓게 보는 주거학. 교문사.
최병두(1991). 한국의 공간과 환경. 한길사.
최혜미 · 박영숙(2006). 21세기 식생활관리. 교문사.
부산일보(2013.7.1). 나의 길 나의 삶-한식 · 약선요리 연구가 정영숙 정림한정식 대표.
개인블로그(http://blog.daum.net/hahago80)

6장

계선자 외(2012). 가족과 문화. 신정.
고선주(1996). 부부취업가족의 부모기 전이 후 결혼 적응. 서울대학교 박사학위논문.
고선주 · 옥선화(1993). 부모기 전이에 관한 연구: 부모기 전이에 따른 부부결혼적응의 변화. 대한가정학회. 대한가정학회지 제32권 2호: 55-67.
김양희 외(2011). 가족과 생활문화. 양서원.
도현심(2005). 인간발달과 가족. 교문사.
문숙재 · 윤소영 · 차경옥 · 천혜정(2007). 여가문화와 가족. 신정.
박태영(2002). 가족생활주기와 가족치료. 학지사.
방현주 · 이기숙(2002). 부부관계 향상 프로그램을 통한 결혼초기 부부의 의사소통 능력 증진에 관한 연구: 유아기가족의 부부를 중심으로 제40권 11호: 39-54.
스즈키 미유키(2007). 이윤혜 옮김. 놀이모음집. 팜파스.
오승주(2013). 책놀이 책. 이야기나무.
이숙현(1990). 부모기로의 전환에 따른 부부관계의 변화. 한국가족학회. 가족학 논집 2: 1-27.
임호남 · 박준석(1997). 가족발달주기에 따른 여가활동과 장애요인과의 관계. 한국여가레크레이션학회. 한국여가레크리에이션학회지 제14권 1호.
유영주 · 이순형 · 홍숙자(1990). 가족발달학. 교문사.
전국재(2011). 명랑가족놀이. 시그마북스.
정현숙 · 유계숙(2001). 가족관계. 신정.
Carter, B., McGoldrick, M.(1989). 정문자 역(1996). 가족생활주기와 가족치료. 중앙적성출판사.

Elkind, D.(2007). 이주혜 역(2008). 놀이의 힘. 한스미디어.

Duvall, E. M., Miler. B. C.(1985). *Marriage and Family Development*. Haper & Row Publishers..

Stinnet, N. et al(1999). 제석봉 역(2004). 환상적인 가족 만들기. 학지사.

Worthington, E.(1989). *Marriage Counseling*. IL: IVP.

뉴스와이어(2013.3.20). 서울시, 임산부 · 조부모 대상 '세살마을 부모교육' 실시.

뉴스1(2013.1.30). 북수원도서관, '기념일 도서 나눔 행사' 실시.

세계일보(2013.7.7). 제4차 부모님과 함께하는 전통식품 체험 행사.

스포츠서울(2013.3.20). 예비 신혼부부, 결혼준비 골칫거리 1위는?

아시아경제(2013.9.6). 산림청, 가족 체험 프로그램 'I LOVE WOOD 캠핑'.

7장

김동기(2010). 사회 적응의 노인 심리학. 학지사.

김성희 · 송양민(2013). 노인죽음교육의 효과 분석: 생활만족도 및 심리적 안녕감에 미치는 영향과 죽음불안의 매개역할. 보건사회연구 33(1), 190-219.

남민이(2012). 장례의 이론과 실제 1. 학문사.

도현심(2011). 인간발달과 가족(개정판). 교문사.

문숙재 · 윤소영 · 차경욱 · 천혜정(2005). 여가문화와 가족. 신정.

안수운(2020). 여성 여가스포츠 참여자의 사회적 지지와 여가기술 및 생활만족의 구조모형 분석. 학습자중심교과교육연구. 제 20권 7호: 1061-1079.

유영주 · 김순옥 · 김경신(2013). 가족관계학(제3판). 교문사.

이기숙 외(2009). 현대가족관계론. 파란마음.

이기숙 · 임병윤 옮김(2010). 죽음: 인생의 마지막 춤. 창지사.

이미란(2012). 노인의 건강성과 자아통합감의 영향경로에서 가족지지매개효과. 한국콘텐츠학회. 한국콘텐츠학회논문지 제10권 1호: 280-290.

이미란(2015). 한국 · 일본 도시노인의 주관적 건강성과 삶의 질에 관한 연구. 한국콘텐츠학회 종합학술대회 논문집. Vol.2015. No.5 : 255-256.

이미란(2016). 남성 노인의 성(性) 인식에 관한 연구. 디지털융복합연구. 제14권 5호: 433-443.

이미란(2018). 지역사회협력 연계활성화를 위한 노인돌봄네트워크 대응방안연구. 아태인문사회융합기술교류학회. 동계학술대회발표자료집: 143-149.

이미란(2019A). 에이징 커뮤니티 구축을 위한 지역 저소득 싱글 남성노인의 일상생활 경험 연구. 한국콘텐츠학회 춘계 종합학술대회 프로그램자료집 Vol.2019 No.5: 437-438.

이미란(2019B). 재가노인의 회복탄력성 향상을 위한 지역사회노인 여가활동 연구. 예술인문사회 융합 멀티미디어 논문지. 9권 3호, 통권 53호: 685-694.

이미란(2019C). A Study on Life Course Analysis and Daily Life Experience of the Elderly Living in Social Isolation. 아시아태평양융합연구교류논문지. 5권 3호: 127-138.

이미란 · 이기숙(2009). 후기 고령노인을 위한 정책현황과 과제. 제4회 서울노년학국제심포지움. 춘계학술대회 발표자료.

이여봉(2017). **가족 안의 사회, 사회 안의 가족(제3판)**. 양서원.

이호선(2010). **노인과 노화**. 시그마프레스.

정옥분(2013). **성인 · 노인심리학(개정판)**. 학지사.

황남희(2014). 한국 노년층의 여가활동 유형화 및 영향요인 분석. **보건사회연구. 34**(2). 37-69.

한경혜 · 노영주(2000). 중년 여성의 40대 전환기 변화 경험과 대응에 대한 질적 연구. 한국가족학회. **가족과 문화 제12집 1호**: 67-91.

Kaplan, M.(1960). The Use of leisure, In C. Tibbitts(ed). *Handbook of Social Gerontology*. Chicago: The University of Chicago Press.

Kelly, J. R.(1983). *Leisure Identities and Interaction*. London: Martin Robertson.

국민일보(2020.5.26.). 독립 못하는 자녀 때문에… '찬 둥지 증후군'.

국민일보(2017.8.26.). "중년기는 졸혼 아닌 '결혼 학교' 입학할 시기".

라펜트(2020.2.13.). '유럽형 노인놀이터 도입방안' 주제로 '2020년 시니어콘텐츠포럼' 개최.

베이비타임즈(2020.1.6.). "내 나이가 어때서?" 대한민국은 액티브 시니어 전성시대.

스토리뉴스(2019.8.28.). '신중년'이라고 썼는데 '샌드위치'로 읽힌다 '이중 부양'의 아리아(aria).

연합뉴스(2020.3.11.). 60대 이상 남성 이혼 상담 20년새 9배 늘어… 여성도 7배↑.

영남일보(2019.11.08.). 액티브 시니어 '인조이 에이징' - 노년의 건강비결 '워라밸(일과 삶의 균형)'.

용인시건강가정지원센터 홈페이지(www.youngin.familynet.or.kr).

용현노인문화센터(2018.10.18.). 용현노인문화센터, '선배시민축제' 진행.

중앙일보(2016.2.12.). 위기의 중년 부부… 3쌍 중 1쌍 "하루 30분도 대화 안 한다".

중앙일보(2019.12.16.). [전국 지자체는 '50플러스 정책' 붐] 신중년 지원 조례 개정하고 재단도 세워.

한겨레(2013.5.3.). '끼인 세대' 베이비부머의 고달픔 부모 · 자녀 부양에 손주 양육까지.

한겨레21(2018.8.20.). 죽음준비 교육이 필요한 이유.

한국일보(2004.2.1). '와인세대' 소비주체로 뜬다.

8장

국가통계포털(kosis.kr). 국제통계.

여성가족부(2019). 2018년 전국 다문화가족 실태조사 결과보고서.

통계청(2020). 2019년도 혼인 · 이혼 통계.

UN DESA(2017). *International Migration Report (www.un.org/en/development/desa/index.html)*

中国民政部(2018). 2017年 社会服务发展统计公报.

厚生勞動省(2019). 2018年 人口動態調査.

厚生労働省, 令和元年(2019). 人口動態統計の年間推計.

뉴시스(2017.7.3.). '하루 45분'… 한국 남성 가사분담률 OECD 최하위.

9장

김양희 외(2007). 가족과 생활문화. 양서원.

김영순 · 응웬 반 히에우 외(2013). 베트남 문화의 오디세이. 북코리아.이근효(2013). 내가 본 중국 중국인 및 중국문화. 중문.

최영균(2010). 디아스포라의 형성과 민족주의의 초국적 실천: 재한 필리핀 이주자의 사례를 중심으로. 한국학중앙연구원박사논문.

한국외국어대학교 일본어대학 학술도서편찬위원회(2011). 일본 지역학 입문 1. HUFS Books.

General Statistics office of Vietnam(2016). the 2014 Vietnam Intercensal Population and Housing Survey : migration and urbanization in Vietnam.

General Statistics office of Vietnam(2018). Statistical Yearbook of Vietnam 2018.

General Statistics office of Vietnam(2015). The 1/4/2014 Vietnam Intercensal Population and Housing Survey : major findings.

General Statistics office of Vietnam(2018). The 1/4/2017 Vietnam Intercensal Population and Housing Survey : major findings.

Philippine Statistics Authority(2018). Philippines National Demographic and Health Survey 2017.

Philippine Statistics Authority(2018). Marriage in the Philippines 2017.

国立社会保障・人口問題研究所(2017). 人口統計資料集 2017.

内閣府(2018). 男女共同参画白書 平成30年版.

中国民政部(2018). 2017年 社会服务发展统计公报.

総務省 統計局(2017). 平成27年 国勢調査.

厚生労働省(2019). 2018年 人口動態統計.
연합뉴스(2017.7.19.). 中 학부모의 무서운 교육열.
연합뉴스(2015.8.17.). 베트남의 성비 불균형 문제.

10장

고태규(2009). 복지레저서비스론. 집문당.
곽한병(2010). 신여가문화론. 대왕사.
김사헌(1997). 우리니라 여가문화의 원형. 한국관광학회. 관광학 연구 제20권 2호: 193-207.
김영순 · 이철원(2006). 여가와 문화. 역락.
김외숙(1977). 가족레크리에이션에 관한 연구. 서울대학교대학원 석사학위 논문.
김정운 · 박정열(2004). 주40시간 근무제 실행 후 노동자의 생활양식변화와 학습에 대한 태도 변화연구. 2004년 정책기획과제. 대통령자문정책기획위원회.
김정운(2011). 노는 만큼 성공한다. 21세기북스.
김혜영(2004). 가족여가와 젠더. 한국가족학회. 가족과 문화 제16집 2호: 127-166.
노용구(2005). 건강한 가족문화를 위한 여가정책. 한국레크레이션학회. 한국레크리에이션학회지 제28권: 5-15.
문숙재 외(2005). 여가문화와 가족. 신정.
문숙재 · 윤소영 · 윤지영(2005). 가족여가의 의미와 동기에 따른 여가만족도 분석. 한국가정관리학회. 한국가정관리학회지 제23권 1호: 31-39.
석영미(2008). 가족여가문화 프로그램 현황분석 및 활성화 방안 연구. 신라대학교 석사학위 논문.
신인철(2012). 가족과 1시간. 한스미디어.
양영아(1996). 중산층의 가족여가활동 실태와 요구 조사 연구. 숙명여자대학교 대학원 석사학위논문.
오순환(1999). 한국 여가문화의 이해. 일신사.
윤지환(2002). 여가의 이해. 일신사.
윤지환(2007). 여가와 사회. 일신사.
윤소영 외(2012). 국민여가활동조사. 문화체육관광부.
이기봉 외(2009). 청소년의 게임중독 예방을 위한 가족단위 여가프로그램 활성화 방안. 한국청소년정책연구원.
이누미야 요시유키 · 김정운(2003). 여가생활은 삶의 질을 향상시키는가?. 한국여가문화학회. 여가학연구 제1권 1호: 41-56.

이정춘(1999). 미디어 환경 변화와 한국의 여가문화. 중앙대학교 언론연구소. **언론연구 제8권 1호**: 13-49.

이현지(2004). 유교적 가족관계관. 현대 가족위기의 대안인가. 한국유교학회. **유교사상연구 제20집**: 98-119.

장명옥(1991). **가정관리학**. 교문사.

장윤희(1991). 도시주부의 여가활동 동기에 관한 연구. 서울대학교대학원 석사학위논문.

지영숙 · 이태진(2001). 도시가정의 가족여가 유형-자녀 교육기를 중심으로-. 한국가정관리학회. **한국가정관리학회지 제19권 2호**. 153-165.

지영숙 · 이태진 · 김선미 · 전희정 · 최보아(1999). 가족여가의 생활적 의미 연구. 한국가족자원경영학회. **한국가족자원경영학회지 3권 1호**: 83-94.

최길례(2003). 가족의 여가활동이 정서적 역동성과 가족관계의 질에 미치는 영향. 동덕여자대학교 박사학위 논문.

최상진(2002). 여가와 문화. **한국심리학회 춘계심포지엄 자료집**: 3-15.

홍성희(1996). 주부의 가족여가활동 참여도와 생활만족도에 관한 연구. 대한가정학회. **대한가정학회지 제4권 2호**: 71-84.

Homan, T. B. & Epperson, A.(1984). Family and leisure: A review of the literature with research recommendations, *Journal of Leisure Research*, *16*, 277-294.

Kelly, J. R.(1983). *Leisure identities and interactions*. London: George Allen & Unwin.

Orthner, D. K.(1974). *Leisure activity patterns and marital interactions*. Dissertation of Florida State University.

Parker, S.(1995). 이연택 옮김(2000). **현대사회와 여가**. 일신사.

11장

김명자 · 계선자 · 박미석 외(2005). 건강가정지원센터 시범사업 현황 및 활성화 방안-2004년 서울시 용산구 · 숙명여대 건강가정지원센터 가정문화프로그램을 중심으로. 한국가족자원경영학회. **한국가족자원경영학회지 9권 2호**: 185-197.

김정운(2011). **노는 만큼 성공한다**. 21세기북스.

김현주 · 이창현 · 박소라(2002). 주5일 근무제의 실시에 따른 직장인들의 주말 여가 문화 이용 행태 변화: 설문조사를 통한 실시 집단과 비실시 집단의 비교를 중심으로. **제1회 여가문화학회 포럼 자료집**: 24-37.

송혜림 · 장진경(2004). 건강가정지원센터의 위상과 운영방안 모색. 한국가정관리학회. **2004 춘계 학술대회 자료집**.

이장영 외(2004). **여가**. 일신사.

이호경(1994). 가족여가활동에 관한 연구: 서울 YMCA성인 회원을 중심으로. 동국대학교대학원 석사학위 논문.

주윤정(2005). 가족지원 서비스 개선에 관한 실증 연구-고양시 덕양구 행신1동을 중심으로. 명지대학교대학원 석사학위 논문.

통계청(2013). **2013 사회조사.**

한상금(2006). 가족여가부모교육 프로그램 개발-청소년 자녀의 부모를 대상으로. 성균관대학교대학원 박사학위 논문.

홍순옥 · 김수현(2011). 주말 가족여가 프로그램과 부모 양육태도, 부모-자녀 의사소통 및 부모의 만족도. 인지발달중재학회. **인지발달중재학회지 제2권 2호**: 135-157.

Parker, S.(1995). 이연택 옮김(2000). **현대사회의 여가.** 일신사.

한국사회복지관협회 홈페이지(www.kaswc.or.kr)

12장

강신주(2010). **상처받지 않을 권리—욕망에 흔들리는 삶을 위한 인문학적 보고서.** 프로네시스.

김혜영(2004). 가족여가와 젠더. 한국가족학회. **가족과 문화 제16집 2호**: 129-170.

김홍주(2008). 국가의 '가족 만들기'와 과잉기획의 한계—제1차 건강가정기본계획(2006~2010) 분석. 한국가족학회. **가족과 문화 제20집 2호**: 99-125.

박경애(2011). 가족봉사단의 봉사활동 경험의 효과 연구—건강가정지원센터를 중심으로. 한국가족자원경영학회. **한국가족자원경영학회지 15권 4호**: 79-105.

박해숙(2011). 가족의 재발견. **가족과 젠더.** 이기숙 외. 창지사.

여성가족부(2010). **2010년 제2차 가족실태조사.**

여성가족부(2013). **2012년 다문화가족실태조사.**

유도진(2005). 청소년의 가치관과 형제자매관계에 대한 한 · 독간의 문화내적 비교연구. 한국가족학회. **가족과 문화 제17집 2호**: 259-283.

유순하(1998). **한국 문화에 대한 체험적 의문 99.** 한울.

이숙현 · 권영인(2009). 기업의 가족 친화적 문화와 아버지의 자녀양육 참여: 일-가족 갈등의 매개효과를 중심으로. 한국가족학회. **가족과 문화 제21집 1호**: 1-28.

안정옥(2006). 시간준거, 문화생태와 가족체제—삶의 양식, 제도형태와 주체화의 관계에 대한 함의. 한국사회학회. **한국사회학 제49집 6호**: 56-91.

장혜경 외(2010). **공정사회 실현을 위한 양성평등정책 발굴 연구.** 한국여성정책연구원.

정영금(2009). 가족여가를 통한 자원봉사 활성화 방안에 관한 연구. 가톨릭대학교 생활과학연구소. **생활과학연구논집 제29권 제1호**: 5-21.

조은(2002). 한국인의 가치형성과 가부장적 가족문화의 '위기'. **한국의 문화변동과 가치관.** 임희섭 외. 나남출판.

최유정 · 최샛별 · 이명진(2011). 세대별 비교를 통해 본 가족 관련 정체성의 변화와 그 함의. 한국가족학회. **가족과 문화 제23집 2호**: 1-40.

허미영(2009). 성 평등한 가족문화로의 전환: 가족경영협약농가를 중심으로. 한국가족학회. **가족과 문화 제21집 3호**: 29-55.

한국여성정책연구원(2012). **2012 한국의 성인지 통계.**

Arendt, H.(1958). *The Human Condition.* 이진우 · 태정호 옮김(1996). **인간의 조건.** 도서출판 한길사.

Beck-Gernsheim, E.(1998). 박은주 옮김(2005). **가족 이후에 무엇이 오는가.** 새물결.

Fadiman, A.(1997). *The Spirit Catches You and You Fall Down.* 이한중 옮김(2010). **리아의 나라.** 윌북.

머니투데이(2020.1.27.). "설날이 연차 붙이기 최적이죠"… 6년 사이 '명절 해외여행' 3배↑.

서울경제(2013.7.11). 노르웨이 남성 휴직률 80% 달해.

서울경제(2020.4.20.). 한 명의 아이에게 여섯 명이 지갑을 연다.

아시아경제(2020.2.28.). 실내에서 놀아볼까?

여성신문(2020.5.10.). "레즈비언 부부의 혼인은 혼인이 아니다"… 혼인신고 4시간만에 받아든 통지서.

중앙일보(2020.5.29.). 장례식 간소화하고 조의금 기부.

한국일보(2010.1.12). 젊은 부부들 "아들보다 딸이 좋아".

화성시 공식 블로그(http://blog.hscity.net/1515). 가족봉사단 경험.

e-나라 홈페이지(http://www.index.go.kr).

저자 소개

이기숙 가족학 박사
전) 신라대학교 가족노인복지학과 교수

김영주 사회학 박사
충남여성정책개발원 수석연구위원

박해숙 가족학 박사 수료
강원도여성가족연구원 강원성별영향평가센터 전문연구원

방현주 가족학 박사 수료
Well 가족교육상담센터 대표, Well 그림책 아카데미 대표

석영미 교육학 박사
(사)부산여성사회교육원장

이미란 사회복지학 박사 & 가족학 박사
고신대학교 사회복지학과 교수, 입학 사정관

이선순 법학 박사

2판
가족과 문화

초 판 1쇄 발행 2014년 2월 12일
초 판 4쇄 발행 2019년 3월 20일
제2판 2쇄 발행 2023년 1월 16일

지 은 이 | 이기숙·김영주·박해숙·방현주·석영미·이미란·이선순
펴 낸 이 | 김기섭
편 집 인 | 이윤희
펴 낸 곳 | 창지사 www.changjisa.com
08589 서울시 금천구 가산디지털 1로 83 파트너스타워 1차 9층
전화 (02)719-2211~3
팩스 (02)701-9386
등 록 | 1977년 4월 28일 · 제1-421호

ISBN 978-89-426-1352-6 (93330)

값 17,000원